EXERCICES RÉSOLUS

TERMINALE

S

MATHÉMATIQUES

ANALYSE

CLAUDINE RENARD
GENEVIÈVE ROCHE
Professeurs au lycée Jean Jaurès à Reims

HACHETTE
Éducation

ISBN 2-01-1666503

79, boulevard Saint-Germain, F 75006 Paris

Maquette intérieure : Médiamax
Couverture : Graphir Design

PRÉFACE

Ce volume d'exercices mathématiques traite les thèmes de la partie *Analyse* des enseignements obligatoire et de spécialité de Terminale S. L'autre volume traite ceux des parties *Géométrie* et *Probabilités*. En début d'ouvrage, un sommaire détaillé vous permet d'accéder rapidement au thème recherché.

Le livre est organisé en 8 chapitres. Dans chacun d'eux, vous trouverez un bref rappel du cours, des exercices et leurs corrigés.

■ Le résumé du cours rappelle les notions et résultats essentiels.

■ Pour les assimiler progressivement, des exercices groupés par thèmes et, à l'intérieur de chaque thème, par ordre de difficulté croissante, vous familiariseront avec les notions et techniques exigibles en Terminale S.

Balisage indiqué en regard de l'énoncé	**Niveau de difficulté de l'exercice**
Aucun losange	Exercice de base
♦	Exercice nécessitant davantage de méthode et de réflexion
♦♦	Exercice plus difficile

■ De nombreux exercices et problèmes extraits des dernières sessions du baccalauréat vous permettront de vous entraîner dans les conditions de l'examen.

■ Tous les exercices sont corrigés intégralement, dans un langage simple et rigoureux. Les différentes étapes de raisonnement et de calcul sont exposées avec précision et de nombreuses représentations graphiques visualisent les situations traitées.

■ Nous sommes persuadées que cet ouvrage vous apportera une aide précieuse dans votre travail et vous préparera efficacement à l'épreuve de mathématiques au baccalauréat.

Il nous reste à vous souhaiter bon courage !

Les auteurs

SOMMAIRE

Énoncés

1

LIMITES. CONTINUITÉ

RÉSUMÉ DU COURS

Détermination de limites

Limites et inégalités

Soient f, g, k des fonctions définies au voisinage de a (a désigne un réel, $+\infty$ ou $-\infty$), et ℓ un réel.

	Hypothèse 1 **Inégalités vérifiées pour tout x de $\mathscr{D}_f$ suffisamment proche de a**	*Hypothèse 2* **Comportement lorsque x tend vers a**	*Conclusion*
Théorèmes de comparaison	$f(x) \geqslant g(x)$	$\lim_{x \to a} g(x) = +\infty$	$\lim_{x \to a} f(x) = +\infty$
	$f(x) \leqslant g(x)$	$\lim_{x \to a} g(x) = -\infty$	$\lim_{x \to a} f(x) = -\infty$
	$\lvert f(x) - \ell \rvert \leqslant g(x)$	$\lim_{x \to a} g(x) = 0$	$\lim_{x \to a} f(x) = \ell$

	Hypothèse 1 Inégalités vérifiées pour tout x de $\mathscr{D}_f$ suffisamment proche de a	*Hypothèse 2* Comportement lorsque x tend vers a	*Conclusion*
Théorème des gendarmes	$g(x) \leqslant f(x) \leqslant k(x)$	$\lim\limits_{x \to a} g(x) = \lim\limits_{x \to a} k(x) = \ell$	$\lim\limits_{x \to a} f(x) = \ell$
Passage à la limite dans les inégalités	$f(x) \leqslant g(x)$	f et g admettent des limites réelles en a	$\lim\limits_{x \to a} f(x) \leqslant \lim\limits_{x \to a} g(x)$
	$f(x) \leqslant \ell$	f admet une limite réelle en a	$\lim\limits_{x \to a} f(x) \leqslant \ell$

■ Limite et composition

Chacune des lettres a, b, c désigne un réel, $+\infty$ ou $-\infty$.

- Soit f une fonction définie au voisinage de a.

Si on peut écrire : $$f = g \circ k,$$

où les fonctions g et k vérifient :

$$\begin{cases} \lim\limits_{x \to a} k(x) = b \\ \lim\limits_{X \to b} g(X) = c, \end{cases}$$

alors : $$\lim_{x \to a} f(x) = c.$$

- Soit u une suite (définie à partir d'un certain rang).

Si on peut écrire : $$u = f \circ v,$$

où la suite v et la fonction f vérifient :

$$\lim_{n \to +\infty} v_n = a \text{ et } \lim_{x \to a} f(x) = b,$$

alors : $$\lim_{n \to +\infty} u_n = b.$$

■ Limite et nombre dérivé

Soient f une fonction et a un réel.

Si on peut écrire, pour tout x de $\mathscr{D}_f$ suffisamment proche de a :

$$f(x) = \frac{g(x) - g(a)}{x - a},$$

où g est une fonction dérivable en a,

alors : $$\lim_a f = g'(a).$$

Limite à gauche, limite à droite

Soient f une fonction et a un réel ; λ désigne un réel, ou $+\infty$, ou $-\infty$.

■ On dit que f admet λ comme limite à gauche en a si et seulement si la restriction de f à $]-\infty ; a[$ admet λ comme limite en a.
On note alors :

$$\lim_{\substack{x \to a \\ x < a}} f(x) = \lambda \quad \text{ou} \quad \lim_{\substack{x \to a \\ <}} f(x) = \lambda \quad \text{ou} \quad \lim_{x \to a^-} f(x) = \lambda \quad \text{ou} \quad \lim_{a^-} f = \lambda.$$

■ On dit que f admet λ comme limite à droite en a si et seulement si la restriction de f à $]a ; +\infty[$ admet λ comme limite en a.
On note alors :

$$\lim_{\substack{x \to a \\ x > a}} f(x) = \lambda \quad \text{ou} \quad \lim_{\substack{x \to a \\ >}} f(x) = \lambda \quad \text{ou} \quad \lim_{x \to a^+} f(x) = \lambda \quad \text{ou} \quad \lim_{a^+} f = \lambda.$$

Asymptotes

Soient a, b, ℓ des réels ; soient f une fonction et $\mathscr{C}_f$ sa courbe représentative dans un repère du plan.

■ Asymptotes parallèles à la droite des abscisses

- Si $\lim_{x \to -\infty} f(x) = \ell$,

alors la droite d'équation $y = \ell$ est asymptote à $\mathscr{C}_f$ en $-\infty$.

- Si $\lim_{x \to +\infty} f(x) = \ell$,

alors la droite d'équation $y = \ell$ est asymptote à $\mathscr{C}_f$ en $+\infty$.

■ Asymptotes parallèles à la droite des ordonnées

Si $\lim_{\substack{x \to a \\ x < a}} f(x) = +\infty$ ou $\lim_{\substack{x \to a \\ x < a}} f(x) = -\infty$ ou $\lim_{\substack{x \to a \\ x > a}} f(x) = +\infty$ ou $\lim_{\substack{x \to a \\ x > a}} f(x) = -\infty$,
alors la droite d'équation $x = a$ est asymptote à la courbe $\mathscr{C}_f$.

■ Autres droites asymptotes

- Si pour tout x suffisamment grand : $f(x) = ax + b + \varphi(x)$,

avec :

$$\lim_{x \to +\infty} \varphi(x) = 0,$$

alors la droite d'équation $y = ax + b$ est asymptote à $\mathscr{C}_f$ en $+\infty$.

- Si on a :

$$\lim_{x \to +\infty} \big(f(x) - (ax + b)\big) = 0,$$

alors la droite d'équation $y = ax + b$ est asymptote à $\mathscr{C}_f$ en $+\infty$.
- Énoncés analogues en $-\infty$.

Définition

Soit f une fonction d'un intervalle I dans $\mathbb{R}$.

- f est continue en un réel x_0 si et seulement si f est définie en x_0 et admet une limite en x_0; cette limite est alors $f(x_0)$.
- f est continue sur I si et seulement si f est continue en tout réel de I.

Continuité et dérivabilité

- Si une fonction est dérivable en un réel, alors elle est continue en ce réel.
- Si une fonction est dérivable sur un intervalle, alors elle est continue sur cet intervalle.

Exemples de fonctions continues

- $x \mapsto |x|$, les polynômes, sin, cos, exp sont continues sur $\mathbb{R}$.
- $x \mapsto \sqrt{x}$ est continue sur son ensemble de définition $[0\,;+\infty[$.
- La fonction tangente et les fonctions rationnelles sont continues sur tout intervalle inclus dans leur ensemble de définition ; on dit, par abus de langage, que ces fonctions sont continues sur leur ensemble de définition.
- ln est continue sur son ensemble de définition $]0\,;+\infty[$.

Théorème de la bijection

Si une fonction f est continue et strictement monotone sur un intervalle I, alors :

- $f(I)$ est un intervalle,
- f réalise une bijection de I sur $f(I)$.

DES EXERCICES

Visualisation des notions de limite et de continuité

1.1 Le plan est rapporté à un repère orthonormal $(O;\ \vec{i},\ \vec{j})$.
$\mathscr{C}_f$ est la représentation graphique d'une fonction f de $\mathbb{R}$ dans $\mathbb{R}$.
Dans chacun des cas suivants, préciser si f est définie en 1, si f est continue en 1, si f admet une limite en 1, si f admet une limite à gauche en 1, si f admet une limite à droite en 1.

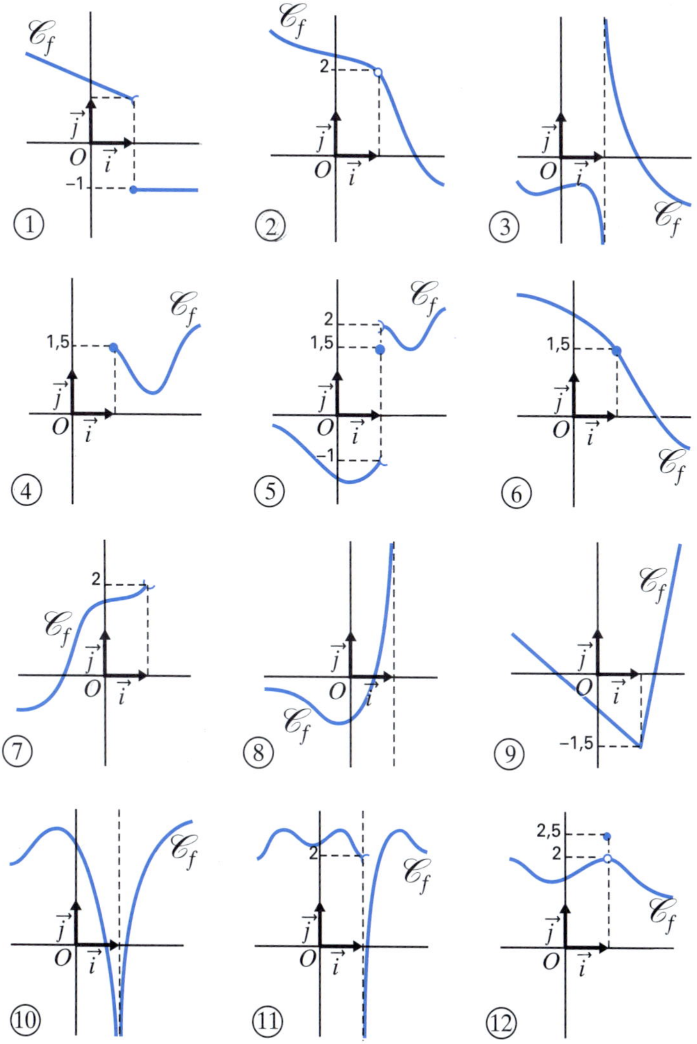

1.2 f est la fonction $x \mapsto \dfrac{2x^2+7x+5}{x+2}$.

Montrer que la droite d d'équation $y = 2x + 3$ est asymptote à $\mathscr{C}_f$ au voisinage de $+\infty$ et au voisinage de $-\infty$.
Préciser la position de $\mathscr{C}_f$ par rapport à d.

1.3 f est la fonction $x \mapsto \dfrac{x^2-2x+7}{x+3}$.

1° Déterminer les réels a, b, et c tels que, pour tout x de $\mathbb{R}\backslash\{-3\}$:

$$f(x) = ax + b + \frac{c}{x+3}.$$

2° Montrer que $\mathscr{C}_f$ admet une droite asymptote au voisinage de $+\infty$ et au voisinage de $-\infty$.

ln **1.4** f est la fonction $x \mapsto \dfrac{-3x^2+x+\ln x}{x}$.

Montrer que $\mathscr{C}_f$ admet une « asymptote oblique » au voisinage de $-\infty$ et de $+\infty$.
Préciser la position de $\mathscr{C}_f$ par rapport à cette droite.

exp **1.5** f est la fonction $x \mapsto x + \mathrm{e}^x$.
$\mathscr{C}_f$ admet-elle une droite asymptote ?

Limite d'une fonction composée

ln **1.6** Dans chacun des cas suivants, déterminer la limite éventuelle en a de la fonction f proposée.

1° $x \mapsto \sin 2x$ et $a = \dfrac{\pi}{6}$.

2° $x \mapsto \sin \dfrac{1}{x}$ et $a = +\infty$.

3° $x \mapsto \sqrt{\dfrac{6}{x+1}}$ et $a = -1$.

4° $x \mapsto \sqrt{x^5 + 243}$ et $a = -\infty$

5° $x \mapsto \ln(8-x)$ et $a = 8$.

6° $x \mapsto \ln(1-\ln x)$ et $a = \mathrm{e}$.

ln exp **1.7** Déterminer la limite éventuelle de la suite u proposée.

1° $n \mapsto \cos \dfrac{1}{n}$.

2° $n \mapsto \ln\left(1+\dfrac{587}{\mathrm{e}^n}\right)$.

♦♦ **1.8** Soit la fonction $f : x \mapsto x \cos x$.

Déterminer les suites $f \circ u$ et $f \circ v$, où u et v sont les suites définies sur $\mathbb{N}$ par : $u_n = 2n\pi$ et $v_n = (2n+1)\dfrac{\pi}{2}$.

La fonction f admet-elle une limite en $+\infty$?

Limites à l'infini de polynômes et de fonctions rationnelles

1.9 Déterminer les limites en $+\infty$ et en $-\infty$ de la fonction f proposée.

1° $x \mapsto -x^4 + 5x^3 - \sqrt{2}x + \pi$.

2° $x \mapsto \dfrac{x-2}{-x^2+1{,}5}$.

3° $x \mapsto \dfrac{5x^5 - 3x^2}{1 - 5x^2}$.

4° $x \mapsto \dfrac{\sqrt{3}x^2 - 1}{x^2 + x + 1}$.

exp **1.10** Déterminer la limite de la suite $u : n \mapsto \exp\left(\dfrac{n-1}{n^2+1}\right)$.

Comparaison

1.11 Soit la fonction $f : x \mapsto \dfrac{\cos 4x}{2 + x^2}$.

Pour tout réel x, encadrer $\cos 4x$, puis $f(x)$.
En déduire les limites de f en $+\infty$ et en $-\infty$.

♦ **1.12** On considère la fonction $f : x \mapsto \dfrac{2x}{5 - \sin x}$.

1° Donner un minorant et un majorant de la fonction

$g : x \mapsto \dfrac{1}{5 - \sin x}$.

2° En déduire les limites de f en $+\infty$ et en $-\infty$.

♦♦ **1.13** Déterminer la limite en 0 de la fonction

ln

$$f : x \mapsto \left[1 + \cos^2\left(\frac{1}{x}\right)\right] \ln x.$$

Mise en facteur du terme dominant

ln **1.14** Déterminer la limite de la fonction f proposée en a.

1° $x \mapsto \sqrt{x^2 - x + 1} - 2x, \quad a = +\infty.$

2° $x \mapsto 3x + \sqrt{x^2 + 1}, \quad a = -\infty.$

3° $x \mapsto \sqrt{x} - \ln x, \quad a = +\infty.$

1.15 Déterminer la limite de la suite u proposée.

1° $n \mapsto \dfrac{2^n - 3^n}{2^n + 3^n}$.

2° $n \mapsto 5^n - n^5$.

Fonctions comportant des radicaux

1.16 Déterminer les limites en $+\infty$ et en $-\infty$ de la fonction proposée.

1° $f : x \mapsto \sqrt{x^2 - 2x + 5} - x + 1.$

2° $g : x \mapsto \sqrt{4x^2 - 9} + 2x.$

Reconnaître un taux de variation

1.17 1° Déterminer la limite en 0 de la fonction $f : x \mapsto \dfrac{\sin x}{x}$.

2° En déduire $\lim\limits_{x \to 0} \dfrac{\sin 3x}{2x}$.

ln exp **1.18** Déterminer la limite de la fonction f proposée en a.

1° $x \mapsto \dfrac{\cos x}{x - \dfrac{\pi}{2}}$ et $a = \dfrac{\pi}{2}$.

2° $x \mapsto \dfrac{\ln(1 + x)}{x}$ et $a = 0$.

3° $x \mapsto \dfrac{2 \sin x - 1}{6x - \pi}$ et $a = \dfrac{\pi}{6}$.

4° $x \mapsto \dfrac{e^x - 1}{x}$ et $a = 0$.

Prolongement par continuité

1.19 f est la fonction $x \mapsto \dfrac{\sqrt{3x^2+1}-2}{x-1}$.

1° Étudier la limite de f en 1.
2° f peut-elle être prolongée par continuité en 1 ?
Si oui, déterminer son prolongement.

ln **1.20** Montrer que les fonctions $f_1 : x \mapsto \dfrac{\sin x}{x}$ et $f_2 : x \mapsto x \ln x$ sont prolongeables par continuité en 0.

♦♦ **1.21** Soit f la fonction de $\mathbb{R}$ dans $\mathbb{R}$ définie par :

$$f(x) = \frac{1}{x}\left(\cos x - \frac{1}{\cos x}\right).$$

Montrer que f admet un prolongement par continuité en 0 ; on le notera g.
La fonction g est-elle dérivable en 0 ?

Théorème de la bijection

1.22 Soit f la fonction $x \mapsto \dfrac{3}{x-2} + 1$.

Déterminer les images éventuelles par f des intervalles $[3\,;4]$, $[3\,;+\infty[$, $]-\infty\,;2[$ et $]-1\,;3]$.

1.23 Soit f le polynôme : $x \mapsto x^3 + 3x + 2$.

Montrer que f admet une seule racine dans $\mathbb{R}$; on la notera α.
Donner un encadrement décimal de α de longueur 10^{-2}.

1.24 Soit f le polynôme : $x \mapsto 2x^3 - 3x^2 - 12x + 5$.

Montrer que f s'annule en un seul réel, noté a.
Prouver que a est élément de $]-2\,;-1[$.

♦♦ **1.25** Montrer que l'équation $(\mathscr{E})$: $\cos x = x$ admet dans $[0\,;1]$ une seule solution et que c'est la seule solution de $(\mathscr{E})$ dans $\mathbb{R}$.

1.1 1° f est définie en 1 et l'on a : $f(1) = -1$;
f n'est pas continue en 1 ;
f n'admet pas de limite en 1 (si une fonction est définie en 1, dire qu'elle est continue en 1 revient à dire qu'elle admet une limite en 1) ;
f admet 1 pour limite à gauche en 1 ;
f admet -1 pour limite à droite en 1.

2° f n'est pas définie en 1, elle n'est donc pas continue en 1 ; de plus, les limites à gauche et à droite de f en 1 sont toutes deux égales à 2 ;
donc f admet une limite en 1, qui est égale à 2.

3° f n'est pas définie en 1, elle n'est donc pas continue en 1 ;
f admet $-\infty$ pour limite à gauche en 1 ;
f admet $+\infty$ pour limite à droite en 1 ;
les limites à gauche et à droite de f en 1 étant différentes, f n'admet pas de limite en 1.

4° f est définie et continue en 1 ;
1,5 est la limite de f en 1 ; c'est aussi sa limite à droite en 1 ;
f n'étant pas définie à gauche de 1, le problème de la limite à gauche de f en 1 ne se pose pas.

5° f est définie en 1 ($f(1) = 1{,}5$) ;
f admet -1 pour limite à gauche en 1 ;
f admet 2 pour limite à droite en 1 ;
f n'a pas de limite en 1 donc f n'est pas continue en 1.

6° f est définie et continue en 1 ;
f admet 1,5 pour limite en 1 ;
f admet 1,5 pour limite à gauche en 1 ;
f admet 1,5 pour limite à droite en 1.

7° f n'est pas définie en 1 donc f n'est pas continue en 1 ;
f admet 2 pour limite en 1; 2 est aussi la limite à gauche de f en 1 ;
f n'étant pas définie à droite de 1, le problème de la limite à droite de f en 1 ne se pose pas.

8° f n'est pas définie en 1 donc f n'est pas continue en 1 ;
f admet $+\infty$ pour limite en 1 ;
f admet $+\infty$ pour limite à gauche en 1 ;
f n'étant pas définie à droite de 1, le problème de la limite à droite de f en 1 ne se pose pas.

9° f est définie et continue en 1 ;
f admet $-1{,}5$ pour limite en 1 ;
$-1{,}5$ est aussi la limite à gauche et à droite de f en 1.
Remarque : f n'est pas dérivable en 1 (le point de coordonnées $(1\,;-1{,}5)$ est un point anguleux de $\mathscr{C}_f$).

10° f n'est pas définie en 1 donc f n'est pas continue en 1 ;
de plus, f admet $-\infty$ pour limite à gauche en 1 et pour limite à droite en 1 ;
donc f admet $-\infty$ pour limite en 1.

11° f n'est pas définie en 1 donc f n'est pas continue en 1 ;
f n'admet pas de limite en 1 car f admet 2 pour limite à gauche en 1 et $-\infty$ pour limite à droite en 1.

12° f est définie en 1 ;
f n'est pas continue en 1 ; en effet, f n'admet pas de limite en 1 car f admet 2 pour limite à gauche et à droite en 1 alors que : $f(1) = 2{,}5$.

1.2 $f : x \mapsto \dfrac{2x^2 + 7x + 5}{x + 2}$.

On a, pour tout x de $\mathbb{R}\setminus\{-2\}$:

$$f(x) - (2x + 3) = \frac{2x^2 + 7x + 5 - 2x^2 - 7x - 6}{x + 2} = \frac{-1}{x + 2},$$

et : $\displaystyle\lim_{x \to +\infty} \frac{-1}{x + 2} = 0, \quad \lim_{x \to -\infty} \frac{-1}{x + 2} = 0,$

donc : $\displaystyle\lim_{x \to +\infty} [f(x) - (2x + 3)] = \lim_{x \to -\infty} [f(x) - (2x + 3)] = 0.$

Cela prouve que **la droite d d'équation $y = 2x + 3$ est asymptote à $\mathscr{C}_f$ au voisinage de $+\infty$ et au voisinage de $-\infty$.**
De plus :
- si $x < -2$, alors $f(x) - (2x + 3) > 0$,
- si $x > -2$, alors $f(x) - (2x + 3) < 0$,

donc **$\mathscr{C}_f$ est au-dessus de d dans le demi-plan d'inéquation $x < -2$, et en dessous de d dans le demi-plan d'inéquation $x > -2$.**

1.3 $f : x \mapsto \dfrac{x^2 - 2x + 7}{x + 3}$.

1° Pour tout x de $\mathbb{R}\setminus\{-3\}$, on a :

$$ax + b + \frac{c}{x + 3} = \frac{ax^2 + (3a + b)x + 3b + c}{x + 3}.$$

Par identification, on obtient :

$$\begin{cases} a = 1 \\ 3a + b = -2 \\ 3b + c = 7, \end{cases}$$

c'est-à-dire : $\begin{cases} a = 1 \\ b = -5 \\ c = 22. \end{cases}$

2° On a : pour tout x de $\mathbb{R}\backslash\{-3\}$, $f(x) - (x-5) = \dfrac{22}{x+3}$,

donc : $\lim\limits_{x \to +\infty} [f(x) - (x-5)] = \lim\limits_{x \to -\infty} [f(x) - 5)] = 0.$

Il en résulte que la droite d'équation $y = x - 5$ est asymptote à $\mathscr{C}_f$ au voisinage de $+\infty$ et au voisinage de $-\infty$.

1.4 $f : x \mapsto \dfrac{-3x^2 + x + \ln x}{x}$.

Notons que l'ensemble de définition de f est $]0\,;+\infty[$;
pour tout x de cet intervalle, on a :

$$f(x) = -3x + 1 + \frac{\ln x}{x},$$

donc f est la somme :
- de la fonction affine $x \mapsto -3x + 1$,
- et de la fonction $x \mapsto \dfrac{\ln x}{x}$ de limite 0 en $+\infty$,

ce qui prouve que **la droite d d'équation $y = -3x + 1$ est asymptote (oblique) à $\mathscr{C}_f$ au voisinage de $+\infty$.**

D'autre part :
- si $0 < x < 1$, alors $\ln x < 0$, donc $f(x) - (-3x+1) < 0$,
- si $x > 1$, alors $\ln x > 0$, donc $f(x) - (-3x+1) > 0$,
- si $x = 1$, alors $f(x) - (-3x+1) = 0$.

Par conséquent, $\mathscr{C}_f$ est située en dessous de d dans la bande de plan d'inéquations $0 < x < 1$, au-dessus de d dans le demi-plan d'inéquation $x > 1$; $\mathscr{C}_f$ et d ont un point d'intersection : $A(1\,;-2)$.

1.5 $f : x \mapsto x + e^x$.

La fonction f, définie sur $\mathbb{R}$, est la somme :
- de la fonction affine $x \mapsto x$,
- et de la fonction $x \mapsto e^x$ de limite 0 en $-\infty$,

donc **la droite d'équation $y = x$ est asymptote à $\mathscr{C}_f$ au voisinage de $-\infty$.**

Remarque : $\mathscr{C}_f$ n'admet pas d'asymptote au voisinage de $+\infty$; en effet, pour tous réels a et b : $\lim\limits_{x \to +\infty} [f(x) - (ax + b)] = +\infty$.

1.6 1° $f : x \mapsto \sin 2x$ et $a = \dfrac{\pi}{6}$.

f est définie sur $\mathbb{R}$.

On a : $\lim\limits_{x \to \frac{\pi}{6}} 2x = \dfrac{\pi}{3}$ et $\lim\limits_{\frac{\pi}{3}} \sin = \sin \dfrac{\pi}{3} = \dfrac{\sqrt{3}}{2}$,

donc : $\boldsymbol{\lim\limits_{\frac{\pi}{6}} f = \dfrac{\sqrt{3}}{2}}$.

2° $f : x \mapsto \sin \dfrac{1}{x}$ et $a = +\infty$.

L'ensemble de définition de f est $\mathbb{R}^*$ et on a :

$$\lim_{x \to +\infty} \frac{1}{x} = 0 \quad \text{et} \quad \lim_{0} \sin = \sin 0 = 0.$$

Il vient : $\boldsymbol{\lim\limits_{+\infty} f = 0}$.

3° $f : x \mapsto \sqrt{\dfrac{6}{x+1}}$ et $a = -1$.

$\mathscr{D}_f =]-1; +\infty[$ et on a :

$$\lim_{\substack{x \to -1 \\ >}} \frac{6}{x+1} = +\infty \quad \text{et} \quad \lim_{X \to +\infty} \sqrt{X} = +\infty,$$

donc : $\boldsymbol{\lim\limits_{-1} f = +\infty}$.

4° $f : x \mapsto \sqrt{x^5 + 243}$ et $a = -\infty$.

$\mathscr{D}_f = [-3; +\infty[$ (car $-243 = (-3)^5$).

f n'étant pas définie au voisinage de $-\infty$, elle n'admet pas de limite en $-\infty$.

5° $f : x \mapsto \ln(8 - x)$ et $a = 8$.

$\mathscr{D}_f =]-\infty; 8[$.

On a : $\lim\limits_{x \to 8} (8 - x) = 0$ et $\lim\limits_{0} \ln = -\infty$,

donc : $\boldsymbol{\lim\limits_{8} f = -\infty}$.

6° $f : x \mapsto \ln(1 - \ln x)$ et $a = \mathrm{e}$.
$\mathscr{D}_f =]0\,;\,\mathrm{e}[$.

On sait : $\lim\limits_{x \to \mathrm{e}} \ln x = \ln \mathrm{e} = 1,$

donc : $\lim\limits_{x \to \mathrm{e}} (1 - \ln x) = 0\,;$

de plus : $\lim\limits_{0} \ln = -\infty\,;$

il vient alors : $\boldsymbol{\lim\limits_{\mathrm{e}} f = -\infty.}$

1.7 1° $u : n \mapsto \cos \dfrac{1}{n}$.

u est définie sur $\mathbb{N}^*$.

On a : $\lim\limits_{n \to +\infty} \dfrac{1}{n} = 0$ et $\lim\limits_{0} \cos = \cos 0 = 1,$

on en déduit : $\boldsymbol{\lim u = 1.}$

2° $u : n \to \ln\left(1 + \dfrac{587}{\mathrm{e}^n}\right)$.

u est définie sur $\mathbb{N}$.
Puisque l'on a : $\mathrm{e} > 1,$

il vient : $\lim\limits_{n \to +\infty} \left(\dfrac{587}{\mathrm{e}^n}\right) = 0,$

donc : $\lim\limits_{n \to +\infty} \left(1 + \dfrac{587}{\mathrm{e}^n}\right) = 1.$

D'autre part, on sait : $\lim\limits_{1} \ln = \ln\ 1 = 0.$

Il en résulte : $\boldsymbol{\lim u = 0.}$

1.8 $f : x \mapsto x \cos x$.

f est définie sur $\mathbb{R}$.
Pour tout naturel n, on a :

$$u_n = 2n\pi \quad \text{et} \quad v_n = (2n+1)\,\frac{\pi}{2},$$

donc : $\cos u_n = 1$ et $\cos v_n = 0$.

Par conséquent, $f \circ u$ est la suite $n \mapsto 2n\pi$ et $f \circ v$ est la suite constante $n \mapsto 0$.

La fonction f n'admet pas de limite en $+\infty$;
en effet, u et v sont des suites de limite $+\infty$, et si f avait une limite en $+\infty$, alors les suites $f \circ u$ et $f \circ v$ auraient la même limite (ce qui n'est pas le cas puisque l'on a : $\lim f \circ u = +\infty$ et $\lim f \circ v = 0$).

1.9 1° $f : x \mapsto -x^4 + 5x^3 - \sqrt{2}\,x + \pi$.

f est un polynôme, donc f admet une limite en $+\infty$ et une limite en $-\infty$; de plus, on a :

$$\lim_{+\infty} f = \lim_{x \to +\infty} (-x^4) = -\infty \quad \text{et} \quad \lim_{-\infty} f = \lim_{x \to -\infty} (-x^4) = -\infty.$$

2° $f : x \mapsto \dfrac{x-2}{-x^2+1{,}5}$.

$\mathscr{D}_f = \mathbb{R} \setminus \{-\sqrt{1{,}5}\,;\, \sqrt{1{,}5}\}$.

f est une fonction rationnelle, donc f admet une limite en $+\infty$ et une limite en $-\infty$; de plus, on a :

$$\lim_{+\infty} f = \lim_{x \to +\infty} \left(\frac{x}{-x^2}\right) = \lim_{x \to +\infty} \left(\frac{-1}{x}\right) = 0,$$

et :

$$\lim_{-\infty} f = \lim_{x \to -\infty} \left(\frac{x}{-x^2}\right) = \lim_{x \to -\infty} \left(\frac{-1}{x}\right) = 0.$$

3° $f : x \mapsto \dfrac{5x^5 - 3x^2}{1 - 5x^2}$.

$\mathscr{D}_f = \mathbb{R} \setminus \left\{-\dfrac{1}{\sqrt{5}}\,;\, \dfrac{1}{\sqrt{5}}\right\}$.

Comme précédemment, on obtient :

$$\lim_{+\infty} f = \lim_{x \to +\infty} \left(\frac{5x^5}{-5x^2}\right) = \lim_{x \to +\infty} (-x^3) = -\infty,$$

et :

$$\lim_{-\infty} f = \lim_{x \to -\infty} \left(\frac{5x^5}{-5x^2}\right) = \lim_{x \to -\infty} (-x^3) = +\infty.$$

4° $f : x \mapsto \dfrac{\sqrt{3}x^2 - 1}{x^2 + x + 1}$.

$\mathscr{D}_f = \mathbb{R}$ (le discriminant du trinôme du second degré : $x \mapsto x^2 + x + 1$ est strictement négatif).

De façon analogue :

$$\lim_{+\infty} f = \lim_{x \to +\infty} \left(\frac{\sqrt{3}x^2}{x^2} \right) = \sqrt{3} \quad \text{et} \quad \lim_{-\infty} f = \lim_{x \to -\infty} \left(\frac{\sqrt{3}x^2}{x^2} \right) = \sqrt{3}.$$

1.10 $u : n \mapsto \exp\left(\frac{n-1}{n^2+1}\right)$.

u est définie sur $\mathbb{N}$.

u est la composée de la suite $n \mapsto \frac{n-1}{n^2+1}$ par la fonction exp.

La suite $n \mapsto \frac{n-1}{n^2+1}$ a même limite que la suite $n \mapsto \frac{1}{n}$, qui a pour limite 0.

Par ailleurs : $\lim_{x \to 0} e^x = e^0 = 1$,

donc : $\mathbf{\lim u = 1.}$

1.11 $f : x \mapsto \frac{\cos 4x}{2+x^2}$.

Pour tout réel x, on a :

$$-1 \leqslant \cos 4x \leqslant 1 \quad \text{et} \quad 2+x^2 > 0,$$

donc : $\frac{-1}{2+x^2} \leqslant f(x) \leqslant \frac{1}{2+x^2}$.

Les fonctions $x \mapsto \frac{-1}{2+x^2}$ et $x \mapsto \frac{1}{2+x^2}$ ayant pour limite 0 en $-\infty$ et en $+\infty$, il vient d'après le théorème des gendarmes :

$$\lim_{-\infty} f = \lim_{+\infty} f = 0.$$

1.12 1° $g : x \mapsto \frac{1}{5-\sin x}$.

Pour tout réel x, on a : $-1 \leqslant \sin x \leqslant 1$,

donc : $4 \leqslant 5 - \sin x \leqslant 6$,

d'où : $\frac{1}{6} \leqslant \frac{1}{5-\sin x} \leqslant \frac{1}{4}$.

Par conséquent : **un minorant de g est $\frac{1}{6}$ et un majorant de g est $\frac{1}{4}$.**

2° $f : x \mapsto \dfrac{2x}{5 - \sin x}$.

D'après 1°, on obtient :

pour tout x de $[0 ; +\infty[$, $\dfrac{x}{3} \leqslant f(x) \leqslant \dfrac{x}{2}$,

pour tout x de $]-\infty ; 0]$, $\dfrac{x}{2} \leqslant f(x) \leqslant \dfrac{x}{3}$.

On peut donc écrire :

pour tout x de $[0 ; +\infty[$, $f(x) \geqslant \dfrac{x}{3}$,

et on sait : $\lim\limits_{x \to +\infty} \dfrac{x}{3} = +\infty$,

il vient : $\boldsymbol{\lim\limits_{+\infty} f = +\infty}$.

De même :

pour tout x de $]-\infty ; 0]$, $f(x) \leqslant \dfrac{x}{3}$,

et on sait : $\lim\limits_{x \to -\infty} \dfrac{x}{3} = -\infty$,

ce qui prouve : $\boldsymbol{\lim\limits_{-\infty} f = -\infty}$.

1.13 $f : x \mapsto \left[1 + \cos^2\left(\dfrac{1}{x}\right)\right] \ln x$.

$\mathcal{D}_f =]0 ; +\infty[$; pour tout x de $\mathbb{R}_+^*$, on a :

$$0 \leqslant \cos^2\left(\frac{1}{x}\right) \leqslant 1,$$

donc : $$1 \leqslant 1 + \cos^2\left(\frac{1}{x}\right) \leqslant 2.$$

Si de plus : $x \leqslant 1$, alors,

$$2 \ln x \leqslant \left[1 + \cos^2\left(\frac{1}{x}\right)\right] \ln x \leqslant \ln x \quad (\text{car } \ln x \leqslant 0).$$

Comme : $\lim_{0} \ln = -\infty$,

il suffit d'écrire :

pour tout x de $]0\,;1]$, $f(x) \leqslant \ln x$,

pour pouvoir conclure : $\mathbf{\lim_{0} f = -\infty}$.

1.14 1° $f : x \mapsto \sqrt{x^2 - x + 1} - 2x$ et $a = +\infty$.

f est définie sur $\mathbb{R}$ (pour tout réel x, on a : $x^2 - x + 1 > 0$).
f se présente comme la différence de deux fonctions de limite $+\infty$ en $+\infty$; les théorèmes élémentaires sur les limites ne permettent pas de donner directement la réponse.

Remarquons que, pour x « grand », $\sqrt{x^2 - x + 1}$ et x ont un comportement « voisin », aussi transformons l'écriture de $f(x)$ en mettant x en facteur.

Pour tout x de $\mathbb{R}_+^*$, on a : $\sqrt{x^2} = x$,

donc : $$f(x) = x\left(\sqrt{1 - \frac{1}{x} + \frac{1}{x^2}} - 2\right),$$

de plus : $$\lim_{x \to +\infty}\left(\sqrt{1 - \frac{1}{x} + \frac{1}{x^2}} - 2\right) = 1 - 2 = -1.$$

On a écrit f sous la forme du produit :

- de la fonction $x \mapsto x$ de limite $+\infty$ en $+\infty$,
- par la fonction $x \mapsto \left(\sqrt{1 - \frac{1}{x} + \frac{1}{x^2}} - 2\right)$ de limite -1 en $+\infty$,

ce qui prouve : $\mathbf{\lim_{+\infty} f = -\infty}$.

2° $f : x \mapsto 3x + \sqrt{x^2 + 1}$ et $a = -\infty$.

f est définie sur $\mathbb{R}$.

Comme on a : $\lim_{x \to -\infty} 3x = -\infty$ et $\lim_{x \to -\infty} \sqrt{x^2 + 1} = +\infty$, on ne peut pas conclure directement.

Pour tout x de $\mathbb{R}_-^*$, on a : $\sqrt{x^2} = |x| = -x$,

donc : $$f(x) = x\left(3 - \sqrt{1 + \frac{1}{x^2}}\right),$$

de plus : $$\lim_{x \to -\infty}\left(3 - \sqrt{1 + \frac{1}{x^2}}\right) = 3 - 1 = 2.$$

L'écriture de f comme le produit des fonctions :

- $x \mapsto x$ de limite $-\infty$ en $-\infty$,

• et $x \mapsto \left(3 - \sqrt{1 + \dfrac{1}{x^2}}\right)$ de limite 2 en $-\infty$,

implique : $$\lim_{-\infty} f = -\infty.$$

3° $f : x \mapsto \sqrt{x} - \ln x$ et $a = +\infty$.

f est définie sur $\mathbb{R}_+^*$.

On a : $$\lim_{x \to +\infty} \sqrt{x} = +\infty \quad \text{et} \quad \lim_{x \to +\infty} (-\ln x) = -\infty;$$

ne pouvant conclure directement, on est amené à transformer l'écriture de $f(x)$.

Pour tout x de $\mathbb{R}_+^*$, on a : $f(x) = \sqrt{x}\left(1 - \dfrac{\ln x}{\sqrt{x}}\right)$,

or on sait : $$\lim_{x \to +\infty} \left(\frac{\ln x}{\sqrt{x}}\right) = 0,$$

donc : $$\lim_{x \to +\infty} \left(1 - \frac{\ln x}{\sqrt{x}}\right) = 1,$$

on en déduit : $$\lim_{+\infty} f = +\infty.$$

1.15 1° $u : n \mapsto \dfrac{2^n - 3^n}{2^n + 3^n}$.

On a, pour tout naturel n :

$$u_n = \frac{\dfrac{2^n}{3^n} - 1}{\dfrac{2^n}{3^n} + 1} = \frac{\left(\dfrac{2}{3}\right)^n - 1}{\left(\dfrac{2}{3}\right)^n + 1} \quad \text{et} \quad \lim_{n \to +\infty} \left(\frac{2}{3}\right)^n = 0,$$

donc : $$\lim u = -1.$$

2° $u : n \mapsto 5^n - n^5$.

On a, pour tout naturel n non nul :

$$u_n = 5^n \left(1 - \frac{n^5}{5^n}\right),$$

avec : $$\lim_{n \to +\infty} 5^n = +\infty, \quad \lim_{n \to +\infty} \frac{n^5}{5^n} = 0,$$

donc : $$\lim u = +\infty.$$

1.16 1° $f : x \mapsto \sqrt{x^2 - 2x + 5} - x + 1$.

f est définie sur $\mathbb{R}$ (pour tout réel x, $x^2 - 2x + 5 = (x-1)^2 + 4$).

f est la somme des deux fonctions $x \mapsto \sqrt{x^2 - 2x + 5}$ et $x \mapsto -x + 1$.

• Limite en $-\infty$.

On a : $\lim\limits_{x \to -\infty} (x^2 - 2x + 5) = +\infty$ et $\lim\limits_{X \to +\infty} \sqrt{X} = +\infty$,

donc : $$\lim_{x \to -\infty} \sqrt{x^2 - 2x + 5} = +\infty,$$

de plus : $$\lim_{x \to -\infty} (-x + 1) = +\infty,$$

donc : $$\boldsymbol{\lim_{-\infty} f = +\infty.}$$

• Limite en $+\infty$.

On démontrerait comme précédemment :

$$\lim_{x \to +\infty} \sqrt{x^2 - 2x + 5} = +\infty,$$

et on a : $$\lim_{x \to +\infty} (-x + 1) = -\infty.$$

Puisqu'on ne peut pas conclure directement, transformons l'écriture de $f(x)$.

Pour tout réel x, on a :

$$f(x) = \sqrt{x^2 - 2x + 5} - (x - 1) = \frac{x^2 - 2x + 5 - (x-1)^2}{\sqrt{x^2 - 2x + 5} + (x - 1)}$$

(on a multiplié le numérateur et le dénominateur par le réel non nul $\sqrt{x^2 - 2x + 5} + (x - 1)$),

donc : $$f(x) = \frac{4}{\sqrt{x^2 - 2x + 5} + x - 1};$$

comme : $$\lim_{x \to +\infty} \left(\sqrt{x^2 - 2x + 5} + x - 1\right) = +\infty,$$

on obtient : $$\boldsymbol{\lim_{+\infty} f = 0.}$$

Remarque : La mise en facteur du terme dominant x ne permettrait pas de se dispenser de la transformation d'écriture à l'aide d'une « quantité conjuguée » : pour tout x de $]0\,;+\infty[$,

$$f(x)=x\left(\sqrt{1-\frac{2}{x}+\frac{5}{x^2}}-\left(1-\frac{1}{x}\right)\right),$$

et : $$\lim_{x\to+\infty}\left(\sqrt{1-\frac{2}{x}+\frac{5}{x^2}}-\left(1-\frac{1}{x}\right)\right)=0.$$

2° $g : x \mapsto \sqrt{4x^2-9}+2x.$

g a pour ensemble de définition $\left]-\infty\,;-\frac{3}{2}\right]\cup\left[\frac{3}{2}\,;+\infty\right[$.

• Limite en $+\infty$.

$\lim\limits_{x\to+\infty}(4x^2-9)=+\infty$ et $\lim\limits_{X\to+\infty}\sqrt{X}=+\infty$,

donc : $$\lim_{x\to+\infty}\sqrt{4x^2-9}=+\infty;$$

de plus : $$\lim_{x\to+\infty}2x=+\infty,$$

donc : $$\boldsymbol{\lim_{+\infty} g=+\infty.}$$

• Limite en $-\infty$.

On a, pour tout x de $\left]-\infty\,;-\frac{3}{2}\right]$:

$$g(x)=\frac{(\sqrt{4x^2-9}+2x)\,(\sqrt{4x^2-9}-2x)}{\sqrt{4x^2-9}-2x}=\frac{4x^2-9-4x^2}{\sqrt{4x^2-9}-2x},$$

donc : $$g(x)=\frac{-9}{\sqrt{4x^2-9}-2x};$$

de plus : $$\lim_{x\to-\infty}(\sqrt{4x^2-9}-2x)=+\infty,$$

donc : $$\boldsymbol{\lim_{-\infty} g=0.}$$

1.17 1° $f : x \mapsto \dfrac{\sin x}{x}$.

f a pour ensemble de définition $\mathbb{R}^*$.

Pour tout réel x non nul, on a :

$$\frac{\sin x}{x}=\frac{\sin x-\sin 0}{x},$$

et comme la fonction sinus est dérivable sur $\mathbb{R}$, on obtient en particulier :

$$\lim_{x \to 0} \frac{\sin x - \sin 0}{x} = \sin'(0) = \cos 0 = 1.$$

On a prouvé : $\mathbf{\lim\limits_{0} f = 1.}$

2° Pour tout réel x non nul, on peut écrire :

$$\frac{\sin 3x}{2x} = \frac{3}{2} \times \frac{\sin 3x}{3x}.$$

La fonction $x \mapsto \dfrac{\sin 3x}{2x}$ est donc la composée de $x \mapsto 3x$ par

$X \mapsto \dfrac{3}{2} \times \dfrac{\sin X}{X}$,

et on a : $\lim\limits_{x \to 0} 3x = 0$,

$$\lim_{x \to 0} \frac{3}{2} \times \frac{\sin X}{X} = \frac{3}{2},$$

il en résulte : $\mathbf{\lim\limits_{x \to 0} \dfrac{\sin 3x}{2x} = \dfrac{3}{2}.}$

1.18 1° $f : x \mapsto \dfrac{\cos x}{x - \dfrac{\pi}{2}}$ et $a = \dfrac{\pi}{2}$.

$\mathscr{D}_f = \mathbb{R} \setminus \left\{ \dfrac{\pi}{2} \right\}$.

Pour tout réel x distinct de $\dfrac{\pi}{2}$, on a :

$$f(x) = \frac{\cos x - \cos \dfrac{\pi}{2}}{x - \dfrac{\pi}{2}},$$

de plus : $\cos' \dfrac{\pi}{2} = -\sin \dfrac{\pi}{2} = -1$,

on en déduit : $\mathbf{\lim\limits_{x \to \frac{\pi}{2}} \dfrac{\cos x}{x - \dfrac{\pi}{2}} = -1.}$

2° $f : x \mapsto \dfrac{\ln(1 + x)}{x}$ et $a = 0$.

$\mathscr{D}_f =]-1 ; 0[\cup]0 ; +\infty[$.

Pour tout x de $]0\,;+\infty[$: $f(x)=\dfrac{\ln(1+x)-\ln 1}{x}$,

et on a : $\ln'(1)=1$,

il vient : $\displaystyle\mathbf{\lim_{x\to 0}\frac{\ln(1+x)}{x}=1.}$

3° $f: x\mapsto \dfrac{2\sin x-1}{6x-\pi}$ et $a=\dfrac{\pi}{6}$.

$\mathcal{D}_f=\mathbb{R}\backslash\left\{\dfrac{\pi}{6}\right\}$.

Pour tout x de $\mathbb{R}\backslash\left\{\dfrac{\pi}{6}\right\}$, on peut écrire :

$$f(x)=\frac{1}{3}\times\frac{\sin x-\sin\frac{\pi}{6}}{x-\frac{\pi}{6}},$$

et on a : $\sin'\left(\dfrac{\pi}{6}\right)=\cos\dfrac{\pi}{6}=\dfrac{\sqrt{3}}{2}$,

donc : $\displaystyle\lim_{x\to\frac{\pi}{6}} f(x)=\frac{1}{3}\times\frac{\sqrt{3}}{2}$,

c'est-à-dire : $\displaystyle\mathbf{\lim_{\frac{\pi}{6}} f=\frac{\sqrt{3}}{6}.}$

4° $f: x\mapsto\dfrac{e^x-1}{x}$ et $a=0$.

$\mathcal{D}_f=\mathbb{R}^*$.

Pour tout x de $\mathbb{R}^*$: $\dfrac{e^x-1}{x}=\dfrac{e^x-e^0}{x}$ et on a : $(\exp)'(0)=e^0=1$.

On obtient : $\displaystyle\mathbf{\lim_{x\to 0}\frac{e^x-1}{x}=1.}$

1.19 $f: x\mapsto\dfrac{\sqrt{3x^2+1}-2}{x-1}$.

$\mathcal{D}_f=\mathbb{R}\backslash\{1\}$.

1° Pour tout x de $\mathbb{R}\backslash\{1\}$, on a :

$$f(x)=\frac{3x^2+1-4}{(x-1)\,(\sqrt{3x^2+1}+2)},$$

donc : $$f(x) = \frac{3(x^2-1)}{(x-1)(\sqrt{3x^2+1}+2)},$$

d'où : $$= \frac{3(x+1)}{\sqrt{3x^2+1}+2},$$

or : $\lim\limits_{x \to 1} 3(x+1) = 6$ et $\lim\limits_{x \to 1} (\sqrt{3x^2+1}+2) = 2+2 = 4,$

donc : $$\lim_1 f = \frac{3}{2}.$$

2° f n'est pas définie en 1 et la limite de f en 1 est le réel $\frac{3}{2}$, donc **f peut être prolongée par continuité en 1 par la fonction g telle que :**

$$\begin{cases} g(x) = f(x) & \text{si } x \neq 1, \\ g(1) = \dfrac{3}{2}. \end{cases}$$

1.20 • $f_1 : x \mapsto \dfrac{\sin x}{x}.$

L'ensemble de définition de f_1 est $\mathbb{R}^*$,

de plus, on sait : $\lim\limits_0 f_1 = 1.$

f_1 n'est pas définie en 0 et la limite de f_1 en 0 est un réel, donc f_1 est prolongeable par continuité en 0.

La fonction g_1 définie par : $\begin{cases} g_1(x) = \dfrac{\sin x}{x} & \text{si } x \text{ non nul}, \\ g_1(0) = 1, \end{cases}$

est le prolongement par continuité de f_1 en 0.

• $f_2 : x \mapsto x \ln x.$

L'ensemble de définition de f_2 est $\mathbb{R}_+^*$.

f_2 n'est pas définie en 0, de plus, on sait : $\lim\limits_0 f_2 = 0.$

Donc f_2 admet un prolongement par continuité en 0, qui est la fonction g_2 définie par :

$$\begin{cases} g_2(x) = x \ln x & \text{si } x \in \mathbb{R}_+^*, \\ g_2(0) = 0. \end{cases}$$

1.21 $f(x) = \dfrac{1}{x}\left(\cos x - \dfrac{1}{\cos x}\right)$.

• f est bien définie au voisinage de 0 puisque l'ensemble de définition $\mathscr{D}_f$ de f contient $\left]-\dfrac{\pi}{2}\,;0\right[\cup \left]0\,;\dfrac{\pi}{2}\right[$.

Plus précisément, $\mathscr{D}_f$ est $\mathbb{R}^*$ privé des réels $\dfrac{\pi}{2} + k\pi$, où k décrit $\mathbb{Z}$.

On a :
$$\lim_{\substack{x \to 0 \\ <}} \frac{1}{x} = -\infty, \quad \lim_{\substack{x \to 0 \\ >}} \frac{1}{x} = +\infty,$$

et :
$$\lim_{x \to 0} \left(\cos x - \frac{1}{\cos x}\right) = \cos 0 - \frac{1}{\cos 0} = 0,$$

donc les théorèmes élémentaires sur les limites ne permettent pas de conclure directement sur la limite de f en 0, aussi transformons l'écriture de $f(x)$.

Pour tout x de $\mathscr{D}_f$, on a :
$$f(x) = \frac{1}{x}\left(\frac{\cos^2 x - 1}{\cos x}\right)$$
$$= \frac{-\sin^2 x}{x \cos x}$$
$$= -x\left(\frac{\sin x}{x}\right)^2 \times \frac{1}{\cos x}$$

or :
$$\lim_{x \to 0} \frac{\sin x}{x} = 1 \quad \text{et} \quad \lim_{x \to 0} \cos x = \cos 0 = 1,$$

donc :
$$\lim_0 f = 0,$$

ce qui prouve que f **admet un prolongement par continuité g en 0 ; en particulier, g vérifie : $g(0) = 0$.**

• Pour tout x de $\mathscr{D}_f$, on a :
$$\frac{g(x) - g(0)}{x - 0} = -\left(\frac{\sin x}{x}\right)^2 \times \frac{1}{\cos x},$$

donc :
$$\lim_{x \to 0} \frac{g(x) - g(0)}{x} = -1.$$

On a ainsi prouvé :

g est dérivable en 0 ; son nombre dérivé en 0 est -1.

1.22 $f : x \mapsto \dfrac{3}{x-2} + 1$. Le tableau de variation de la fonction homographique f est donné page suivante.

x	$-\infty$		2		$+\infty$
f	1	$\searrow$	$-\infty$ || $+\infty$	$\searrow$	1

f est continue et strictement décroissante sur chaque intervalle inclus dans son ensemble de définition $\mathbb{R}\setminus\{2\}$, on obtient :

$$\boldsymbol{f([3\,;\,4]) = [f(4)\,;\,f(3)] = \left[\frac{5}{2}\,;\,4\right],}$$

$$\boldsymbol{f([3\,;+\infty[) =]\lim_{+\infty} f\,;\ f(3)] =]1\,;\,4],}$$

$$\boldsymbol{f(]-\infty\,;\,2[) =]\lim_{2-} f\,;\ \lim_{-\infty} f[=]-\infty\,;\,1[.}$$

En revanche, 2 appartient à l'intervalle $]-1\,;\,3]$ et 2 n'a pas d'image par f, donc **$]-1\,;\,3]$ n'a pas d'image par f.**

1.23 $f : x \mapsto x^3 + 3x + 2$.

• f est continue sur $\mathbb{R}$ (car f est un polynôme); de plus, f est strictement croissante sur $\mathbb{R}$ en tant que somme des deux fonctions strictement croissantes sur $\mathbb{R}$, $x \mapsto x^3$ et $x \mapsto 3x + 2$.

De plus, on a : $\lim\limits_{-\infty} f = \lim\limits_{x \to -\infty} x^3 = -\infty$,

$$\lim_{+\infty} f = \lim_{x \to +\infty} x^3 = +\infty.$$

Le tableau de variation de f est donc :

x	$-\infty$		$+\infty$
f	$-\infty$	$\nearrow$	$+\infty$

f est continue et strictement croissante sur $\mathbb{R}$, donc f réalise une bijection de l'intervalle $]-\infty\,;+\infty[$ sur $]\lim\limits_{-\infty} f\,;\ \lim\limits_{+\infty} f[$, c'est-à-dire sur $]-\infty\,;+\infty[$.

En particulier, 0 est l'image par f d'un seul réel.

On peut conclure : **f admet une seule racine dans $\mathbb{R}$.**

• $f(0) = 2$ et $f(-1) = -2$; $f(0)$ et $f(-1)$ étant de signes contraires, on a : $-1 < \alpha < 0$.

De même :

$f(-1) < 0$ et $f(-0,5) > 0$, donc : $-1 < \alpha < -0,5$,

$f(-0,6) < 0$ et $f(-0,5) > 0$, donc : $-0,6 < \alpha < -0,5$,

$f(-0,6) < 0$ et $f(-0,59) > 0$, donc : $\boldsymbol{-0,60 < \alpha < -0,59.}$

Ce dernier encadrement décimal de α a pour longueur 10^{-2}.

1.24 $f : x \mapsto 2x^3 - 3x^2 - 12x + 5$.

- f est dérivable (donc continue) sur $\mathbb{R}$ et pour tout réel x, on a :

$$f'(x) = 6x^2 - 6x - 12 = 6(x^2 - x - 2) = 6(x+1)(x-2),$$

il vient : $$f'(-1) = f'(2) = 0,$$

- si $x \in \,]-\infty; -1[\cup]2; +\infty[$, alors $f'(x) > 0$,
- si $x \in \,]-1; 2[$, alors $f'(x) < 0$.

On en déduit que f est strictement croissante sur $]-\infty; -1]$ et sur $[2; +\infty[$, strictement décroissante sur $[-1; 2]$.

D'autre part : $f(-1) = 12, \quad f(2) = 5,$

$$\lim_{-\infty} f = \lim_{x \to -\infty} 2x^3 = -\infty, \quad \lim_{+\infty} f = \lim_{x \to +\infty} 2x^3 = +\infty.$$

Dressons le tableau de variation de f :

x	$-\infty$		-1		2		$+\infty$
$f'(x)$		$+$	0	$-$	0	$+$	
f	$-\infty$	↗	12	↘	5	↗	$+\infty$

Le minimum de f sur $[-1; +\infty[$ est 5, donc f n'admet pas de racine dans $[-1; +\infty[$.

D'autre part, f est continue et strictement croissante sur $]-\infty; -1]$, donc f réalise une bijection de l'intervalle $]-\infty; -1]$ sur $]-\infty; 12]$. Comme 0 appartient à $]-\infty; 12]$, 0 admet un seul antécédent par f dans $]-\infty; -1]$.

Finalement, on a prouvé que f admet une seule racine a dans $\mathbb{R}$.

- $f(-1) = 12$ et $f(-2) = -47$; les images par f de -2 et -1 sont de signes contraires, donc on a bien : $\boldsymbol{a \in \,]-2; -1[}$.

1.25 $(\mathscr{E})$: $\cos x = x$.

$(\mathscr{E})$ étant équivalente à l'équation $\cos x - x = 0$, nous sommes amenés à considérer la fonction $f : x \mapsto \cos x - x$.
f est dérivable sur $\mathbb{R}$ et pour tout réel x, on a :

$$f'(x) = -\sin x - 1,$$

donc $f' \leqslant 0$ sur $\mathbb{R}$ et f' ne s'annule qu'en les réels $-\dfrac{\pi}{2} + 2k\pi$, k décrivant $\mathbb{Z}$.

Notons que deux stratégies sont possibles :

- prouver que f s'annule en un seul réel (continuité et stricte monotonie de f sur $\mathbb{R}$), puis que ce réel appartient à $[0\,;\,1]$, ($f(0)$ et $f(1)$ de signes contraires),
- prouver que f s'annule une seule fois dans $[0\,;\,1]$ (continuité et stricte monotonie de f sur $[0\,;\,1]$, $f(0)$ et $f(1)$ de signes contraires), puis que f ne s'annule en aucun réel de $]-\infty\,;\,0[\,\cup\,]1\,;\,+\infty[$.

Nous choisirons cette dernière (qui est suggérée par l'énoncé).

On a : pour tout x de $[0\,;\,1]$, $f'(x) < 0$, donc f est strictement décroissante sur $[0\,;\,1]$.
f étant de plus continue (car dérivable) sur cet intervalle, elle réalise une bijection de $[0\,;\,1]$ sur $[f(1)\,;f(0)]$, c'est-à-dire sur $[\cos 1 - 1\,;\,1]$.

Comme $\cos 1 - 1$ et 1 sont de signes contraires, on peut en déduire que f s'annule en un seul réel de $[0\,;\,1]$, c'est-à-dire que $(\mathscr{E})$ admet dans $[0\,;\,1]$ une seule solution.

Comme de plus f est décroissante sur $\mathbb{R}$ (car : $f' \leqslant 0$ sur $\mathbb{R}$), on a :

- si $x \in\,]-\infty\,;\,0[$, $\quad f(x) \geqslant f(0) > 0$,
- si $x \in\,]1\,;\,+\infty[$, $\quad f(x) \leqslant f(1) < 0$,

donc f ne s'annule en aucun réel de $]-\infty\,;\,0[\,\cup\,]1\,;\,+\infty[$.

Finalement, on a établi que $(\mathscr{E})$ **admet dans $[0\,;\,1]$ une seule solution, et que c'est la seule solution de $(\mathscr{E})$ dans $\mathbb{R}$.**

2

DÉRIVATION

RÉSUMÉ DU COURS

Dérivabilité d'une fonction en un réel

f est une fonction définie sur un intervalle I et a est un réel de I.

■ Définitions

■ Dire que le réel A est le nombre dérivé de f en a signifie que l'une ou l'autre des deux conditions suivantes est réalisée :

• la fonction $h \mapsto \dfrac{f(a+h)-f(a)}{h}$ a pour limite A en 0,

• Il existe une fonction ε de limite 0 en 0 telle que :
pour tout réel h suffisamment proche de 0, $f(a+h) = f(a) + Ah + h\varepsilon(h)$.

■ f est dérivable en a si et seulement si f admet un nombre dérivé en a ; ce nombre dérivé est noté $f'(a)$ et l'on a alors :

$$\lim_{h \to 0} \frac{f(a+h)-f(a)}{h} = \lim_{x \to a} \frac{f(x)-f(a)}{x-a} = f'(a).$$

Dérivabilité et représentation graphique

$\mathscr{C}_f$ désigne la représentation graphique de f, dans le plan rapporté à un repère.

- Si f est dérivable en a, alors $\mathscr{C}_f$ admet une tangente au point d'abscisse a, et le coefficient directeur de cette tangente est $f'(a)$.

- Si f est continue en a, et si $\dfrac{f(x)-f(a)}{x-a}$ tend vers $+\infty$ ou $-\infty$ quand x tend vers a, alors :

• f n'est pas dérivable en a,

• $\mathscr{C}_f$ admet une tangente en son point d'abscisse a, qui est parallèle à la droite des ordonnées.

Dérivabilité et continuité

Si f est dérivable en a, alors f est continue en a.

Dérivabilité sur un intervalle

Définition

Une fonction f est dérivable sur un intervalle I si et seulement si I est inclus dans l'ensemble de définition de f et la restriction de f à I est dérivable en tout réel de I.

Propriété

Si une fonction est dérivable sur un intervalle, elle est continue sur cet intervalle.

Fonction dérivée

Définition

f est une fonction dérivable sur un intervalle I. La fonction dérivée (ou dérivée première) de f sur I, notée f', est la fonction définie sur I, qui, à tout réel x de I, associe le nombre dérivé de f en x.

Dérivées successives

• Soit f une fonction dérivable sur un intervalle I. Si f', dérivée de f, est elle-même dérivable sur I, la dérivée de f' est notée f'' ou $f^{(2)}$; c'est la dérivée seconde de f sur I.

On définit de même, si elles existent, les dérivées successives :

$$f^{(3)} = f''' = (f'')' \ ;$$

$$f^{(4)} = (f^{(3)})', \text{ etc.}$$

En posant $f^{(0)} = f$ et $f^{(1)} = f'$, on a : pour tout n de $\mathbb{N}$, $f^{(n+1)} = (f^{(n)})'$.

• Une fonction f est dite infiniment dérivable sur un intervalle quand elle admet des dérivées à tout ordre sur cet intervalle.

Dérivée d'une fonction composée

Théorème

I et J sont des intervalles ; f est une fonction définie sur I et telle que $f(I) \subset J$; g est une fonction définie sur J (donc $g \circ f$ est définie sur I).

• Si f est dérivable en un réel a de I et si g est dérivable en $f(a)$, alors $g \circ f$ est dérivable en a, et :

$$(g \circ f)'(a) = g'[f(a)] \times f'(a).$$

• Si f est dérivable sur I et si g est dérivable sur J, alors $g \circ f$ est dérivable sur I, et :

$$(g \circ f)' = (g' \circ f)\, f'.$$

Inégalités des accroissements finis

Théorème 1

Soient f une fonction dérivable sur un intervalle I, a et b deux réels de I tels que : $a \leqslant b$.
S'il existe des réels m et M tels que : pour tout x de I, $m \leqslant f'(x) \leqslant M$,
alors : $$m(b-a) \leqslant f(b) - f(a) \leqslant M(b-a).$$

Théorème 2

Soient f une fonction dérivable sur un intervalle I, a et b deux réels de I.
S'il existe un réel M tel que : pour tout x de I, $|f'(x)| \leqslant M$,
alors : $$|f(b) - f(a)| \leqslant M|b-a|.$$

Formulaire

■ E est l'ensemble de dérivabilité de la fonction f ; k est un réel, n est un entier.

Dans le premier tableau de la page suivante, l'ensemble de définition et l'ensemble de dérivabilité ne sont différents que dans le cas de la fonction racine carrée ($x \mapsto \sqrt{x}$ est définie en 0 alors qu'elle n'est pas dérivable en 0).

$f(x)$	$f'(x)$	E
k	0	$\mathbb{R}$
x	1	$\mathbb{R}$
x^n $(n \geqslant 2)$	nx^{n-1}	$\mathbb{R}$
x^n $(n \leqslant -1)$	nx^{n-1}	$\mathbb{R}^*$
$\sqrt{x}$	$\dfrac{1}{2\sqrt{x}}$	$\mathbb{R}_+^*$
$\sin x$	$\cos x$	$\mathbb{R}$
$\cos x$	$-\sin x$	$\mathbb{R}$
$\ln x$	$\dfrac{1}{x}$	$\mathbb{R}_+^*$
e^x	e^x	$\mathbb{R}$
x^k $(k \notin \mathbb{Z})$	kx^{k-1}	$\mathbb{R}_+^*$

■ u et v sont des fonctions dérivables sur un intervalle I ; k est un réel, n est un entier.

f	f'	**Conditions**
ku	ku'	
$u + v$	$u' + v'$	
uv	$u'v + uv'$	
$\dfrac{1}{u}$	$-\dfrac{u'}{u^2}$	u ne s'annule pas sur I
$\dfrac{u}{v}$	$\dfrac{u'v - uv'}{v^2}$	v ne s'annule pas sur I
u^n	$nu'u^{n-1}$	$n \geqslant 2$
u^n	$nu'u^{n-1}$	$n \leqslant -1$ et u ne s'annule pas sur I
$\sqrt{u}$	$\dfrac{u'}{2\sqrt{u}}$	u positive et ne s'annule pas sur I
e^u	$u'e^u$	
$\ln\|u\|$	$\dfrac{u'}{u}$	u ne s'annule pas sur I
u^k	$ku'u^{k-1}$	k non entier, u positive et ne s'annule pas sur I

Nombre dérivé et tangente

2.1 f est la fonction définie sur [0 ; 1], dont la courbe représentative $\mathscr{C}_f$ est le demi-cercle de la figure ci-dessous.
Comment voit-on graphiquement que f n'est pas dérivable en 0 ?

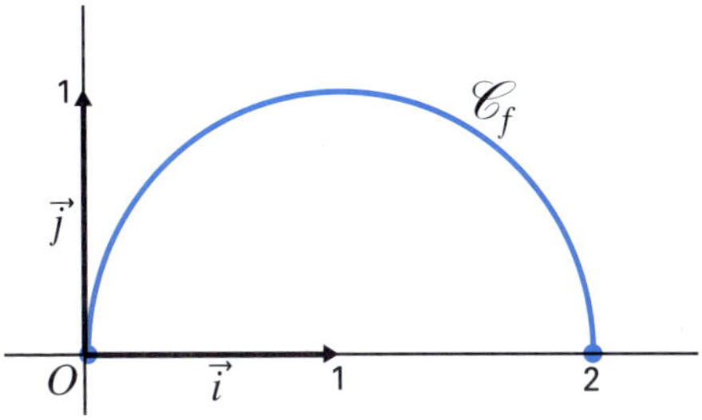

2.2 Soit f la fonction : $x \mapsto |x^2 - 1|$, sa courbe représentative est donnée ci-dessous.
f est-elle dérivable en 1 ?
Justifier la réponse graphiquement, puis par un calcul.

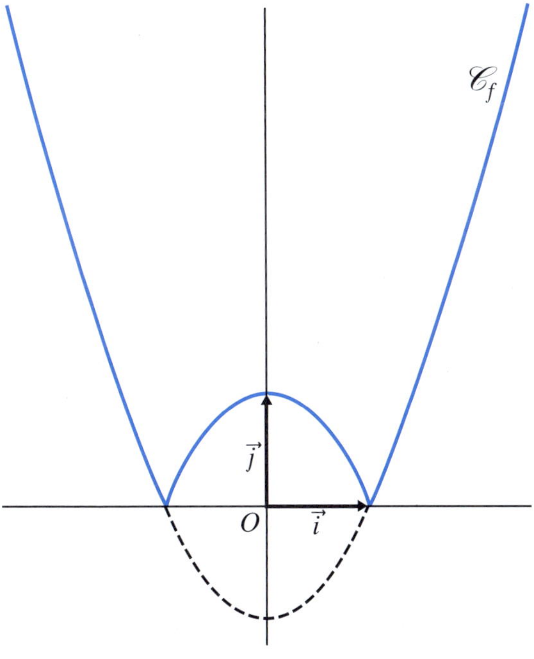

♦ **2.3** Soient a, b, c des réels, avec $a > 0$, et $\mathscr{P}$ la parabole d'équation :

$$y = ax^2 + bx + c.$$

Montrer que $\mathscr{P}$ est située au-dessus de chacune de ses tangentes.

Dérivée d'une fonction composée

ln exp **2.4** Vérifier que la fonction f proposée est dérivable sur son ensemble de définition $\mathscr{D}_f$.

Déterminer $f'(x)$ pour tout x de $\mathscr{D}_f$.

1° $x \mapsto (4x^3 + 5x^2 - x + 1)^{1994}$.

2° $x \mapsto \sqrt{x^2 - 4x + 5}$.

3° $x \mapsto \dfrac{1}{\sqrt{x^2 + 1}}$.

4° $x \mapsto \sin(3x^2)$.

5° $x \mapsto \ln(7 - x^2)$.

6° $x \mapsto \ln\sqrt{x + 2}$.

7° $x \mapsto \ln(\ln x)$.

8° $x \mapsto \exp(9x^2 - 4)$.

Problèmes de dérivabilité

♦ **2.5** Soit f la fonction : $x \mapsto (x - 1)\sqrt{1 - x^2}$.
Déterminer le plus grand ensemble E sur lequel f est dérivable.

♦♦ **2.6** Soit f la fonction définie sur $\mathbb{R}$ par :

$f(0) = 0$ et, pour tout réel x non nul, $f(x) = x^2 \sin \dfrac{1}{x}$.

1° Montrer que f est dérivable en 0.

2° Déterminer $f'(x)$ pour tout x de $\mathbb{R}^*$.

3° On considère la suite u définie sur $\mathbb{N}$ par : $u_n = \dfrac{1}{2\pi + 2n\pi}$.

a) Déterminer la suite $f' \circ u$.

b) Quelle est la limite des suites u et $f' \circ u$?

c) La fonction f' est-elle continue en 0 ?

Inégalités des accroissements finis

2.7 Faire le lien entre les deux énoncés suivants.

Énoncé 1 : Une voiture roule sur une autoroute pendant trois heures à une vitesse comprise entre 90 km/h et 120 km/h.

La distance parcourue est donc comprise entre 3×90 km et 3×120 km, c'est-à-dire entre 270 km et 360 km.

Énoncé 2 : f est une fonction dérivable sur $[0\,;\,3]$ telle que :
pour tout t de $[0\,;\,3]$, $\quad 90 \leqslant f'(t) \leqslant 120$,
donc l'accroissement $f(3)-f(0)$ de f entre 0 et 3 vérifie :

$$90(3-0) \leqslant f(3)-f(0) \leqslant 120(3-0),$$

soit :

$$270 \leqslant f(3)-f(0) \leqslant 360.$$

2.8 Démontrer que, pour tous réels x et y, on a :

$$|\cos x - \cos y| \leqslant |x-y|.$$

2.9 1° Démontrer que, pour tout réel x, on a : $|\sin x| \leqslant |x|$.

2° Quelle est la limite de la suite $u : n \mapsto n \sin \dfrac{1}{n^2}$?

ln **2.10** Démontrer que l'on a, pour tous réels a et b :

$$\text{si} \quad 0 < a \leqslant b, \quad \text{alors } \frac{b-a}{b} \leqslant \ln \frac{b}{a} \leqslant \frac{b-a}{a}.$$

♦ **2.11** Soit u la suite définie sur $\mathbb{N}$ par $\quad u_0 = 0 \quad$ et $\quad u_{n+1} = \cos u_n$.
On rappelle que l'équation $\cos x = x$ admet dans $[0\,;\,1]$ une seule solution α (voir l'exercice **1.25**).

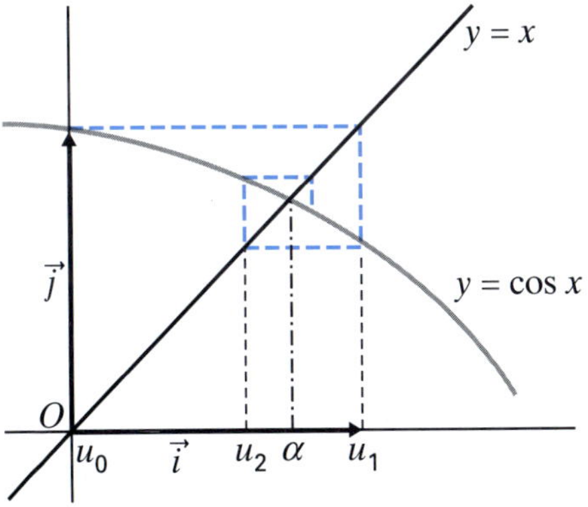

1° Montrer par récurrence que pour tout naturel n : $\quad 0 \leqslant u_n \leqslant 1$.

2° Montrer que pour tout x de $[0\,;\,1]$: $\quad |\cos'(x)| \leqslant 0{,}9$.

3° Déduire des questions précédentes que pour tout naturel n :

$$|u_{n+1} - \alpha| \leqslant 0{,}9|u_n - \alpha|,$$

puis :

$$|u_n - \alpha| \leqslant (0{,}9)^n.$$

Quelle est la limite de u ?

♦ **2.12** Une fonction f, de $[-1\,;5]$ dans $\mathbb{R}$, est dérivable sur $[-1\,;5]$ et vérifie :

- $f(-1) = -2$ et $f(5) = 2$,
- pour tout x de $[-1\,;5]$, $\frac{1}{3} \leqslant f'(x) \leqslant 2.$

1° Soit x un élément de $[-1\,;5]$.
Donner les encadrements de $f(x)$ obtenus en appliquant les inégalités des accroissements finis à f successivement sur $[-1\,;x]$ et sur $[x\,;5]$.

2° En déduire que la courbe représentative $\mathscr{C}_f$ de f est située à l'intérieur d'un parallélogramme à déterminer (le plan est supposé rapporté à un repère $(\mathrm{O}; \vec{i}, \vec{j})$).

Dérivées successives

2.13 Notons f la fonction inverse : $x \mapsto \frac{1}{x}$.

Quel est le plus grand des deux nombres $f^{(1994)}(1994)$ et $f^{(1994)}(1995)$?

♦ **2.14** Le but de l'exercice est d'obtenir l'encadrement polynomial suivant de la fonction cosinus :

pour tout réel x, $\quad 1 - \frac{x^2}{2} \leqslant \cos x \leqslant 1 - \frac{x^2}{2} + \frac{x^4}{24}.$

On notera f la fonction :

$$x \mapsto 1 - \frac{x^2}{2} + \frac{x^4}{24} - \cos x.$$

1° Déterminer les dérivées successives f', f'', $f^{(3)}$ et $f^{(4)}$ de f.
Quelle remarque peut-on faire sur les valeurs prises en 0 par f et ses dérivées d'ordre 1 à 4 ?

2° Compléter un tableau du type :

x	$-\infty$ 0 $+\infty$
signe de $f^{(4)}(x)$	0
sens de variation de $f^{(3)}$	
⋮	⋮
sens de variation de f	
signe de $f(x)$	0

3° Conclure.

♦♦ **2.15** Démontrer que, pour tout réel x négatif :

exp

$$1 + x \leqslant e^x \leqslant 1 + x + \frac{x^2}{2}.$$

Quel encadrement de $e^{-0,01}$ en déduit-on ?

2.1 Le point de $\mathscr{C}_f$ d'abscisse 0 est l'origine O, et la tangente à $\mathscr{C}_f$ en ce point est la droite des ordonnées.
Si f était dérivable en 0, elle admettrait un nombre dérivé en 0 qui serait la pente de la tangente à $\mathscr{C}_f$ en O ; cette tangente serait une droite non verticale, et ne pourrait être la droite des ordonnées.
Donc f **n'est pas dérivable en 0.**

Remarque : $\mathscr{C}_f$ est l'ensemble des points du plan dont les coordonnées vérifient :

$$\begin{cases} y \geqslant 0 \\ (x-1)^2 + y^2 = 1, \end{cases}$$

donc f est la fonction : $\quad x \mapsto \sqrt{1-(x-1)^2}$.

Pour tout x de $[0\,;\,2]$, $\quad f(x) = \sqrt{2x - x^2} = \sqrt{x}\,\sqrt{2-x}$,

donc, pour tout x de $]0\,;\,2]$:

$$\frac{f(x)-f(0)}{x-0} = \frac{\sqrt{x}\,\sqrt{2-x}}{x} = \frac{\sqrt{2-x}}{\sqrt{x}},$$

or : $\quad \lim\limits_{x\to 0} \sqrt{2-x} = \sqrt{2} \quad$ et $\quad \lim\limits_{x\to 0} \dfrac{1}{\sqrt{x}} = +\infty,$

donc : $\quad \lim\limits_{x\to 0} \dfrac{f(x)-f(0)}{x-0} = +\infty,$

ce qui prouve que f n'est pas dérivable en 0.

Des deux propriétés : $\quad \begin{cases} \lim\limits_{0} f = 0 \\ \lim\limits_{x\to 0} \dfrac{f(x)-f(0)}{x-0} = +\infty, \end{cases}$

on déduit que $\mathscr{C}_f$ admet une tangente verticale à l'origine O.

2.2 1° Notons A le point de $\mathscr{C}_f$ d'abscisse 1.
$\mathscr{C}_f$ admet deux demi-tangentes de pente -2 à gauche et 2 à droite. Si f était dérivable en 1, $\mathscr{C}_f$ admettrait une tangente (non verticale) en A.
On peut alors conclure que f **n'est pas dérivable en 1.**

2° Montrons par le calcul que f admet pour nombres dérivés à droite et à gauche en 1 les réels -2 et 2.
Pour tout réel x de $[1\,;\,+\infty[$, on a : $\quad x^2 - 1 \geqslant 0,$

donc : $\quad f(x) = x^2 - 1,$

par conséquent :

- f est dérivable sur $]1 ; +\infty[$, avec : pour tout x de $]1 ; +\infty[$, $f'(x) = 2x$,
- et f admet un nombre dérivé à droite en 1, le réel $f'_d(1)$ tel que :

$$f'_d(1) = 2 \times 1 = 2.$$

($f'_d(1)$ est le nombre dérivé en 1 de la restriction de f à $[1 ; +\infty[$).

De même, pour tout x de $[-1 ; 1]$, on a : $x^2 - 1 \leqslant 0$,

d'où : $f(x) = 1 - x^2$,

donc :

- f est dérivable sur $]-1 ; 1[$, avec : pour tout x de $]-1 ; 1[$, $f'(x) = -2x$,
- et f admet pour nombre dérivé à gauche en 1 le réel $f'_g(1)$ défini par :

$$f'_g(1) = -2 \times 1 = -2.$$

($f'_g(1)$ est le nombre dérivé en 1 de la restriction de f à $[-1 ; 1]$).

Remarque : f étant paire, on obtient aussi, $f'_d(-1) = 2$ et $f'_g(-1) = -2$.

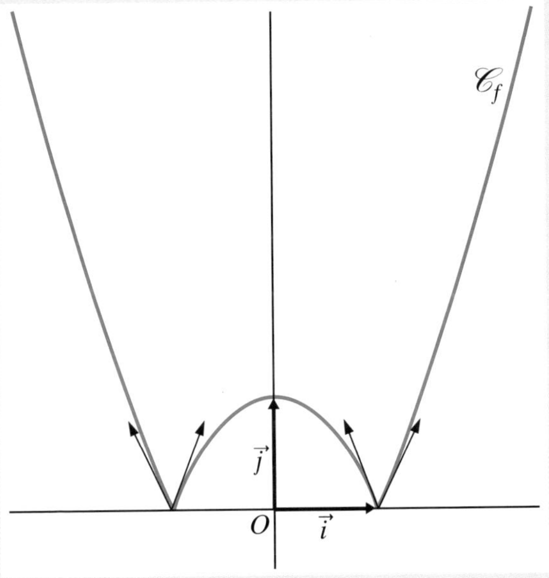

2.3 $\mathscr{P}$: $y = ax^2 + bx + c$, $a > 0$.

Soit f la fonction dont $\mathscr{P}$ est la courbe représentative :

pour tout réel x, $f(x) = ax^2 + bx + c$.

f est dérivable sur $\mathbb{R}$ et, pour tout réel x : $f'(x) = 2ax + b$.

Soit x_0 un réel et M_0 le point de $\mathscr{P}$ d'abscisse x_0 ; l'ordonnée de M_0 est donc $f(x_0)$.

Une équation de la tangente $\mathscr{T}$ à $\mathscr{P}$ en M_0 est :

$$y - f(x_0) = f'(x_0)(x - x_0),$$

soit : $$y = (2ax_0 + b)(x - x_0) + ax_0^2 + bx_0 + c,$$

ou encore : $$y = (2ax_0 + b)x - ax_0^2 + c.$$

Soient x_0 un réel, M le point de $\mathscr{C}_f$ d'abscisse x, et P celui de $\mathscr{T}$ de même abscisse x ; alors :

$$\overline{PM} = f(x) - [(2ax_0 + b)x - ax_0^2 + c].$$

Étudions le signe de $\overline{PM}$:

$$\begin{aligned}\overline{PM} &= ax^2 + bx + c - (2ax_0 + b)x + ax_0^2 - c,\\ &= ax^2 - 2ax_0x + ax_0^2,\\ &= a(x - x_0)^2,\end{aligned}$$

donc : $$\overline{PM} \geqslant 0,$$

et on en déduit que $\mathscr{P}$ est située au-dessus de $\mathscr{T}$.

Ceci étant établi pour toute tangente à $\mathscr{P}$, on peut conclure :

$\mathscr{P}$ est située au-dessus de n'importe laquelle de ses tangentes.

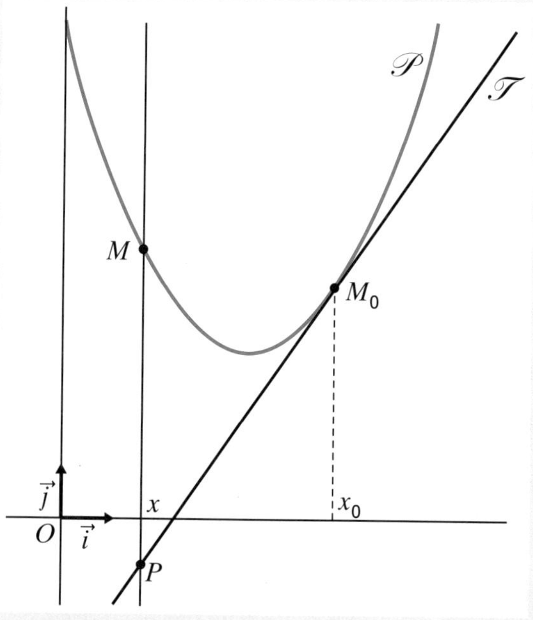

2.4 1° $f : x \mapsto (4x^3 + 5x^2 - x + 1)^{1994}$.

f est un polynôme, donc f est définie et dérivable sur $\mathbb{R}$, et pour tout réel x :

$$\boldsymbol{f'(x) = 1994(12x^2 + 10x - 1)(4x^3 + 5x^2 - x + 1)^{1993}}.$$

2° $f : x \mapsto \sqrt{x^2 - 4x + 5}$.

f est la composée du polynôme $g : x \mapsto x^2 - 4x + 5$ par la fonction $X \mapsto \sqrt{X}$.

Le discriminant Δ de g étant strictement négatif, g est de signe constant, et on obtient :
pour tout réel x, $\quad x^2 - 4x + 5 > 0$.
On en déduit que f est définie et dérivable sur $\mathbb{R}$, et pour tout réel x :

$$\boldsymbol{f'(x) = \frac{2x - 4}{2\sqrt{x^2 - 4x + 5}} = \frac{x - 2}{\sqrt{x^2 - 4x + 5}}}.$$

3° $f : x \mapsto \dfrac{1}{\sqrt{x^2 + 1}}$.

f est l'inverse de la fonction $g : x \mapsto \sqrt{x^2 + 1}$,
or pour tout réel x : $\quad x^2 + 1 > 0$,
donc g est dérivable sur $\mathbb{R}$ et ne s'annule pas sur $\mathbb{R}$.
On en déduit que f est définie et dérivable sur $\mathbb{R}$.
De plus, pour tout réel x, on a :

$$f'(x) = \frac{-g'(x)}{g^2(x)},$$

or :

$$g'(x) = \frac{-2x}{2\sqrt{x^2 + 1}},$$

donc :

$$\boldsymbol{f'(x) = \frac{-x}{(x^2 + 1)\sqrt{x^2 + 1}}}.$$

4° $f : x \mapsto \sin(3x^2)$.
f est la composée de $x \mapsto 3x^2$ par sin, toutes deux dérivables sur $\mathbb{R}$, donc f est définie et dérivable sur $\mathbb{R}$ et pour tout réel x :

$$\boldsymbol{f'(x) = 6x \cos(3x^2)}.$$

5° $f : x \mapsto \ln(7 - x^2)$.

$\mathscr{D}_f =]-\sqrt{7}\ ;\ \sqrt{7}[$.

Comme composée de deux fonctions chacune dérivable sur son ensemble de définition, f est dérivable sur $\mathscr{D}_f$, et pour tout x de $\mathscr{D}_f$:

$$\boldsymbol{f'(x) = \frac{-2x}{7 - x^2}}.$$

6° $f : x \mapsto \ln\sqrt{x+2}$.

$\mathscr{D}_f =]-2 ; +\infty[$.

Comme, pour tout x de $\mathscr{D}_f$, $f(x) = \dfrac{1}{2}\ln(x+2)$, on obtient facilement :

pour tout x de $\mathscr{D}_f$, $\boldsymbol{f'(x) = \dfrac{1}{2} \times \dfrac{1}{x+2} = \dfrac{1}{2x+4}}$.

7° $f : x \mapsto \ln(\ln x)$.

$\mathscr{D}_f$ est l'ensemble des réels x qui vérifient $x > 0$ et $\ln x > 0$,

c'est-à-dire : $\mathscr{D}_f =]1 ; +\infty[$.

De plus, f est dérivable sur son ensemble de définition et pour tout x de $\mathscr{D}_f$:

$$\boldsymbol{f'(x) = \dfrac{\frac{1}{x}}{\ln x} = \dfrac{1}{x\ln x}}.$$

8° $f : x \mapsto \exp(9x^2 - 4)$.

f est définie et dérivable sur $\mathbb{R}$ et, pour tout réel x, on a :

$$\boldsymbol{f'(x) = 18x\exp(9x^2 - 4).}$$

2.5 $f : x \mapsto (x-1)\sqrt{1-x^2}$.

Pour tout réel x, on a :

$$1 - x^2 \geqslant 0 \Leftrightarrow -1 \leqslant x \leqslant 1,$$
$$1 - x^2 > 0 \Leftrightarrow -1 < x < 1,$$

donc : $\mathscr{D}_f = [-1 ; 1]$,

et f est dérivable au moins sur $]-1 ; 1[$.

Remarques :

- Pour tout x de $\mathscr{D}_f$: $1 - x \geqslant 0$ et $1 + x \geqslant 0$,

donc : $f(x) = (x-1)\sqrt{1-x}\sqrt{1+x}$.

- On sait calculer $f'(x)$ pour tout x de $]-1 ; 1[$ en utilisant le formulaire de dérivation du cours.

Pour savoir si f est dérivable en -1 et en 1, revenons à la définition de la dérivabilité en un réel.

Dérivabilité en – 1.

Pour tout x de $]-1 ; 1]$, on a :

$$\frac{f(x) - f(-1)}{x - (-1)} = \frac{(x-1)\sqrt{1-x}\sqrt{1+x}}{x+1} = \frac{(x-1)\sqrt{1-x}}{\sqrt{x+1}},$$

donc : $$\frac{f(x)-f(-1)}{x-(-1)} = (x-1)\sqrt{1-x}\ \frac{1}{\sqrt{x+1}},$$

or : $$\lim_{x\to -1} (x-1)\sqrt{1-x} = -2\sqrt{2} \quad \text{et} \quad \lim_{x\to -1} \frac{1}{\sqrt{x+1}} = +\infty,$$

donc : $$\lim_{x\to -1} \frac{f(x)-f(-1)}{x-(-1)} = -\infty.$$

La fonction $x \mapsto \dfrac{f(x)-f(-1)}{x-(-1)}$ n'admet pas de limite réelle en -1, donc f n'est pas dérivable en -1.

Dérivabilité en 1.
Pour tout x de $[-1\,;1[$, on a :

$$\frac{f(x)-f(1)}{x-1} = \frac{(x-1)\sqrt{1-x^2}}{x-1} = \sqrt{1-x^2},$$

or : $$\lim_{x\to 1} \sqrt{1-x^2} = 0,$$

donc : $$\lim_{x\to 1} \frac{f(x)-f(1)}{x-1} = 0,$$

ce qui prouve que f est dérivable en 1 et que l'on a : $f'(1) = 0$.

En conclusion, on a établi : $\boldsymbol{E =]-1\,;1]}$.

2.6 $f(0) = 0$ et pour tout x de $\mathbb{R}^*$, $f(x) = x^2 \sin \dfrac{1}{x}$.

1° Pour étudier la dérivabilité de f en 0, revenons à la définition du nombre dérivé. Pour tout réel x non nul, on a :

$$\frac{f(x)-f(0)}{x-0} = x \sin \frac{1}{x},$$

donc : $$\left|\frac{f(x)-f(0)}{x-0}\right| \leqslant |x|,$$

d'où : $$\lim_{x\to 0} \frac{f(x)-f(0)}{x-0} = 0.$$

Il en résulte que f **est dérivable en 0 et : $\boldsymbol{f'(0) = 0}$.**

2° f est dérivable sur $\mathbb{R}^*$ et, pour tout x de $\mathbb{R}^*$, on a :

$$\boldsymbol{f'(x) = 2x \sin \frac{1}{x} + x^2 \times \frac{-1}{x^2} \cos \frac{1}{x} = 2x \sin \frac{1}{x} - \cos \frac{1}{x}.}$$

3° $u_n = \dfrac{1}{2\pi + 2n\pi}$.

a) La suite $f' \circ u$ est définie sur $\mathbb{N}$ et on a :

$$f'(u_n) = \frac{2}{2\pi + 2n\pi} \sin(2\pi + 2n\pi) - \cos(2\pi + 2n\pi) = -1,$$

$f' \circ u$ est donc la suite constante $n \mapsto -1$.

b) u est l'inverse d'une suite de limite $+\infty$, donc : $\lim u = 0$.
D'autre part on a clairement : $\lim f' \circ u = -1$.

c) La fonction f' est-elle continue en 0 ? C'est-à-dire, a-t-on l'égalité :

$$\lim_{x \to 0} \left(2x \sin\frac{1}{x} - \cos\frac{1}{x}\right) = 0 \ ?$$

Si c'était le cas, la suite $f' \circ u$ aurait pour limite 0, ce qui n'est pas vrai.
On peut donc en déduire que **f' n'est pas continue en 0.**

2.7 L'énoncé 2 peut être considéré comme une modélisation de la situation concrète et familière de l'énoncé 1.
En effet, une origine des temps étant choisie, si $f(t)$ désigne la distance parcourue (en km) à l'instant t (en heures), alors la vitesse (en km/h) au même instant t est $f'(t)$.

2.8 La fonction cosinus est dérivable sur $\mathbb{R}$, avec $\cos' = -\sin$,
donc : $$|\cos'| \leqslant 1 \text{ sur } \mathbb{R}.$$
Soient x et y des réels, et I le segment d'extrémités x et y ; en appliquant les inégalités des accroissements finis à la fonction cosinus sur le segment I, on obtient :

$$|\cos x - \cos y| \leqslant 1 \times |x - y|.$$

On a donc prouvé :
pour tous réels x et y, $|\cos x - \cos y| \leqslant |x - y|$.

2.9 1° La fonction sinus est dérivable sur $\mathbb{R}$, avec $\sin' = \cos$,
donc : $$|\sin'| \leqslant 1 \text{ sur } \mathbb{R}.$$
Soit x un réel. En appliquant les inégalités des accroissements finis à la fonction sinus sur le segment I d'extrémités 0 et x, on obtient :

$$|\sin x - \sin 0| \leqslant 1 \times |x - 0|.$$

On a donc démontré : **pour tout réel x, $|\sin x| \leqslant |x|$.**

2° La suite $u : n \mapsto n \sin \frac{1}{n^2}$ est définie sur $\mathbb{N}^*$.

u se présente comme le produit de deux suites :

- $n \mapsto n$, de limite $+\infty$,
- $n \mapsto \sin \frac{1}{n^2}$, de limite 0 $\left(\text{car } \lim\limits_{n \to +\infty} \frac{1}{n^2} = 0 \text{ et } \lim\limits_{0} \sin = \sin 0 = 0\right)$.

Les théorèmes généraux sur les suites ne permettent pas de trouver la limite de u directement.
En revanche, en utilisant l'inégalité établie au 1°, on peut écrire que pour tout n de $\mathbb{N}^*$:

$$|u_n| \leqslant n \frac{1}{n^2},$$

c'est-à-dire : $$|u_n| \leqslant \frac{1}{n}.$$

On en déduit : $\mathbf{\lim u = 0.}$

2.10 Soient a et b des réels qui vérifient : $0 < a \leqslant b$.
La fonction ln est dérivable sur $]0 ; +\infty[$ et, pour tout x de cet intervalle,

on a : $$\ln'(x) = \frac{1}{x}.$$

D'autre part : pour tout x de $[a ; b]$, $\frac{1}{b} \leqslant \frac{1}{x} \leqslant \frac{1}{a}$.

Il vient : $\frac{1}{b} \leqslant \ln' \leqslant \frac{1}{a}$ sur $[a ; b]$.

En appliquant les inégalités des accroissements finis à ln sur $[a ; b]$, on obtient : $$\frac{1}{b}(b-a) \leqslant \ln b - \ln a \leqslant \frac{1}{a}(b-a).$$

On peut conclure :

pour tous réels a et b vérifiant : $0 < a \leqslant b$,

$$\mathbf{\frac{b-a}{b} \leqslant \ln \frac{b}{a} \leqslant \frac{b-a}{a}.}$$

2.11 1° • $u_0 = 0$, donc : $0 \leqslant u_0 \leqslant 1$.
• Soit p un naturel ; supposons : $0 \leqslant u_p \leqslant 1$.
La fonction cosinus étant décroissante sur $\left[0 ; \frac{\pi}{2}\right]$, donc sur $[0 ; 1]$,

on a : $\cos 1 \leqslant \cos u_p \leqslant \cos 0$,
et on sait : $0 < \cos 1$ et $\cos 0 = 1$,
d'où : $0 \leqslant u_{p+1} \leqslant 1$.

• D'après le principe de récurrence, on a démontré :

pour tout naturel n, $0 \leqslant u_n \leqslant 1$.

2° Pour tout réel x, on a : $\cos'(x) = -\sin x$.
La fonction sinus étant croissante sur $[0 ; 1]$, on a pour tout x de $[0 ; 1]$:

$$\sin 0 \leqslant \sin x \leqslant \sin 1.$$

Or : $\sin 0 = 0$ et $\sin 1 \leqslant 0{,}9$,
donc : $0 \leqslant \sin x \leqslant 0{,}9$.
On en déduit que **pour tout x de [0 ; 1] :** $|\cos'(x)| \leqslant 0{,}9$.

3° Soit n un naturel. u_n et α sont des éléments de [0 ; 1], et on sait :
pour tout x de [0 ; 1], $|\cos'(x)| \leqslant 0{,}9$.
En appliquant les inégalités des accroissements finis à la fonction cosinus entre α et u_n, on obtient :

$$|\cos u_n - \cos \alpha| \leqslant 0{,}9\,|u_n - \alpha|,$$

or : $u_{n+1} = \cos u_n$ et $\cos \alpha = \alpha$,
donc : $|u_{n+1} - \alpha| \leqslant 0{,}9\,|u_n - \alpha|$.
Une démonstration par récurrence permet alors d'affirmer :
pour tout naturel n, $|u_n - \alpha| \leqslant (0{,}9)^n\,|u_0 - \alpha|$,
or : $u_0 = 0$ et $0 \leqslant \alpha \leqslant 1$,
donc : $|u_0 - \alpha| \leqslant 1$,
d'où : **pour tout naturel n,** $|u_n - \alpha| \leqslant (0{,}9)^n$.
La suite géométrique $\alpha \mapsto (0{,}9)^n$ convergeant vers 0, **la suite u a pour limite α.**

Remarque : En programmant le calcul des termes successifs de la suite u, on observe que l'affichage se stabilise à partir d'un certain rang sur un décimal dont l'écriture commence par 0,739 085. On peut montrer que 0,739 085 est effectivement une valeur approchée de α à 10^{-6} près.

2.12 1° Soit x un réel de [– 1 ; 5].

• En appliquant les inégalités des accroissements finis à f sur $[-1\,;x]$, on obtient :

$$\frac{1}{3}\,[x-(-1)] \leqslant f(x) - f(-1) \leqslant 2[x-(-1)],$$

soit : $$\frac{1}{3}x + \frac{1}{3} \leqslant f(x) + 2 \leqslant 2x + 2,$$

ou encore : $$\mathbf{\frac{1}{3}x - \frac{5}{3} \leqslant f(x) \leqslant 2x.}$$

• En appliquant les inégalités des accroissements finis à f sur $[x\,;5]$, on obtient :

$$\frac{1}{3}\,(5-x) \leqslant f(5) - f(x) \leqslant 2(5-x),$$

soit : $$-\frac{1}{3}x + \frac{5}{3} \leqslant 2 - f(x) \leqslant 10 - 2x,$$

ou encore : $$\mathbf{2x - 8 \leqslant f(x) \leqslant \frac{1}{3}x + \frac{1}{3}}.$$

2° De la première question, on déduit que $\mathscr{C}_f$ est située dans la région $\mathscr{R}$ du plan définie analytiquement par :

$$\begin{cases} \frac{1}{3}x - \frac{5}{3} \leqslant y \leqslant 2x \\ 2x - 8 \leqslant y \leqslant \frac{1}{3}x + \frac{1}{3}, \end{cases}$$

qui est l'intersection des deux bandes de plan :

$$\mathscr{B}_1 : \quad \frac{1}{3}x - \frac{5}{3} \leqslant y \leqslant \frac{1}{3}x + \frac{1}{3},$$

$$\mathscr{B}_2 : \quad 2x - 8 \leqslant y \leqslant 2x,$$

et $\mathscr{R}$ est limitée par le parallélogramme $ABCD$, avec $A(-1\,;-2)$, $B\left(\frac{19}{5}\,;-\frac{2}{5}\right)$, $C(5\,;2)$ et $D\left(\frac{1}{5}\,;\frac{2}{5}\right)$.

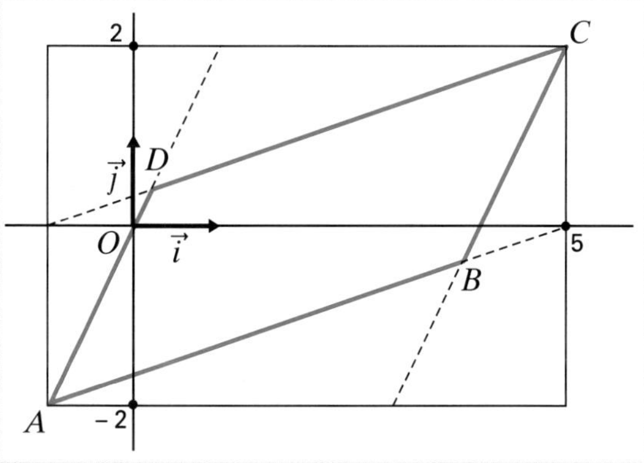

2.13 f admet des dérivées de tout ordre sur $]0\,;+\infty[$; pour connaître le plus grand des deux nombres $f^{(1994)}(1994)$ et $f^{(1994)}(1995)$, il suffit de connaître le sens de variation de $f^{(1994)}$ sur $]0\,;+\infty[$.
Soit x un élément de $]0\,;+\infty[$,

$$f'(x) = -\frac{1}{x^2}, \qquad f''(x) = \frac{2}{x^3}, \qquad f^{(3)}(x) = -\frac{6}{x^4},$$

et on est amené à conjecturer :

pour tout naturel n non nul, $\qquad f^{(n)}(x) = \dfrac{(-1)^n n!}{x^{n+1}},$

propriété que nous allons démontrer par récurrence.

- $f^{(1)}(x) = f'(x) = -\dfrac{1}{x^2} = \dfrac{(-1)^1 \times 1!}{x^{1+1}}$.

donc l'égalité est vérifiée pour le rang 1.

- Soit p un naturel non nul.

Supposons : $$f^{(p)}(x) = \frac{(-1)^p p!}{x^{p+1}}.$$

On a alors : $$f^{(p+1)}(x) = [f^{(p)}]'(x) = (-1)^p p! \,\frac{-(p+1)}{x^{p+1+1}},$$

donc : $f^{(p+1)}(x) = \dfrac{(-1)^{p+1}(p+1)!}{x^{p+2}}$ (car $p!(p+1) = (p+1)!$).

Le principe de récurrence permet d'affirmer :

pour tout naturel n non nul, $\boldsymbol{f^{(n)}(x) = \dfrac{(-1)^n n!}{x^{n+1}}}$.

On a donc :
pour tout x de $]0\,;+\infty[$, $f^{(1995)}(x) < 0$ (car $(-1)^{1995} < 0$),
ce qui implique que $f^{(1994)}$ est strictement décroissante sur $]0\,;+\infty[$, et on peut conclure :

$$\boldsymbol{f^{(1994)}(1994) > f^{(1994)}(1995).}$$

2.14 $f : x \mapsto 1 - \dfrac{x^2}{2} + \dfrac{x^4}{24} - \cos x.$

1° La fonction f est infiniment dérivable sur $\mathbb{R}$ et, pour tout réel x :

$$f'(x) = -x + \frac{x^3}{6} + \sin x,$$

$$f''(x) = -1 + \frac{x^2}{2} + \cos x,$$

$$f^{(3)}(x) = x - \sin x,$$

$$f^{(4)}(x) = 1 - \cos x.$$

On peut remarquer : $f(0) = f'(0) = f''(0) = f^{(3)}(0) = f^{(4)}(0) = 0$.

2°

x	$-\infty$ $\quad$ 0 $\quad$ $+\infty$
signe de $f^{(4)}(x)$	+ $\quad$ 0 $\quad$ +
sens de variation de $f^{(3)}$	↗ 0 ↗
signe de $f^{(3)}(x)$	− $\quad$ 0 $\quad$ +
sens de variation de f''	↘ 0 ↗
signe de $f''(x)$	+ $\quad$ 0 $\quad$ +
sens de variation de f'	↗ 0 ↗
signe de $f'(x)$	− $\quad$ 0 $\quad$ +
sens de variation de f	↘ 0 ↗
signe de $f(x)$	+ $\quad$ 0 $\quad$ +

3° De la dernière ligne du tableau précédent, on déduit que, pour tout réel x :

$$f(x) \geqslant 0,$$

c'est-à-dire :

$$\cos x \leqslant 1 - \frac{x^2}{2} + \frac{x^4}{24}.$$

De même, la ligne « signe de $f''(x)$ » montre que, pour tout réel x : $\qquad f''(x) \geqslant 0,$

c'est-à-dire :

$$1 - \frac{x^2}{2} \leqslant \cos x.$$

On peut donc conclure :

$$\textbf{pour tout réel } \boldsymbol{x}, \quad \mathbf{1} - \frac{\boldsymbol{x}^2}{\mathbf{2}} \leqslant \mathbf{cos}\, \boldsymbol{x} \leqslant \mathbf{1} - \frac{\boldsymbol{x}^2}{\mathbf{2}} + \frac{\boldsymbol{x}^4}{\mathbf{24}}.$$

Remarque : Il aurait suffit d'établir les inégalités demandées sur $\mathbb{R}_+$; en effet, la parité de chacune des fonctions $x \mapsto 1 - \frac{x^2}{2}$, $x \mapsto \cos x$ et $x \mapsto 1 - \frac{x^2}{2} + \frac{x^4}{24}$ permettait alors d'affirmer que ces inégalités étaient aussi vérifiées sur $\mathbb{R}_-$.

2.15 En s'inspirant de la méthode développée dans l'exercice précédent, étudions le signe de la fonction $f : x \mapsto 1 + x + \frac{x^2}{2} - e^x$.

La fonction f est infiniment dérivable sur $\mathbb{R}$ et, pour tout réel x :

$$f'(x) = 1 + x - e^x,$$
$$f''(x) = 1 - e^x.$$

Notons que : $$f(0) = f'(0) = f''(0) = 0,$$

et qu'il est inutile de poursuivre le calcul de dérivées d'ordre supérieur, car nous connaissons le signe de f'' sur $\mathbb{R}_-$ (pour tout x de $]-\infty\,;0[$, $e^x < 1$).

x	$-\infty$ → 0
signe de $f''(x)$	$+$ 0
sens de variation de f'	↗ 0
signe de $f'(x)$	$-$ 0
sens de variation de f	↘ 0
signe de $f(x)$	$+$ 0

La dernière ligne de ce tableau donne que, pour tout x de $]-\infty\,;0]$:

$$f(x) \geqslant 0,$$

c'est-à-dire : $$e^x \leqslant 1 + x + \frac{x^2}{2}.$$

De même, de la ligne « signe de $f''(x)$ » on déduit que,
pour tout x de $]-\infty\,;0]$:

$$f''(x) \geqslant 0,$$

c'est-à-dire : $$1 + x \leqslant e^x.$$

On a donc prouvé que, **pour tout réel x négatif :**

$$\mathbf{1 + x \leqslant e^x \leqslant 1 + x + \frac{x^2}{2}}.$$

Il en résulte l'encadrement de $e^{-0{,}01}$ suivant :

$$1 - 0{,}01 \leqslant e^{-0{,}01} \leqslant 1 - 0{,}01 + 0{,}000\,05,$$

soit : $$\mathbf{0{,}99 \leqslant e^{-0{,}01} \leqslant 0{,}990\,05.}$$

3

FONCTIONS LOGARITHME, EXPONENTIELLE ET PUISSANCE

RÉSUMÉ DU COURS

Fonction logarithme népérien

Définition

La fonction logarithme népérien, notée ln, est la primitive sur $]0\,;+\infty[$ de la fonction $x \mapsto \dfrac{1}{x}$ qui s'annule en 1, donc :

- l'ensemble de définition de ln est $]0\,;+\infty[$;
- $\ln 1 = 0$;
- ln est dérivable (donc continue) sur $]0\,;+\infty[$, et :

pour tout x de $]0\,;+\infty[$, $\qquad \ln' x = \dfrac{1}{x}$.

Sens de variation

- ln est strictement croissante sur $]0\,;+\infty[$, donc pour tous x et y de $]0\,;+\infty[$:

$$x < y \Leftrightarrow \ln x < \ln y,$$
$$x = y \Leftrightarrow \ln x = \ln y.$$

- Signe de ln :

x	0		1		$+\infty$
$\ln x$	‖	$-$	0	$+$	

Propriétés algébriques

Pour tous x et y de $]0\,;+\infty[$ et tout réel α :

$$\ln xy = \ln x + \ln y,$$

$$\ln \frac{1}{x} = -\ln x,$$

$$\ln \frac{x}{y} = \ln x - \ln y,$$

$$\ln x^{\alpha} = \alpha \ln x.$$

Limites

$$\lim_{+\infty} \ln = +\infty, \qquad \lim_{0} \ln = -\infty,$$

$$\lim_{x \to +\infty} \frac{\ln x}{x} = 0, \qquad \lim_{x \to 0} x \ln x = 0,$$

$$\lim_{h \to 0} \frac{\ln(1+h)}{h} = 1.$$

Tableau de variation, courbe représentative

x	0		$+\infty$
$\ln'(x)$		$+$	
$\ln x$	$-\infty$	↗	$+\infty$

ln est une bijection de $]0\,;+\infty[$ sur $\mathbb{R}$; l'unique antécédent de 1 par ln est noté e :

$$\ln \mathrm{e} = 1 \qquad (\mathrm{e} \approx 2{,}718 \text{ à } 10^{-3} \text{ près}).$$

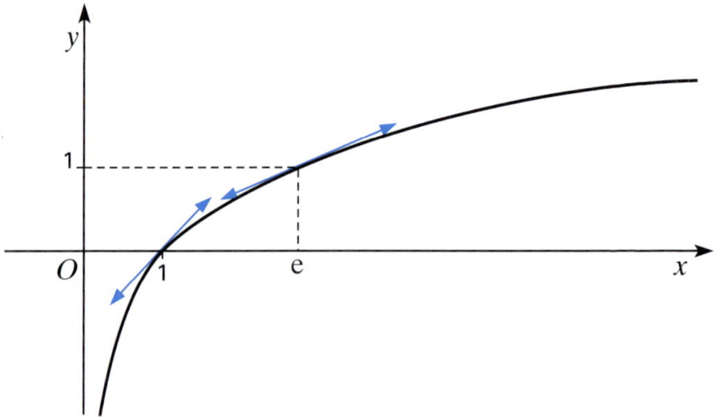

La tangente à la courbe représentative de ln en son point d'abscisse 1 a pour pente 1 ; celle en son point d'abscisse e passe par l'origine O.

■ Dérivée de ln ∘ u

Si une fonction u est dérivable et à valeurs strictement positives sur un intervalle I, alors ln ∘ u est dérivable sur I et pour tout x de I :

$$(\ln \circ u)'(x) = \frac{u'(x)}{u(x)}.$$

Fonction exponentielle

■ Définition

La fonction exponentielle, notée exp ou $x \mapsto e^x$, est la bijection réciproque de ln, donc :

- c'est une bijection de $\mathbb{R}$ sur $]0\,;+\infty[$,
- pour tout réel x, $\quad e^x > 0$,
- pour tout x de $\mathbb{R}$ et tout y de $]0\,;+\infty[$, $\quad e^x = y \iff x = \ln y$,
- pour tout réel x, $\quad \ln e^x = x$,
- pour tout x de $]0\,;+\infty[$, $\quad e^{\ln x} = x$.

■ Propriétés algébriques

Pour tous réels x, y et α :

$$e^{x+y} = e^x\, e^y,$$

$$e^{-x} = \frac{1}{e^x},$$

$$e^{x-y} = \frac{e^x}{e^y},$$

$$(e^x)^\alpha = e^{\alpha x}.$$

■ Sens de variation

$x \mapsto e^x$ est strictement croissante sur $\mathbb{R}$, donc, pour tous réels x et y :

$$x < y \iff e^x < e^y,$$
$$x = y \iff e^x = e^y.$$

■ Limites

$$\lim_{x \to +\infty} e^x = +\infty, \qquad \lim_{x \to -\infty} e^x = 0,$$

$$\lim_{x \to +\infty} \frac{e^x}{x} = +\infty, \qquad \lim_{x \to -\infty} x e^x = 0,$$

$$\lim_{h \to 0} \frac{e^h - 1}{h} = 1.$$

■ Dérivée

• exp est dérivable sur $\mathbb{R}$, et pour tout réel x :

$$\exp'(x) = e^x.$$

• Si u est une fonction dérivable sur un intervalle I, alors e^u est dérivable sur I, et pour tout x de I :

$$(e^u)'(x) = u'(x)\, e^{u(x)}.$$

■ Tableau de variation, courbe représentative

x	$-\infty$	$+\infty$
$\exp'(x)$	+	
e^x	0 ↗	$+\infty$

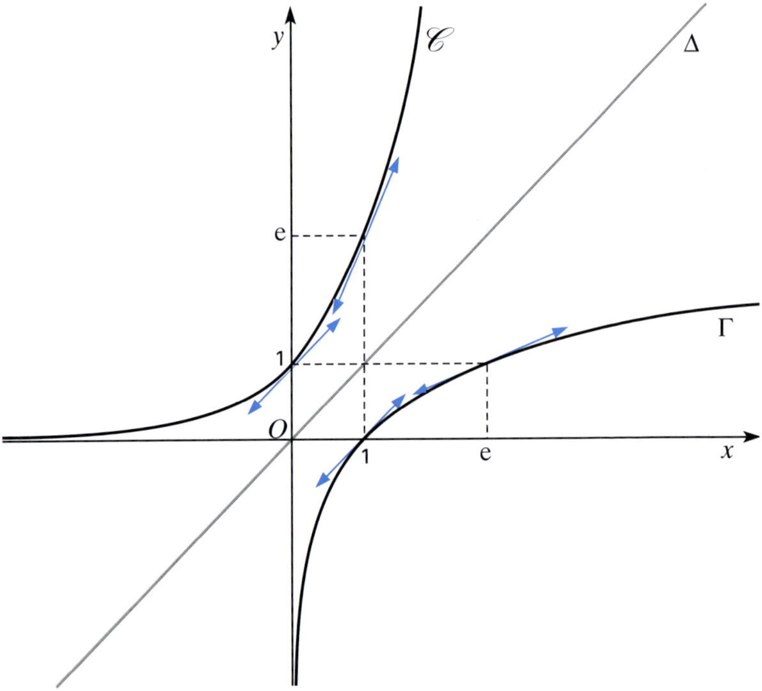

Dans un repère orthonormal, les courbes représentatives $\mathscr{C}$ de $x \mapsto e^x$ et Γ de ln sont symétriques par rapport à la droite Δ d'équation $y = x$.
La tangente à $\mathscr{C}$ en son point d'abscisse 0 a pour pente 1 ; celle en son point d'abscisse 1 passe par O.

Pour tout a de $]0\,;+\infty[$ et tout réel b, on pose :

$$a^b = e^{b \ln a}.$$

Cette notation est cohérente avec les règles de calcul sur les puissances.

Les fonctions exponentielles $x \mapsto a^x$, où $a \in\ ]0\,;1[\ \cup\ ]1\,;+\infty[$

$x \mapsto a^x$, appelée « fonction exponentielle de base a », est la fonction $x \mapsto e^{x \ln a}$, donc :

- elle est définie et à valeurs strictement positives sur $\mathbb{R}$;
- elle est dérivable sur $\mathbb{R}$, de fonction dérivée : $x \mapsto (\ln a)\, a^x$.

Tableaux de variation, courbes représentatives

$a > 1$

x	$-\infty$	$+\infty$
a^x	0 ↗	$+\infty$

$0 < a < 1$

x	$-\infty$	$+\infty$
a^x	$+\infty$ ↘	0

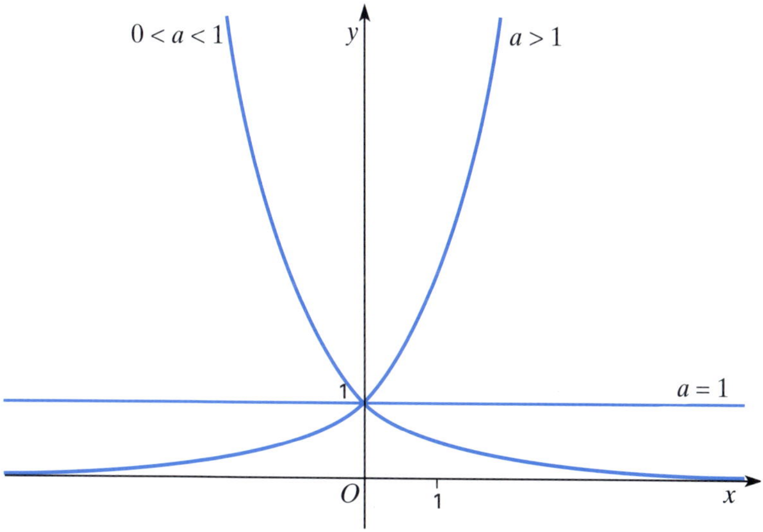

Les fonctions puissances $x \mapsto x^\alpha$, où α est un réel non entier

$x \mapsto x^\alpha$ est la fonction $x \mapsto e^{\alpha \ln x}$, donc :

- son ensemble de définition est $]0\,;+\infty[$;
- elle est à valeurs strictement positives ;
- elle est dérivable sur $]0\,;+\infty[$, de fonction dérivée : $x \mapsto \alpha\, x^{\alpha - 1}$.

■ Tableaux de variation, courbes représentatives

$\alpha > 0$

x	0	$+\infty$
x^{α}	0 ↗	$+\infty$

$\alpha < 0$

x	0	$+\infty$
x^{α}	$+\infty$ ↘	0

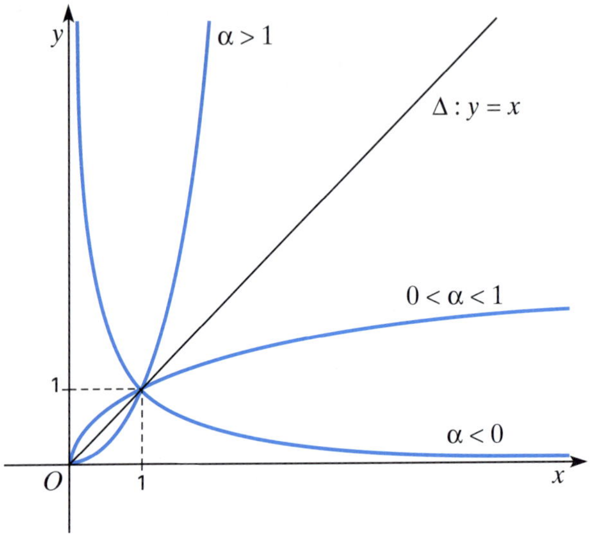

Remarque : Pour tout naturel n non nul, la restriction de $x \mapsto x^n$ à $\mathbb{R}_+$ définit une bijection de $\mathbb{R}_+$ sur $\mathbb{R}_+$; sa bijection réciproque est notée $x \mapsto \sqrt[n]{x}$ et vérifie :

$$\sqrt[n]{0} = 0 \quad \text{et pour tout } x \text{ de }]0\,;+\infty[, \quad \sqrt[n]{x} = x^{\frac{1}{n}}.$$

DES EXERCICES

Pour les tracés de courbes, le plan est rapporté à un repère orthonormal $(O; \vec{i}, \vec{j})$.

Logarithme népérien

3.1 Résoudre dans $\mathbb{R}$ chacune des équations ou inéquations proposées.

1° $(\mathscr{E}_1)$: $\ln(3+x) = \ln 3 + \ln x$.

2° $(\mathscr{E}_2)$: $\ln(3x) = 3\ln x$.

3° $(\mathscr{I}_1)$: $\ln\left(\dfrac{1}{x}\right) \leqslant 0$.

4° $(\mathscr{I}_2)$: $2 + \ln x < 0$.

3.2 Résoudre dans $\mathbb{R}$ l'équation $(\mathscr{E})$: $\ln^2 x - \ln x - 6 = 0$.

3.3 Déterminer la limite éventuelle de la fonction f proposée en a.

1° $x \mapsto \ln(9 - x^2)$, $a = 3$.

2° $x \mapsto \ln(1 - \ln x)$, $a = \mathrm{e}$.

3° $x \mapsto x - \ln x$, $a = +\infty$.

4° $x \mapsto \dfrac{x}{\ln x}$, $a = 0$.

3.4 Déterminer la dérivée de la fonction f proposée.

1° $x \mapsto x \ln x$.

2° $x \mapsto \dfrac{\ln x}{1 + \ln x}$.

3° $x \mapsto \ln(1 + x^2)$.

♦ **3.5** Déterminer la limite éventuelle en e de la fonction $f : x \mapsto \dfrac{\ln x - 1}{x - \mathrm{e}}$.

♦ **3.6** Tracer la courbe représentative $\mathscr{C}_f$ de la fonction $f : x \mapsto \ln(\mathrm{e}x)$.

Exponentielle

3.7 Résoudre dans $\mathbb{R} \times \mathbb{R}$ le système (Σ) d'inconnue (x, y) :

$$\begin{cases} 4\,\mathrm{e}^x - 3\,\mathrm{e}^y = 9 \\ 2\,\mathrm{e}^x + \mathrm{e}^y = 7. \end{cases}$$

3.8 Résoudre dans $\mathbb{R}$ l'équation $(\mathscr{E})$: $\mathrm{e}^{2x} + \mathrm{e}^x - 2 = 0$.

3.9 Déterminer la limite éventuelle de la fonction f proposée en a.

1° $x \mapsto \sqrt{\mathrm{e}^x - 1}$, $a = 0$.

2° $x \mapsto \dfrac{\mathrm{e}^x + 3}{\mathrm{e}^{2x} + 4}$, $a = +\infty$.

3° $x \mapsto \mathrm{e}^x \sin x$, $a = -\infty$.

4° $x \mapsto \mathrm{e}^x - x$, $a = +\infty$.

3.10 Déterminer la dérivée de la fonction f proposée.

1° $x \mapsto (e^x)^2 + \dfrac{1}{e^x}$. 2° $x \mapsto x^3\, e^{-x}$. 3° $x \mapsto \exp\left(\dfrac{7}{x^2+1}\right)$.

♦ **3.11** Tracer la courbe représentative $\mathscr{C}_f$ de la fonction f proposée.

1° $x \mapsto e^{|\ln x|}$. 2° $x \mapsto 2\sqrt{e^x}$.

Exponentielles et puissances

3.12 Résoudre dans $\mathbb{R}$ l'équation ($\mathscr{E}$) proposée.

1° $3^{2x} = 2^{3x}$.

♦ 2° $3^{2x} - 3^{x+1} + 2 = 0$.

♦ 3° $x^{\sqrt{x}} = (\sqrt{x})^x$.

3.13 Résoudre dans $]0\,;+\infty[$ l'inéquation : $x^x > 1$.

3.14 Dresser le tableau de variation et donner l'allure de la courbe représentative $\mathscr{C}_f$ de la fonction f proposée.

1° $x \mapsto \pi^x$. 2° $x \mapsto x^{0,6}$. 3° $x \mapsto (\ln 2)^x$.

♦ **3.15** Déterminer les limites éventuelles de la fonction f proposée aux bornes de son ensemble de définition.

1° $x \mapsto \dfrac{\sqrt[6]{x}}{x}$. 2° $x \mapsto (\cos 1)^x$. 3° $x \mapsto \dfrac{2 - x^{0,3}}{x^{\sqrt{2}}}$.

4° $f :]0\,;+\infty[\;\to \mathbb{R}$

$x \mapsto x^{\frac{1}{x}}$.

Croissances comparées

3.16 Déterminer la limite éventuelle de la fonction f proposée en a.

1° $x \mapsto \dfrac{\ln x}{\sqrt{x}}$, $a = +\infty$. 2° $x \mapsto x^{\frac{1}{3}} \ln^2 x$, $a = 0$.

3° $x \mapsto \dfrac{e^{2x}}{x^{10}}$, $a = +\infty$. 4° $x \mapsto x^2 - \ln x$, $a = +\infty$.

5° $x \mapsto x\,(1,1)^x$, $a = -\infty$.

3.1 1° ($\mathscr{E}_1$) : $\ln(3+x) = \ln 3 + \ln x$.

$$\ln(3+x) = \ln 3 + \ln x \Leftrightarrow \begin{cases} x > 0 \\ 3 + x > 0 \\ \ln(3+x) = \ln 3x \end{cases}$$

$$\Leftrightarrow \begin{cases} x > 0 \\ 3 + x = 3x \end{cases}$$

$$\Leftrightarrow \begin{cases} x > 0 \\ 2x = 3 \end{cases}$$

$$\Leftrightarrow \quad x = \frac{3}{2}.$$

En conclusion, $\frac{3}{2}$ est la seule solution de ($\mathscr{E}_1$) dans $\mathbb{R}$.

2° ($\mathscr{E}_2$) : $\ln(3x) = 3 \ln x$.

$$\ln(3x) = 3 \ln x \Leftrightarrow \begin{cases} x > 0 \\ 3x > 0 \\ \ln(3x) = \ln x^3 \end{cases}$$

$$\Leftrightarrow \begin{cases} x > 0 \\ 3x = x^3 \end{cases}$$

$$\Leftrightarrow \begin{cases} x > 0 \\ x(x^2 - 3) = 0 \end{cases}$$

$$\Leftrightarrow \begin{cases} x > 0 \\ x = 0 \quad \text{ou} \quad x = -\sqrt{3} \quad \text{ou} \quad x = \sqrt{3} \end{cases}$$

$$\Leftrightarrow \quad x = \sqrt{3}.$$

Donc la seule solution de ($\mathscr{E}_2$) dans $\mathbb{R}$ est $\sqrt{3}$.

3° ($\mathscr{I}_1$) : $\ln\left(\frac{1}{x}\right) \leqslant 0$.

$$\ln\left(\frac{1}{x}\right) \leqslant 0 \Leftrightarrow \ln\left(\frac{1}{x}\right) \leqslant \ln 1$$

$$\Leftrightarrow 0 < \frac{1}{x} \leqslant 1$$

$$\Leftrightarrow x \geqslant 1.$$

Donc l'ensemble des solutions de ($\mathscr{I}_1$) dans $\mathbb{R}$ est $[1 ; +\infty[$.

4° $(\mathscr{T}_2)$: $2 + \ln x < 0$.

$$2 + \ln x < 0 \Leftrightarrow \ln x < -2$$
$$\Leftrightarrow \ln x < \ln (e^{-2})$$
$$\Leftrightarrow 0 < x < e^{-2}.$$

Donc l'ensemble des solutions de $(\mathscr{T}_2)$ dans $\mathbb{R}$ est $\left]0 \,;\, \frac{1}{e^2}\right[$.

3.2 $(\mathscr{E})$: $\ln^2 x - \ln x - 6 = 0$.

Notons tout d'abord que, si x est un réel solution de $(\mathscr{E})$,
alors nécessairement : $x > 0$.
D'autre part, l'équation : $X^2 - X - 6 = 0$ a pour discriminant 25, donc ses solutions dans $\mathbb{R}$ sont $\frac{1-5}{2}$ et $\frac{1+5}{2}$, c'est-à-dire -2 et 3.

Il vient : pour tout réel X, $X^2 - X - 6 = (X + 2)(X - 3)$,
donc, pour tout réel x strictement positif, on peut écrire :

$$\ln^2 x - \ln x - 6 = 0 \Leftrightarrow (\ln x + 2)(\ln x - 3) = 0$$
$$\Leftrightarrow \ln x + 2 = 0 \quad \text{ou} \quad \ln x - 3 = 0$$
$$\Leftrightarrow \ln x = -2 \quad \text{ou} \quad \ln x = 3$$
$$\Leftrightarrow \ln x = \ln (e^{-2}) \quad \text{ou} \quad \ln x = \ln (e^3)$$
$$\Leftrightarrow x = e^{-2} \quad \text{ou} \quad x = e^3.$$

Il en résulte que les solutions de $(\mathscr{E})$ dans $\mathbb{R}$ sont $\frac{1}{e^2}$ et e^3.

3.3 1° $f : x \mapsto \ln (9 - x^2)$, $a = 3$.

$\mathscr{D}_f$ est l'ensemble des réels x tels que : $9 - x^2 > 0$,

c'est-à-dire : $x^2 < 9$.

Donc : $\mathscr{D}_f =]-3 \,;\, 3[$,

f est bien définie au voisinage de 3.

f est la composée de $x \mapsto 9 - x^2$ par ln et on a :

$$\lim_{x \to 3} (9 - x^2) = 0,$$

$$\lim_{0} \ln = -\infty,$$

donc, d'après le théorème sur la limite d'une fonction composée,

$$\mathbf{\lim_{3} f = -\infty.}$$

2° $f : x \mapsto \ln(1 - \ln x)$, $a = \mathrm{e}$.

$\mathscr{D}_f$ est l'ensemble des réels x qui vérifient :

$$x > 0 \quad \text{et} \quad 1 - \ln x > 0,$$

c'est-à-dire : $x > 0$ et $\ln x < 1$,

soit : $0 < x < \mathrm{e}$.

Il vient : $\mathscr{D}_f =]0 ; \mathrm{e}[$,

f est bien définie au voisinage de e.

f est la composée de $x \mapsto 1 - \ln x$ par $X \mapsto \ln X$ et on a :

$$\lim_{x \to \mathrm{e}} (1 - \ln x) = 0,$$

$$\lim_{X \to 0} \ln X = -\infty,$$

donc, d'après le théorème sur la limite d'une fonction composée :

$$\boldsymbol{\lim_{\mathrm{e}} f = -\infty.}$$

3° $f : x \mapsto x - \ln x$, $a = +\infty$.

$\mathscr{D}_f =]0 ; +\infty[$.

f se présente comme la différence de deux fonctions de limite $+\infty$ en $+\infty$.

Les théorèmes élémentaires sur les limites ne permettent pas de donner directement la réponse.
Pour lever l'indétermination, factorisons $f(x)$ par x (on sait que « x l'emporte sur $\ln x$ en $+\infty$ »).

Pour tout x de $]0 ; +\infty[$: $f(x) = x\left(1 - \dfrac{\ln x}{x}\right)$,

et on sait : $$\lim_{x \to +\infty} \frac{\ln x}{x} = 0,$$

donc : $$\lim_{x \to +\infty} \left(1 - \frac{\ln x}{x}\right) = 1,$$

d'où : $$\lim_{x \to +\infty} x\left(1 - \frac{\ln x}{x}\right) = +\infty,$$

et finalement : $$\boldsymbol{\lim_{+\infty} f = +\infty.}$$

4° $f : x \mapsto \dfrac{x}{\ln x}$, $a = 0$.

$\mathscr{D}_f$ est l'ensemble des réels x tels que : $x > 0$ et $\ln x \neq 0$,

donc : $\mathscr{D}_f =]0 ; 1[\cup]1 ; +\infty[$.

On a : $\lim\limits_{0} \ln = -\infty$, donc $\lim\limits_{x \to 0} \dfrac{1}{\ln x} = 0$.

f est donc le produit des deux fonctions $x \mapsto x$ et $x \mapsto \dfrac{1}{\ln x}$,
de limite 0 en 0,

on peut conclure : $\mathbf{\lim\limits_{0} f = 0.}$

3.4 1° $f : x \mapsto x \ln x$.

***f* est dérivable sur** son ensemble de définition **]0 ; + ∞[,** et pour tout x de cet intervalle :

$$f'(x) = 1 \times \ln x + x \times \frac{1}{x},$$

donc : $\boldsymbol{f'(x) = \ln x + 1.}$

2° $f : x \mapsto \dfrac{\ln x}{1 + \ln x}$.

$\mathscr{D}_f$ est l'ensemble des réels x tels que :

$$x > 0 \quad \text{et} \quad 1 + \ln x \neq 0,$$

c'est-à-dire : $x > 0$ et $x \neq \dfrac{1}{\mathrm{e}}$,

donc : $\mathscr{D}_f = \left]\mathbf{0} ; \dfrac{\mathbf{1}}{\mathbf{e}}\right[\cup \left]\dfrac{\mathbf{1}}{\mathbf{e}} ; +\infty\right[$.

***f* est dérivable sur** $\mathscr{D}_f$ et pour tout x de $\mathscr{D}_f$:

$$f'(x) = \frac{\dfrac{1}{x} \times (1 + \ln x) - (\ln x) \times \dfrac{1}{x}}{(1 + \ln x)^2}$$

donc : $\boldsymbol{f'(x) = \dfrac{1}{x\,(1 + \ln x)^2}}$.

3° $f : x \mapsto \ln (1 + x^2)$.

$f = \ln \circ u$, où u est la fonction : $x \mapsto 1 + x^2$, dérivable et strictement positive sur $\mathbb{R}$; ***f* est donc dérivable sur** $\mathbb{R}$ et, pour tout réel x :

$$f'(x) = \frac{u'(x)}{u(x)},$$

soit : $\boldsymbol{f'(x) = \dfrac{2x}{1 + x^2}}$.

3.5 $f : x \mapsto \dfrac{\ln x - 1}{x - \text{e}}$.

$\mathscr{D}_f =]0\,;\,\text{e}[\, \cup \,]\text{e}\,;\,+\infty[$.

f se présente comme le quotient de deux fonctions de limite 0 en e, les théorèmes algébriques sur les limites ne permettent donc pas de conclure directement.

Notons que l'on a, pour tout x de $\mathscr{D}_f$:

$$f(x) = \frac{\ln x - \ln \text{e}}{x - \text{e}},$$

or ln est dérivable sur $]0\,;\,+\infty[$, et en particulier en e,

donc : $$\lim_{x \to \text{e}} f(x) = \ln'(\text{e}),$$

c'est-à-dire : $$\boldsymbol{\lim_{\text{e}} f = \frac{1}{\text{e}}}.$$

3.6 $f : x \mapsto \ln(\text{e}x)$.

$\mathscr{D}_f =]0\,;\,+\infty[$, et pour tout x de $\mathscr{D}_f$, on a :

$$f(x) = \ln \text{e} + \ln x,$$

soit : $$f(x) = \ln x + 1.$$

On en déduit que $\mathscr{C}_f$ est l'image de la courbe représentative Γ de ln par la translation de vecteur $\vec{j}$.

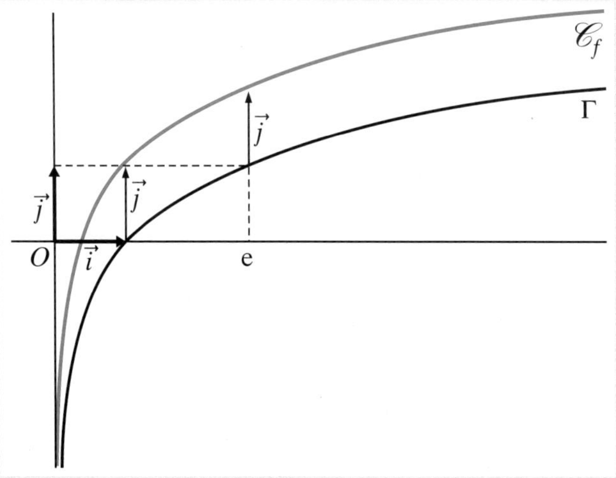

3.7 $(\Sigma) : \begin{cases} 4e^x - 3e^y = 9 \\ 2e^x + e^y = 7. \end{cases}$

Le système (Σ') d'inconnue (X, Y) : $\begin{cases} 4X - 3Y = 9 \\ 2X + Y = 7, \end{cases}$

admet une seule solution dans $\mathbb{R} \times \mathbb{R}$ (car : $4 \times 1 - 2 \times (-3) \neq 0$), et l'on obtient facilement que ce couple est $(3 ; 1)$.

Donc, pour tous réels x et y :

$$\begin{cases} 4e^x - 3e^y = 9 \\ 2e^x + e^y = 7 \end{cases} \Leftrightarrow \begin{cases} e^x = 3 \\ e^y = 1 \end{cases}$$

$$\Leftrightarrow \begin{cases} x = \ln 3 \\ y = 0. \end{cases}$$

En conclusion, la seule solution de (Σ) dans $\mathbb{R} \times \mathbb{R}$ est $(\ln 3 ; 0)$.

3.8 $(\mathscr{E}) : e^{2x} + e^x - 2 = 0.$

Pour tout réel x, on a : $\qquad e^{2x} = (e^x)^2,$

et, 1 et -2 étant les racines de $X^2 + X - 2$, on peut écrire :

pour tout réel X, $\qquad X^2 + X - 2 = (X - 1)(X + 2),$

donc, pour tout réel x :

$$e^{2x} + e^x - 2 = 0 \Leftrightarrow (e^x - 1)(e^x + 2) = 0$$
$$\Leftrightarrow e^x - 1 = 0 \quad \text{ou} \quad e^x + 2 = 0$$
$$\Leftrightarrow e^x = 1 \quad \text{ou} \quad e^x = -2$$
$$\Leftrightarrow e^x = 1$$
$$\Leftrightarrow x = 0.$$

(L'équation $e^x = -2$ n'admet aucune solution dans $\mathbb{R}$ car : pour tout réel x, $e^x > 0$.)

Finalement, la seule solution de $(\mathscr{E})$ dans $\mathbb{R}$ est 0.

3.9 1° $f : x \mapsto \sqrt{e^x - 1}$, $\quad a = 0.$

$\mathscr{D}_f$ est l'ensemble des réels x tels que $\quad e^x - 1 \geqslant 0,$

donc : $\qquad \mathscr{D}_f = [0 ; +\infty[.$

f est la composée de $\quad x \mapsto e^x - 1 \quad$ par $\quad X \mapsto \sqrt{X}$, et on a :

$$\lim_{x \to 0} (e^x - 1) = 0, \qquad \lim_{X \to 0} \sqrt{X} = 0,$$

donc : $\qquad \boldsymbol{\lim_{0} f = 0}.$

2° $f : x \mapsto \dfrac{e^x + 3}{e^{2x} + 4}$, $\quad a = +\infty$.

Pour tout réel x, on a : $\quad e^{2x} > 0$,

donc f est définie sur $\mathbb{R}$.

On a : $\quad \lim\limits_{x \to +\infty} e^x = +\infty, \quad \lim\limits_{x \to +\infty} e^{2x} = +\infty$,

donc f se présente comme le quotient de deux fonctions ayant pour limite $+\infty$ en $+\infty$.

Les théorèmes généraux ne permettent pas de conclure directement. Transformons l'écriture de $f(x)$.

Au voisinage de $+\infty$,
$e^x + 3$ est « proche » de e^x et $e^{2x} + 4$ est « proche » de e^{2x}.

Pour tout réel x : $\quad f'(x) = \dfrac{e^x\left(1 + \dfrac{3}{e^x}\right)}{e^{2x}\left(1 + \dfrac{4}{e^{2x}}\right)} = \dfrac{1}{e^x} \times \dfrac{\left(1 + \dfrac{3}{e^x}\right)}{\left(1 + \dfrac{4}{e^{2x}}\right)}$,

or : $\quad \lim\limits_{x \to +\infty} \dfrac{1}{e^x} = 0$,

et : $\quad \lim\limits_{x \to +\infty} \dfrac{1}{e^{2x}} = 0$,

donc : $\quad \mathbf{\lim\limits_{+\infty} f = 0}$.

3° $f : x \mapsto e^x \sin x$, $\quad a = -\infty$.

f est définie sur $\mathbb{R}$.

La fonction $x \mapsto e^x$ a pour limite 0 en $-\infty$, et la fonction $x \mapsto \sin x$ est bornée sur $\mathbb{R}$ (elle n'a pas de limite en $-\infty$).

Pour tout réel x : $\quad -1 \leqslant \sin x \leqslant 1$,

or : $\quad e^x > 0$,

donc : $\quad -e^x \leqslant e^x \sin x \leqslant e^x$,

soit : $\quad |f(x)| \leqslant e^x$.

Comme, de plus, on a : $\quad \lim\limits_{x \to -\infty} e^x = 0$,

on peut conclure : $\quad \mathbf{\lim\limits_{-\infty} f = 0}$.

4° $f : x \mapsto e^x - x, \quad a = +\infty.$
$\mathscr{D}_f = \mathbb{R}.$
f se présente comme la différence de deux fonctions de limite $+\infty$ en $+\infty$, les théorèmes généraux sur les limites ne permettent pas de conclure directement.
Pour tout x de $]0 ; +\infty[$, on a :

$$f(x) = x\left(\frac{e^x}{x} - 1\right),$$

on sait : $$\lim_{x \to +\infty} \frac{e^x}{x} = +\infty,$$

donc : $$\lim_{x \to +\infty} \left(\frac{e^x}{x} - 1\right) = +\infty,$$

et il vient : $$\lim_{x \to +\infty} x\left(\frac{e^x}{x} - 1\right) = +\infty,$$

c'est-à-dire : $$\boldsymbol{\lim_{+\infty} f = +\infty}.$$

3.10 1° $f : x \mapsto (e^x)^2 + \dfrac{1}{e^x}$.

f est définie et dérivable sur $\mathbb{R}$, et pour tout réel x :

$$f(x) = e^{2x} + e^{-x},$$

donc : $$\boldsymbol{f'(x) = 2\,e^{2x} - e^{-x}}.$$

2° $f : x \mapsto x^3\, e^{-x}$.
f est définie et dérivable sur $\mathbb{R}$, et pour tout réel x :

$$f'(x) = 3\,x^2\, e^{-x} + x^3\,(-e^{-x}),$$

donc : $$\boldsymbol{f'(x) = x^2\,(3 - x)\,e^{-x}}.$$

3° $f : x \mapsto \exp\left(\dfrac{7}{x^2+1}\right)$.

f est définie sur $\mathbb{R}$.
Pour tout réel x, $\quad f(x) = e^{u(x)}$,
où la fonction $u : x \mapsto \dfrac{7}{x^2+1}$ est dérivable sur $\mathbb{R}$.
Donc f est dérivable sur $\mathbb{R}$ et, pour tout réel x :

$$f'(x) = \frac{7 \times (-2\,x)}{(x^2+1)^2} \times \exp\left(\frac{7}{x^2+1}\right),$$

donc : $$\boldsymbol{f'(x) = \frac{-14\,x}{(x^2+1)^2} \times \exp\left(\frac{7}{x^2+1}\right)}.$$

3.11 1° $f : x \mapsto e^{|\ln x|}$.

$\mathscr{D}_f =]0\,;+\infty[$; de plus, pour tout x de $]0\,;+\infty[$:

$$\begin{cases} \text{si } 0 < x \leqslant 1, & \text{alors } \ln x \leqslant 0 \\ \text{si } x \geqslant 1, & \text{alors } \ln x \geqslant 0, \end{cases}$$

donc :

$$\begin{cases} \text{si } 0 < x \leqslant 1, & \text{alors } f(x) = e^{-\ln x} = e^{\ln\left(\frac{1}{x}\right)} = \dfrac{1}{x} \\ \text{si } x \geqslant 1, & \text{alors } f(x) = e^{\ln x} = x. \end{cases}$$

On en déduit que $\mathscr{C}_f$ est la réunion :

- de la partie d'hyperbole définie par : $\begin{cases} 0 < x \leqslant 1 \\ y = \dfrac{1}{x}, \end{cases}$
- et de la demi-droite définie par : $\begin{cases} x \geqslant 1 \\ y = x. \end{cases}$

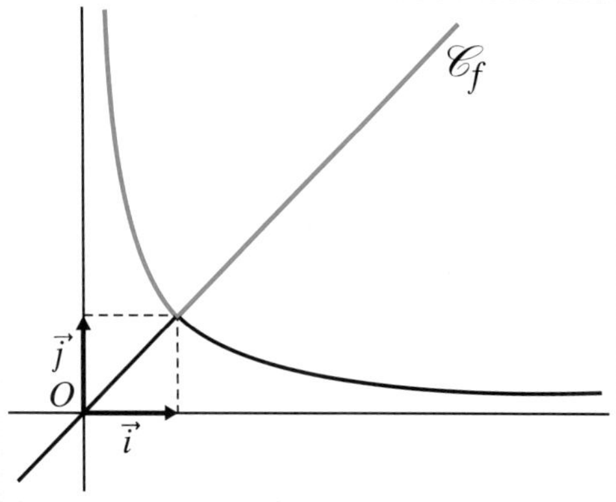

2°

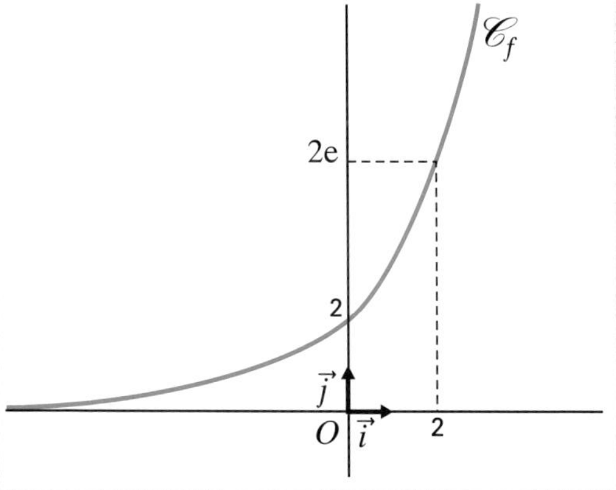

$f : x \mapsto 2\sqrt{e^x}$. $\mathscr{D}_f = \mathbb{R}$ et, pour tout réel x : $f(x) = 2\,e^{\frac{x}{2}}$,

donc $\mathscr{C}_f$ est l'image de la courbe représentative Γ de la fonction $x \mapsto e^x$ par l'homothétie de centre O et de rapport 2.

($\mathscr{C}_f$ est donc la courbe représentative de $x \mapsto e^x$ dans le repère $(O;\ 2\vec{i},\ 2\vec{j})$.)

3.12 1° $(\mathscr{E}) : 3^{2x} = 2^{3x}$.

Pour tout réel x : $3^{2x} = e^{2x \ln 3}$ et $2^{3x} = e^{3x \ln 2}$,

donc : $$3^{2x} = 2^{3x} \Leftrightarrow 2x \ln 3 = 3x \ln 2$$
$$\Leftrightarrow x\,(2 \ln 3 - 3 \ln 2) = 0,$$

or : $$2 \ln 3 - 3 \ln 2 = \ln (3^2) - \ln (2^3)$$
$$= \ln 9 - \ln 8,$$

donc : $$2 \ln 3 - 3 \ln 2 \neq 0.$$

On a prouvé : $$3^{2x} = 2^{3x} \Leftrightarrow x = 0.$$

Finalement, $(\mathscr{E})$ admet dans $\mathbb{R}$, une seule solution : 0.

2° $(\mathscr{E}) : 3^{2x} - 3^{x+1} + 2 = 0$.

Pour tout réel x, on a :
$$3^{2x} - 3^{x+1} + 2 = 0 \Leftrightarrow (3^x)^2 - 3 \times 3^x + 2 = 0$$
$$\Leftrightarrow (3^x - 1)\,(3^x - 2) = 0$$

(car pour tout réel X, $X^2 - 3X + 2 = (X-1)\,(X-2)$)
$$\Leftrightarrow 3^x = 1 \quad \text{ou} \quad 3^x = 2$$
$$\Leftrightarrow x = 0 \quad \text{ou} \quad x \ln 3 = \ln 2$$
$$\Leftrightarrow x = 0 \quad \text{ou} \quad x = \frac{\ln 2}{\ln 3}.$$

Finalement, les solutions de $(\mathscr{E})$ dans $\mathbb{R}$ sont 0 et $\frac{\ln 2}{\ln 3}$.

3° $(\mathscr{E}) : x^{\sqrt{x}} = \left(\sqrt{x}\right)^x$.

Les deux écritures $x^{\sqrt{x}}$ et $\left(\sqrt{x}\right)^x$ n'ont de sens que si le réel x est strictement positif.

Pour tout x de $]0\,;+\infty[$, on a :
$$x^{\sqrt{x}} = \left(\sqrt{x}\right)^x \Leftrightarrow e^{\sqrt{x}\,\ln x} = e^{x \ln \sqrt{x}}$$
$$\Leftrightarrow \sqrt{x}\,\ln x = x \ln \sqrt{x}$$
$$\Leftrightarrow \sqrt{x}\,\ln x = \sqrt{x} \times \sqrt{x} \times \frac{1}{2} \ln x,$$

or : $$\sqrt{x} > 0,$$

donc : $$x^{\sqrt{x}} = \left(\sqrt{x}\right)^x \Leftrightarrow \ln x = \sqrt{x} \times \frac{1}{2} \ln x$$
$$\Leftrightarrow \frac{1}{2}\left(\sqrt{x} - 2\right) \ln x = 0$$
$$\Leftrightarrow \sqrt{x} - 2 = 0 \quad \text{ou} \quad \ln x = 0$$
$$\Leftrightarrow x = 4 \quad \text{ou} \quad x = 1.$$

En conclusion, les solutions de ($\mathscr{E}$) dans $\mathbb{R}$ sont 1 et 4.

Remarque : Vérifions que 1 et 4 sont bien solutions de ($\mathscr{E}$) :

- $1^{\sqrt{1}} = 1^1 = 1$ et $\left(\sqrt{1}\right)^1 = 1^1 = 1$,
- $4^{\sqrt{4}} = 4^2 = 16$ et $\left(\sqrt{4}\right)^4 = 2^4 = 16$.

3.13 Résolvons dans $]0\,;+\infty[$ l'inéquation : $x^x > 1$.

Pour tout x de $]0\,;+\infty[$, on a :

$$\begin{aligned} x^x > 1 &\Leftrightarrow e^{x\ln x} > e^0,\\ &\Leftrightarrow x\ln x > 0,\\ &\Leftrightarrow \ln x > 0 \quad (\text{car } x > 0),\\ &\Leftrightarrow x > 1. \end{aligned}$$

On a ainsi prouvé que l'ensemble des solutions dans $]0\,;+\infty[$ de l'inéquation $x^x > 1$ est $]1\,;+\infty[$.

3.14 1° $f : x \mapsto \pi^x$.

f est la fonction exponentielle de base π. Elle est définie sur $\mathbb{R}$, et comme $\pi > 1$, le tableau de variation de f est le suivant :

x	$-\infty$	$+\infty$
f	0 ↗	$+\infty$

L'allure de $\mathscr{C}_f$ est proche de celle de la courbe représentative de $x \mapsto e^x$, tracée en pointillés.

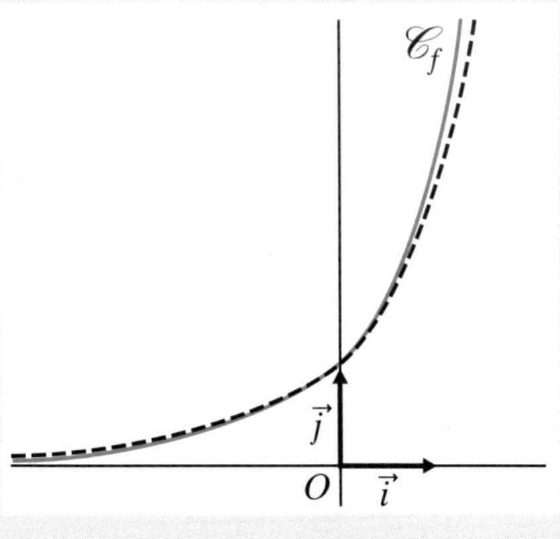

Remarque : f est la fonction $x \mapsto e^{x\ln\pi}$, elle est dérivable sur $\mathbb{R}$ et, pour tout réel x :

$$f'(x) = (\ln\pi)\,e^{x\ln\pi} = (\ln\pi)\,\pi^x.$$

2° $f : x \mapsto x^{0,6}$.

f est la fonction puissance d'exposant le réel non entier 0,6.
f a donc pour ensemble de définition $]0\,;+\infty[$, et comme $0,6 > 0$, son tableau de variation est le suivant :

x	0	$+\infty$
f	0 ↗	$+\infty$

L'allure de $\mathscr{C}_f$ est « proche » de celle de la courbe représentative de $x \mapsto \sqrt{x}$, tracée en pointillés.

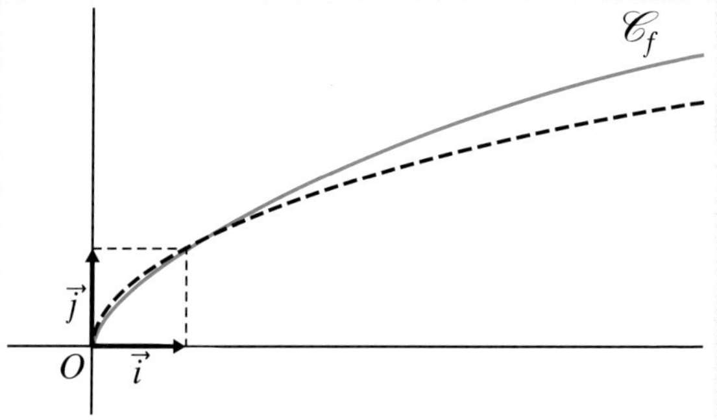

Remarque : f admet un prolongement par continuité en 0, qui est la fonction

$$g \text{ telle que : } \begin{cases} \mathscr{D}_g = [0\,;+\infty[, \\ \text{pour tout } x \text{ de }]0\,;+\infty[,\ g(x) = x^{0,6}, \\ g(0) = 0. \end{cases}$$

3° $f : x \mapsto (\ln 2)^x$.

$\ln 2 > 0$, donc f est définie sur $\mathbb{R}$ (f est la fonction exponentielle de base $\ln 2$).
De plus : $2 < \mathrm{e}$, donc : $\ln 2 < 1$,
on en déduit que le tableau de variation de f est le suivant :

x	$-\infty$	$+\infty$
f	$+\infty$ ↘	0

L'allure de $\mathscr{C}_f$ est « proche » de celle de la courbe représentative de $x \mapsto e^{-x}$, tracée en noir.

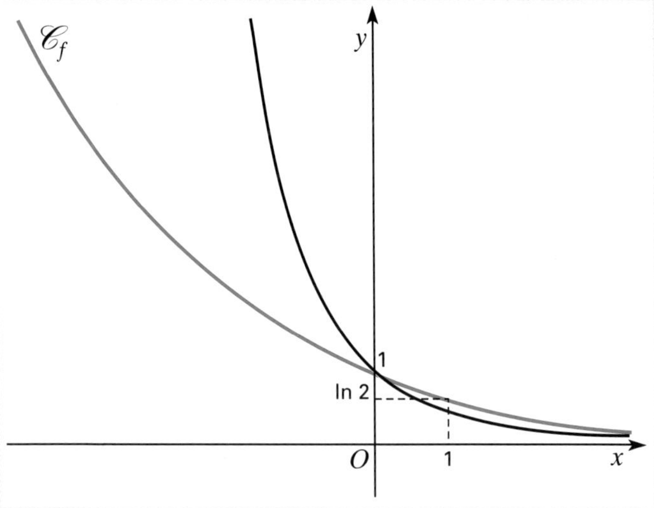

3.15 1° $f : x \mapsto \dfrac{\sqrt[6]{x}}{x}$.

$\mathscr{D}_f =]0\,;+\infty[$, et pour tout x de $]0\,;+\infty[$:

$$f(x) = \frac{x^{\frac{1}{6}}}{x} = x^{\frac{1}{6}-1} = x^{-\frac{5}{6}},$$

comme $-\dfrac{5}{6}$ est strictement négatif, on peut conclure :

$$\lim_{0} f = +\infty \quad \textbf{et} \quad \lim_{+\infty} f = 0.$$

2° $f : x \mapsto (\cos 1)^x$.

$0 < 1 < \dfrac{\pi}{2}$, donc $0 < \cos 1 < 1$.

On en déduit que f est définie sur $\mathbb{R}$ et :

$$\lim_{-\infty} f = +\infty \quad \textbf{et} \quad \lim_{+\infty} f = 0.$$

Remarque : f est la fonction $x \mapsto e^{x \ln(\cos 1)}$.

3° $f : x \mapsto \dfrac{2 - x^{0,3}}{x^{\sqrt{2}}}$.

$\mathscr{D}_f =]0\,;+\infty[$.

(0,3 et $\sqrt{2}$ étant des réels non entiers, les fonctions puissances $x \mapsto x^{0,3}$ et $x \mapsto x^{\sqrt{2}}$ ont pour ensemble de définition $]0\,;+\infty[$.)

Étude de la limite de f en 0.

Pour tout x de $]0\,;+\infty[$, $f(x) = (2 - x^{0,3}) \times \dfrac{1}{x^{\sqrt{2}}}$.

De plus :

- $0{,}3 > 0$, donc : $\lim\limits_{x \to 0} x^{0,3} = 0$, d'où : $\lim\limits_{x \to 0} (2 - x^{0,3}) = 2$,
- $\sqrt{2} > 0$, donc : $\lim\limits_{x \to 0} \dfrac{1}{x^{\sqrt{2}}} = +\infty$,

il vient : $$\lim_{0} f = +\infty.$$

Étude de la limite de f en $+\infty$.

$0{,}3 > 0$ et $\sqrt{2} > 0$, donc f se présente comme le quotient d'une fonction de limite $-\infty$ en $+\infty$ par une fonction de limite $+\infty$ en $+\infty$, et les théorèmes généraux sur les limites ne permettent pas de conclure directement.

Pour tout x de $]0\,;+\infty[$, $f(x) = 2\,x^{-\sqrt{2}} - x^{0,3-\sqrt{2}}$, et :

- $-\sqrt{2} < 0$, donc : $\lim\limits_{x \to +\infty} x^{-\sqrt{2}} = 0$,
- $0{,}3 - \sqrt{2} < 0$, donc : $\lim\limits_{x \to +\infty} x^{0,3-\sqrt{2}} = 0$,

il vient : $$\lim_{+\infty} f = 0.$$

4° $f :]0\,;+\infty[\to \mathbb{R}$

$x \mapsto x^{\frac{1}{x}}$.

$\mathscr{D}_f =]0\,;+\infty[$.

Étude de la limite de f en 0.

Pour tout ,x de $]0 ; +\infty[$, $f(x) = e^{\frac{1}{x}\ln x}$.

On sait : $\lim\limits_{\substack{x \to 0 \\ >}} \frac{1}{x} = +\infty$, $\lim\limits_{x \to 0} \ln x = -\infty$,

donc : $\lim\limits_{x \to 0} \frac{1}{x} \ln x = -\infty$,

de plus : $\lim\limits_{X \to -\infty} e^X = 0$,

donc : $\lim\limits_{x \to 0} e^{\frac{1}{x}\ln x} = 0$,

c'est-à-dire : $\boldsymbol{\lim\limits_{0} f = 0.}$

Étude de la limite de f en $+\infty$.

Pour tout x de $]0 ; +\infty[$, $f(x) = e^{\frac{\ln x}{x}}$.

On sait : $\lim\limits_{x \to +\infty} \frac{\ln x}{x} = 0$, $\lim\limits_{X \to 0} e^X = e^0 = 1$,

donc : $\lim\limits_{x \to +\infty} e^{\frac{\ln x}{x}} = 1$,

c'est-à-dire : $\boldsymbol{\lim\limits_{+\infty} f = 1.}$

3.16 1° $f : x \mapsto \frac{\ln x}{\sqrt{x}}$, $a = +\infty$.

$\mathscr{D}_f =]0 ; +\infty[$.

Pour tout x de $]0 ; +\infty[$: $f(x) = \frac{\ln x}{x^{\frac{1}{2}}}$,

donc, d'après le cours : $\boldsymbol{\lim\limits_{+\infty} f = 0.}$

2° $f : x \mapsto x^{\frac{1}{3}} \ln^2 x, \quad a = 0.$

$\mathscr{D}_f =]0\,;+\infty[.$

Pour tout x de $]0\,;+\infty[$:

$$f(x) = \left(x^{\frac{1}{6}} \ln x\right)^2,$$

or, d'après le cours :

$$\lim_{x \to 0} x^{\frac{1}{6}} \ln x = 0 \quad (\text{car } \frac{1}{6} > 0),$$

et :
$$\lim_{X \to 0} \sqrt{X} = 0,$$

donc :
$$\mathbf{\lim_{0} f = 0.}$$

3° $f : x \mapsto \dfrac{e^{2x}}{x^{10}}, \quad a = +\infty.$

$\mathscr{D}_f = \mathbb{R}^*.$

Pour tout x de $]0\,;+\infty[$: $\quad f(x) = \left(\dfrac{e^x}{x^5}\right)^2,$

or, d'après le cours :

$$\lim_{x \to +\infty} \frac{e^x}{x^5} = +\infty \quad \text{et} \quad \lim_{X \to +\infty} X^2 = +\infty,$$

donc :
$$\mathbf{\lim_{+\infty} f = +\infty.}$$

4° $f : x \mapsto x^2 - \ln x, \quad a = +\infty.$

$\mathscr{D}_f =]0\,;+\infty[.$

f se présente comme la différence de deux fonctions de limite $+\infty$ en $+\infty$.

Les théorèmes généraux sur les limites ne permettent pas de donner directement la réponse.

Pour tout x de $]0\,;+\infty[$: $\quad f(x) = x^2\left(1 - \dfrac{\ln x}{x^2}\right),$

et on sait :

- $\displaystyle\lim_{x \to +\infty} \frac{\ln x}{x^2} = 0,$ donc $\displaystyle\lim_{x \to +\infty} \left(1 - \frac{\ln x}{x^2}\right) = 1,$
- $\displaystyle\lim_{x \to +\infty} x^2 = +\infty,$

on en déduit :
$$\mathbf{\lim_{+\infty} f = +\infty.}$$

5° $f : x \mapsto x\,(1{,}1)^x$, $\quad a = -\infty$.

f est définie sur $\mathbb{R}$ et, pour tout réel x :

$$f(x) = x\,e^{x \ln(1{,}1)} = \frac{1}{\ln(1{,}1)}\,(x \ln(1{,}1))\,e^{x \ln(1{,}1)},$$

de plus :

- $\ln(1{,}1) > 0$, donc : $\lim\limits_{x \to -\infty} x \ln(1{,}1) = -\infty$,
- $\lim\limits_{X \to +\infty} X\,e^X = 0$,

donc : $$\lim_{x \to -\infty} (x \ln(1{,}1))\,e^{x \ln(1{,}1)} = 0,$$

et finalement : $$\mathbf{\lim_{-\infty} f = 0.}$$

4

ÉTUDES DE FONCTIONS

RÉSUMÉ DU COURS

Sens de variation et dérivée

Soit f une fonction dérivable sur un intervalle I.

■ Si pour tout x de I, $f'(x) > 0$, alors f est strictement croissante sur I.
Le résultat est conservé si f' est positive sur I et ne s'annule qu'en un nombre fini de réels de I.

■ Si pour tout x de I, $f'(x) < 0$, alors f est strictement décroissante sur I.
Le résultat est conservé si f' est négative sur I et ne s'annule qu'en un nombre fini de réels de I.

Parité, imparité

■ Une fonction f est paire si et seulement si pour tout x de $\mathscr{D}_f$:
- $-x \in \mathscr{D}_f$,
- $f(-x) = f(x)$.

Dans un repère orthogonal, $\mathscr{C}_f$ est alors symétrique par rapport à la droite des ordonnées.

■ Une fonction f est impaire si et seulement si pour tout x de $\mathscr{D}_f$:

- $-x \in \mathscr{D}_f$,
- $f(-x) = -f(x)$.

Dans tout repère, $\mathscr{C}_f$ est alors symétrique par rapport à l'origine.

Périodicité

Soit f une fonction définie sur $\mathbb{R}$ et T un réel strictement positif.

On dit que f est périodique de période T si et seulement si :
pour tout x de $\mathbb{R}$, $f(x+T) = f(x)$.

Dans un repère $(O; \vec{i}, \vec{j})$, $\mathscr{C}_f$ est alors invariante par toute translation de vecteur $(k \times 2\pi)\vec{i}$, où k est un entier.

DES EXERCICES

Sauf mention du contraire, le plan est rapporté à un repère orthonormal $(O;\ \vec{i}, \vec{j})$.

Étude d'une fonction rationnelle

4.1 Soit f la fonction : $x \mapsto \dfrac{x^2+x+1}{x-1}$

1° Montrer qu'il existe des réels a, b et c tels que pour tout x de $\mathbb{R}\backslash\{1\}$:

$$f(x) = ax + b + \frac{c}{x-1}.$$

2° Étudier les limites de f aux bornes de son ensemble de définition, puis son sens de variation. Dresser le tableau de variation de f.

3° Quelles sont les droites asymptotes à $\mathscr{C}_f$?

4° Montrer que $\mathscr{C}_f$ admet un centre de symétrie.

5° Tracer la courbe $\mathscr{C}_f$.

6° Déterminer graphiquement le nombre et le signe des solutions dans $\mathbb{R}$ de l'équation $(\mathscr{E})$: $f(x) = m$ suivant les valeurs du réel m.

Étude d'une fonction du type « $f = \sqrt{g}$ »

4.2 Soit f la fonction : $x \mapsto \sqrt{x^2+x}$.

1° *a*) Donner l'ensemble de définition $\mathscr{D}_f$ de f.

b) Montrer que $\mathscr{C}_f$ admet un axe de symétrie.
(On restreindra donc l'étude de f à $[0\ ;+\infty[$.)

2° *a*) Déterminer la limite de f en $+\infty$.

b) Justifier que f est dérivable sur $]0\ ;+\infty[$.

c) f est-elle continue en 0 ? dérivable en 0 ?

3° Étudier le sens de variation et dresser le tableau de variation de f (sur $[0\ ;+\infty[$).

4° Montrer que la droite Δ d'équation $y = x + \dfrac{1}{2}$ est asymptote à $\mathscr{C}_f$ en $+\infty$.

5° Tracer la courbe $\mathscr{C}_f$.

Fonctions trigonométriques

4.3 Soit f la fonction : $x \mapsto \cos^2 x - \cos x - 2$.

1° *a*) Étudier la parité et la périodicité de f.

b) Dresser le tableau de variation de f sur $[0 ; \pi]$.

2° En déduire le tracé de $\mathscr{C}_f$ sur $[-\pi ; 3\pi]$.

♦ **4.4** Soit f la fonction : $x \mapsto \cos^2 x \sin x$.

1° Montrer que f est impaire, périodique de période 2π, et que la droite δ d'équation $x = \dfrac{\pi}{2}$ est un axe de symétrie de $\mathscr{C}_f$.

2° Dresser le tableau de variation de f sur $\left[0 ; \dfrac{\pi}{2}\right]$.

3° En déduire le tracé de $\mathscr{C}_f$ sur $[-\pi ; 3\pi]$.

♦♦ **4.5** Démontrer que l'on a :

pour tout x de $\left[0 ; \dfrac{\pi}{2}\right[$, $2 \sin x + \tan x \geqslant 3x$.

Courbe d'une fonction du type $f = |g|$

4.6 Soit g la fonction de $\mathbb{R}_+$ dans $\mathbb{R}$ définie par :

$$\begin{cases} g(0) = 0 \\ \text{si } x > 0, \quad g(x) = x \ln x. \end{cases}$$

1° *a*) g est-elle continue en 0 ? dérivable en 0 ?

b) Étudier le signe de g.

2° *a*) Quelle est la limite de g en $+\infty$?

b) Étudier le sens de variation de g puis dresser son tableau de variation.

3° Tracer la courbe représentative $\mathscr{C}_g$ de g.
On précisera les tangentes à $\mathscr{C}_g$ à l'origine et au point A d'abscisse strictement positive où la courbe coupe la droite des abscisses.

4° Soit f la fonction $|g|$.
Tracer $\mathscr{C}_f$ sur le même graphique que $\mathscr{C}_g$ (on justifiera la construction).
f est-elle dérivable en 1 ?

Prolongement par continuité

4.7 Soit g la fonction de $\mathbb{R}$ dans $\mathbb{R}$ telle que : $g(x) = \dfrac{x}{\ln x}$.

1° *a*) Démontrer que g admet un prolongement par continuité en 0 ; on le notera f.

b) La fonction f est-elle dérivable en 0 ?

2° *a*) Déterminer les limites de f en 1 et en $+\infty$.

b) Étudier le sens de variation de f, puis dresser son tableau de variation.

3° Tracer la courbe représentative $\mathscr{C}_f$ de f.

Position d'une courbe par rapport à l'une de ses tangentes

4.8 Soit f la fonction : $x \mapsto e^{2x} - 2e^x$.

1° Vérifier que le tableau de variation de f est bien le suivant :

x	$-\infty$		0		$+\infty$
$f'(x)$		$-$	0	$+$	
f	0	$\searrow$	-1	$\nearrow$	$+\infty$

2° Donner une équation de la tangente $\mathscr{T}$ à $\mathscr{C}_f$ au point A d'abscisse $-\ln 2$.

3° Soit g la fonction : $x \mapsto f(x) + \dfrac{1}{2}(x + \ln 2) + \dfrac{3}{4}$.

Déterminer $g'(x)$ et $g''(x)$ pour tout réel x.
Du signe de $g''(x)$, déduire celui de $g'(x)$, puis celui de $g(x)$.

4° Étudier la position de $\mathscr{C}_f$ par rapport à $\mathscr{T}$.

5° Tracer $\mathscr{T}$ et $\mathscr{C}_f$ très soigneusement.

Famille de fonctions

4.9 Pour tout naturel n, on note f_n la fonction : $x \mapsto \dfrac{e^x}{(x+1)^n}$
et $\mathscr{C}_n$ la courbe représentative de f_n.
Montrer que toutes les courbes $\mathscr{C}_n$ passent par un même point.

♦ **4.10** m étant un réel, on appelle f_m la fonction de $]0\,;+\infty[$ dans $\mathbb{R}$ définie par :

$$f_m(x) = \frac{x^2-1}{4} - \frac{m}{2}\ln x,$$

et $\mathscr{C}_m$ sa courbe représentative. On prendra 2 cm pour unité graphique.

1° *a*) Déterminer la limite de f_m en $+\infty$.

b) Suivant les valeurs de m, déterminer la limite de f_m en 0.

2° Déterminer la fonction dérivée de f_m.
Donner, suivant les valeurs de m, les différents tableaux de variation possibles.

3° *a*) Soit $M_0(x_0, y_0)$ un point du plan, avec $x_0 > 0$ et $x_0 \neq 1$.
Montrer qu'il passe une seule courbe $\mathscr{C}_m$ par M_0.

b) Montrer qu'il existe un seul point A appartenant à toutes les courbes $\mathscr{C}_m$.

4° Construire $\mathscr{C}_0$, $\mathscr{C}_4$ et $\mathscr{C}_{-1}$ sur un même graphique.

♦ **4.11** Pour tout naturel n non nul, on note f_n la fonction de $[0\,;+\infty[$ dans $\mathbb{R}$ définie par $f_n(x) = \dfrac{x^n e^{-x}}{n!}$, et $\mathscr{C}_n$ sa courbe représentative dans un repère orthogonal $(O;\vec{i},\vec{j})$.
On prendra 2 cm pour unité sur l'axe des abscisses et 10 cm sur l'axe des ordonnées.

1° Déterminer le tableau de variation de f_1, puis celui de f_n pour $n \geqslant 2$.

2° Pour $n \geqslant 2$, étudier la position relative de $\mathscr{C}_n$ et $\mathscr{C}_{n-1}$.

3° Construire avec soin, sur un même graphique, les courbes $\mathscr{C}_1$, $\mathscr{C}_2$ et $\mathscr{C}_3$. On indiquera la tangente en O à chacune de ces trois courbes.

Problèmes Bac

4.12 On désigne par f la fonction définie sur l'intervalle $]-\infty\,;+\infty[$ par :

$$f(x) = \ln(e^x + 1).$$

1° *a*) Préciser les limites de f en $+\infty$ et en $-\infty$.

b) Étudier les variations de f et construire son tableau de variation.

2° *a*) Montrer que, pour tout réel x :

$$f(x) = x + \ln(e^{-x} + 1).$$

b) Déduire de ce qui précède que la courbe $\mathscr{C}$ représentative de la fonction f admet deux droites asymptotes dont la droite Δ d'équation $y = x$.

c) Déterminer la position de $\mathscr{C}$ par rapport à chacune d'elles.

3° Construire la droite Δ et la courbe $\mathscr{C}$ dans un repère orthonormal $(O;\ \vec{i},\ \vec{j})$ (unité : 2 cm).

Inde, session 1993.

4.13 On considère la fonction définie sur $\mathbb{R}$ par :

$$f(x) = \frac{1}{e^x + 1}.$$

On désigne par $\mathscr{C}$ la courbe représentative de f dans un repère orthonormal $(O;\ \vec{i},\ \vec{j})$.

1° Étudier les limites de f en $+\infty$ et en $-\infty$.

2° Étudier le sens de variation de f puis dresser son tableau de variation.

3° Montrer que le point $I\left(0\,;\ \dfrac{1}{2}\right)$ est centre de symétrie de $\mathscr{C}$.

4° Tracer la courbe $\mathscr{C}$ en précisant sa tangente en I.

Centres étrangers, groupe 1, session 1993.

4.1 $f : x \mapsto \dfrac{x^2+x+1}{x-1}$.

L'ensemble de définition de f est $\mathbb{R}\backslash\{1\}$.

1° Pour tout x de $\mathbb{R}\backslash\{1\}$, on a :

$$ax+b+\frac{c}{x-1}=\frac{ax^2+(b-a)x-b+c}{x-1}.$$

Il vient que l'égalité des fonctions f et $x \mapsto ax+b+\dfrac{c}{x-1}$ se traduit par :

$$\begin{cases} a=1 \\ b-a=1 \\ c-b=1, \end{cases} \quad \text{c'est-à-dire :} \quad \begin{cases} \boldsymbol{a=1} \\ \boldsymbol{b=2} \\ \boldsymbol{c=3.} \end{cases}$$

On peut donc écrire f sous la forme : $\boldsymbol{x \mapsto x+2+\dfrac{3}{x-1}}$.

2° • **Étude des limites de f à l'infini.**

f est une fonction rationnelle donc f admet une limite en $+\infty$ et en $-\infty$.

De plus, on a :
$$\lim_{-\infty} f = \lim_{x\to-\infty} \frac{x^2}{x} = \lim_{x\to-\infty} x = -\infty,$$

$$\lim_{+\infty} f = \lim_{x\to+\infty} \frac{x^2}{x} = \lim_{x\to+\infty} x = +\infty.$$

• **Étude en 1.**

On a :
$$\lim_{x\to 1} (x^2+x+1) = 3,$$

de plus :
$$\lim_{\substack{x\to 1\\ <}} \frac{1}{x-1} = -\infty \quad \text{et} \quad \lim_{\substack{x\to 1\\ >}} \frac{1}{x-1} = +\infty,$$

donc :
$$\lim_{\substack{x\to 1\\ <}} f(x) = -\infty \quad \text{et} \quad \lim_{\substack{x\to 1\\ >}} f(x) = +\infty.$$

• f est dérivable sur $\mathbb{R}\backslash\{1\}$ et pour tout x de $\mathbb{R}\backslash\{1\}$:

$$f'(x) = \frac{(2x+1)(x-1)-(x^2+x+1)}{(x-1)^2} = \frac{x^2-2x-2}{(x-1)^2},$$

le signe de $f'(x)$ est donc celui de x^2-2x-2, c'est-à-dire celui du produit $[x-(1-\sqrt{3})][x-(1+\sqrt{3})]$.

f est donc :

- strictement croissante sur $]-\infty\ ;1-\sqrt{3}]$ et sur $[1+\sqrt{3}\ ;+\infty[$,
- strictement décroissante sur $[1-\sqrt{3}\ ;1[$ et sur $]1\ ;1+\sqrt{3}]$.

x	$-\infty$		$1-\sqrt{3}$		1		$1+\sqrt{3}$		$+\infty$
$f'(x)$		$+$	0	$-$	‖	$-$	0	$+$	
f	$-\infty$	↗	$3-2\sqrt{3}$	↘	$-\infty$ ‖ $+\infty$	↘	$3+2\sqrt{3}$	↗	$+\infty$

Remarque : Pour déterminer f', on peut utiliser :

pour tout x de $\mathbb{R}\backslash\{1\}$, $\quad f(x)=x+2+\dfrac{3}{x-1}$,

on obtient alors :

pour tout x de $\mathbb{R}\backslash\{1\}$, $f'(x)=1-\dfrac{3}{(x-1)^2}=\dfrac{(x-1)^2-3}{(x-1)^2}$.

3° On a : $\lim\limits_{\substack{x\to 1\\ <}} f(x)=-\infty$ et $\lim\limits_{\substack{x\to 1\\ >}} f(x)=+\infty$,

donc la droite $\mathscr{D}$ d'équation $x=1$ est asymptote à $\mathscr{C}_f$.
D'autre part, pour tout x de $\mathbb{R}\backslash\{1\}$, on a :

$$f(x)=x+2+\frac{3}{x-1},$$

et : $$\lim_{x\to+\infty}\frac{3}{x-1}=\lim_{x\to-\infty}\frac{3}{x-1}=0,$$

donc **la droite $\mathscr{D}'$ d'équation $y=x+2$ est asymptote à $\mathscr{C}_f$ au voisinage de $-\infty$ et de $+\infty$.**

Remarque : f est la somme de la fonction affine $x\mapsto x+2$ et d'une fonction de limite 0 en $-\infty$ et en $+\infty$.

4° D'après le tableau de variation, on peut remarquer que si $\mathscr{C}_f$ admet un centre de symétrie, ce ne peut être que le milieu $I(1\ ;3)$ du segment $[AB]$, avec $A(1-\sqrt{3}\ ;3-2\sqrt{3})$ et $B(1+\sqrt{3}\ ;3+2\sqrt{3})$.
(On aurait pu également considérer le point d'intersection des deux asymptotes.)

Soient M un point du plan, (x, y) son couple de coordonnées dans $(O\,;\,\vec{i}, \vec{j})$ et (X, Y) son couple de coordonnées dans $(I\,;\,\vec{i}, \vec{j})$.

On a : $$\overrightarrow{OM} = \overrightarrow{OI} + \overrightarrow{IM},$$

ce qui donne : $$\begin{cases} x = X + 1 \\ y = Y + 3. \end{cases}$$

On sait que $y = f(x)$ est une équation de $\mathscr{C}_f$ dans $(O;\,\vec{i}, \vec{j})$,

une équation de $\mathscr{C}_f$ dans le repère $(I\,;\,\vec{i}, \vec{j})$ est donc :

$$Y + 3 = f(X+1),$$

c'est-à-dire : $$Y + 3 = (X+1) + 2 + \frac{3}{(X+1) - 1},$$

ou encore : $$Y = X + \frac{3}{X}.$$

La fonction $X \mapsto X + \dfrac{3}{X}$ étant impaire, il en résulte que **le point $I(1\,;\,3)$ est centre de symétrie de $\mathscr{C}_f$.**

Remarque : On aurait pu également établir ce résultat en démontrant que la fonction $x \mapsto f(x+1) - 3$ est impaire.

5° Voir figure page ci-contre.

6° Les solutions de l'équation $(\mathscr{E})$: $f(x) = m$ sont les abscisses des points d'intersection de $\mathscr{C}_f$ et de la droite d'équation $y = m$, il vient :

- si $m < -1$, $(\mathscr{E})$ admet 2 solutions de signes contraires,
- si $m = -1$, les solutions de $(\mathscr{E})$ sont -2 et 0,
- si $-1 < m < 3 - 2\sqrt{3}$, $(\mathscr{E})$ admet 2 solutions strictement négatives,
- si $m = 3 - 2\sqrt{3}$, la seule solution de $(\mathscr{E})$ est le réel négatif $1 - \sqrt{3}$,
- si $3 - 2\sqrt{3} < m < 3 + 2\sqrt{3}$, $(\mathscr{E})$ n'admet pas de solution,
- si $m = 3 + 2\sqrt{3}$, la seule solution de $(\mathscr{E})$ est le réel positif $1 + \sqrt{3}$,
- si $m > 3 + 2\sqrt{3}$, $(\mathscr{E})$ admet 2 solutions strictement positives.

Remarque : $(\mathscr{E})$ équivaut à : $\dfrac{x^2 + x + 1}{x - 1} = m$, ou encore à l'équation du second degré : $x^2 + (1 - m)x + m + 1 = 0$.

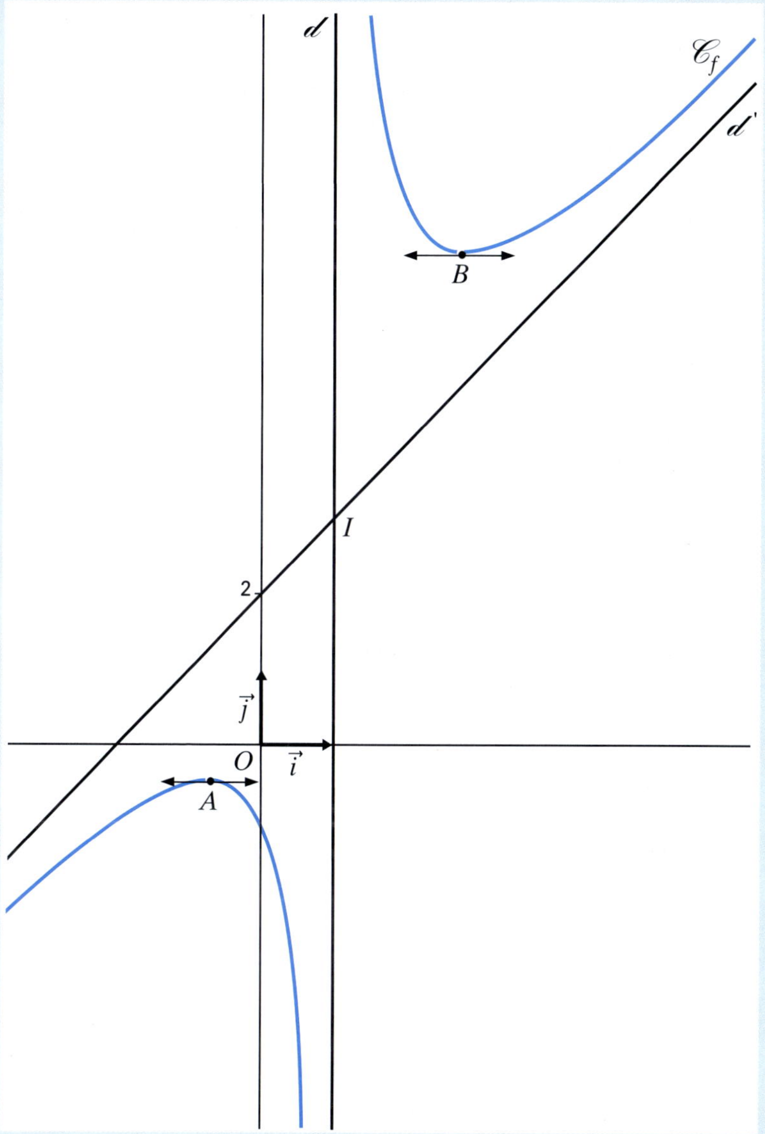

Remarque : Pour obtenir une bonne « allure générale » de $\mathscr{C}_f$, le choix des unités et de la position de l'origine du repère sur la feuille est important. Tenir compte des coordonnées du centre de symétrie I et des extrema A et B.
Pour faciliter la construction de $\mathscr{C}_f$, commencer par tracer ses asymptotes et placer les points à tangente horizontale.

4.2 $f : x \mapsto \sqrt{x^2 + x}$.

1° *a*) $\mathscr{D}_f$ est l'ensemble des réels x qui vérifient :

$$x^2 + x \geqslant 0,$$

c'est-à-dire :

$$x(x+1) \geqslant 0,$$

donc :

$$\mathbf{\mathscr{D}_f =]-\infty\ ;\ -1] \cup [0\ ;\ +\infty[.}$$

b) Si $\mathscr{C}_f$ admet un axe de symétrie, ce ne peut être que la droite δ d'équation $x = -\dfrac{1}{2}$.

Notons I le point de coordonnées $\left(-\dfrac{1}{2}\ ;\ 0\right)$.

Soient M un point du plan, (x, y) ses coordonnées dans le repère $(O;\ \vec{i},\ \vec{j})$ et (X, Y) celles dans le repère $(I\ ;\ \vec{i},\ \vec{j})$.

On a :

$$\overrightarrow{OM} = \overrightarrow{IM} + \overrightarrow{OI},$$

ce qui se traduit par :

$$\begin{cases} x = X - \dfrac{1}{2} \\ y = Y, \end{cases}$$

donc :

$$M \in \mathscr{C}_f \Leftrightarrow \begin{cases} x \in \mathscr{D}_f \\ y = f(x) \end{cases}$$

$$\Leftrightarrow \begin{cases} X - \dfrac{1}{2} \in \mathscr{D}_f \\ Y = f\left(X - \dfrac{1}{2}\right) \end{cases}$$

$$\Leftrightarrow \begin{cases} X \in \left]-\infty\ ;\ -\dfrac{1}{2}\right] \cup \left[\dfrac{1}{2}\ ;\ +\infty\right[\\ Y = \sqrt{X^2 - \dfrac{1}{4}}. \end{cases}$$

Or la fonction $X \mapsto \sqrt{X^2 - \dfrac{1}{4}}$ est paire, donc $\mathscr{C}_f$ est symétrique par rapport à la droite des ordonnées du repère $(I;\ \vec{i},\ \vec{j})$, c'est-à-dire, en revenant au repère initial :

la droite d'équation $x = -\dfrac{1}{2}$ est un axe de symétrie de $\mathscr{C}_f$.

Remarque : Il était également possible de démontrer l'une ou l'autre des deux propositions suivantes :

• pour tout réel x tel que $-\frac{1}{2}+x$ appartienne à $\mathscr{D}_f$:

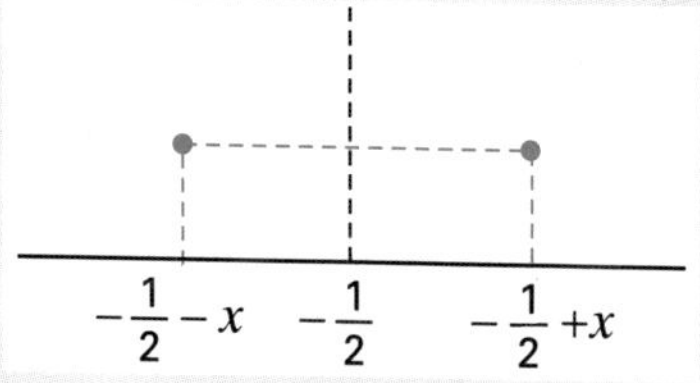

$$\begin{cases} -\frac{1}{2}-x \in \mathscr{D}_f \\ f\left(-\frac{1}{2}-x\right) = f\left(-\frac{1}{2}+x\right); \end{cases}$$

• pour tout x de $\mathscr{D}_f$:

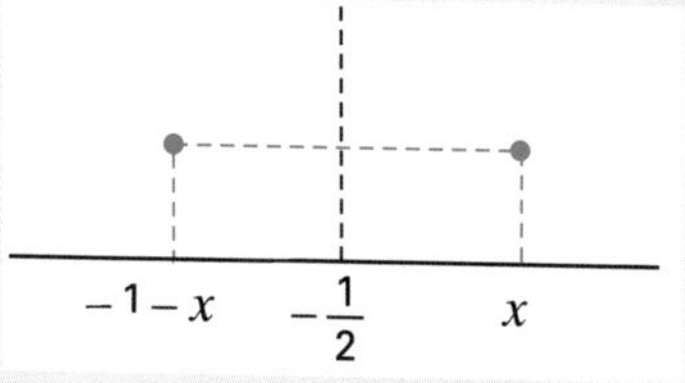

$$\begin{cases} -1-x \in \mathscr{D}_f \\ f(-1-x) = f(x). \end{cases}$$

2° *a)* $\lim\limits_{x \to +\infty} (x^2+x) = +\infty$ et $\lim\limits_{X \to +\infty} \sqrt{X} = +\infty$,

donc : $$\lim_{+\infty} \boldsymbol{f} = +\infty.$$

b) $f = \sqrt{g}$, où g est la fonction : $x \mapsto x^2+x$.

g est dérivable sur $\mathbb{R}$ et, pour tout réel x :

$$x^2+x>0 \Leftrightarrow x<-1 \text{ ou } x>0,$$

donc f **est dérivable au moins sur chacun des intervalles** $]-\infty\,;-1[$ **et** $]0\,;+\infty[$.

(Les seuls réels où la question de la dérivabilité de f se pose encore sont -1 et 0, les réponses étant identiques en -1 et 0 d'après 1° *b*.)

c) • **Étude de la continuité en 0.**

$\lim\limits_{x \to 0} (x^2+x) = 0$ et $\lim\limits_{X \to 0} \sqrt{X} = \sqrt{0} = 0$, donc f admet pour limite 0 en 0.

f est définie en 0 et f admet une limite en 0, donc f **est continue en 0.**

(Plus généralement, f est continue en tout réel de son ensemble de définition, comme toute fonction du type $\sqrt{g}$.)

• **Étude de la dérivabilité en 0.**

Pour tout x de $]0\,;+\infty[$:

$$\frac{f(x)-f(0)}{x-0} = \frac{\sqrt{x(x+1)}}{x} = \frac{\sqrt{x}\,\sqrt{x+1}}{x} = \frac{1}{\sqrt{x}} \times \sqrt{x+1},$$

or : $$\lim_{x \to 0} \frac{1}{\sqrt{x}} = +\infty, \quad \lim_{x \to 0} \sqrt{x+1} = \sqrt{1} = 1,$$

donc : $$\lim_{x \to 0} \left(\frac{1}{\sqrt{x}} \times \sqrt{x+1} \right) = +\infty,$$

c'est-à-dire : $$\lim_{x \to 0} \frac{f(x) - f(0)}{x - 0} = +\infty,$$

ce qui prouve que f **n'est pas dérivable en 0.**
Comme de plus f est continue en 0 et $f(0) = 0$, on peut affirmer que $\mathscr{C}_f$ admet la droite des ordonnées pour tangente à l'origine.

3° Pour tout x de $]0\,;+\infty[$:

$$f'(x) = \frac{2x+1}{2\sqrt{x^2+x}},$$

donc : $$f'(x) > 0.$$

On en déduit que f est strictement croissante sur $]0\,;+\infty[$; comme de plus f est continue en 0, on est assuré que f est strictement croissante sur $[0\,;+\infty[$.

Remarque : On pouvait obtenir ce résultat en notant que f est la composée :
- de $x \mapsto x^2 + x$, strictement croissante et à valeurs positives sur $[0\,;+\infty[$,
- par la fonction racine carrée, strictement croissante sur $[0\,;+\infty[$.

x	0	$+\infty$
$f'(x)$	‖ +	
f	0 ↗	$+\infty$

4° Étudions la limite de la fonction $x \mapsto f(x) - \left(x + \frac{1}{2}\right)$ en $+\infty$.

Pour tout x de $[0\,;+\infty[$:

$$f(x) - \left(x + \frac{1}{2}\right) = \sqrt{x^2+x} - \left(x + \frac{1}{2}\right)$$

$$= \frac{x^2 + x - \left(x + \frac{1}{2}\right)^2}{\sqrt{x^2+x} + \left(x + \frac{1}{2}\right)}$$

$$= \frac{-\frac{1}{4}}{\sqrt{x^2+x} + x + \frac{1}{2}},$$

or : $$\lim_{x \to +\infty} \left(\sqrt{x^2+x} + x + \frac{1}{2} \right) = +\infty,$$

donc :
$$\lim_{x \to +\infty} \left[f(x) - \left(x + \frac{1}{2} \right) \right] = 0.$$

Il en résulte que **la droite Δ d'équation $y = x + \frac{1}{2}$ est asymptote à $\mathscr{C}_f$ en $+\infty$.**

Remarque : Pour tout x de $[0\ ;+\infty[$, $\quad f(x) - \left(x + \frac{1}{2} \right) > 0$,

donc $\mathscr{C}_f$ est située au-dessus de Δ dans le demi-plan d'inéquation $x \geqslant 0$.

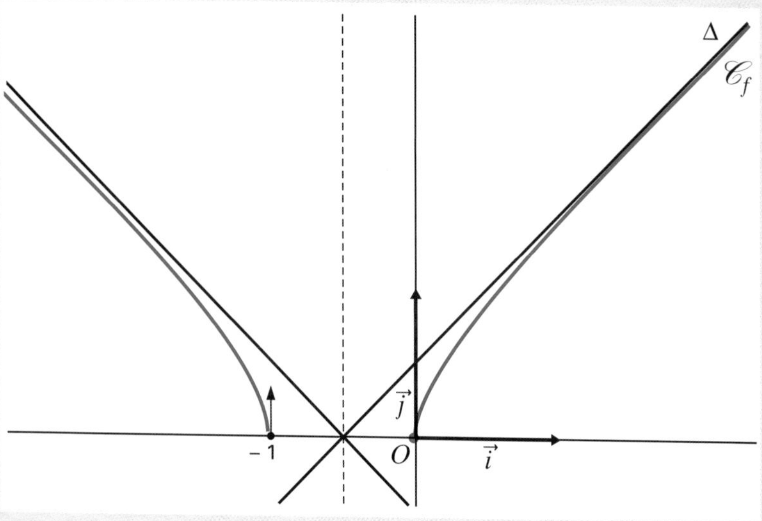

Remarque : $\mathscr{C}_f$ admet pour asymptote en $-\infty$ la droite d'équation $y = -x - \frac{1}{2}$, image de Δ par la réflexion d'axe la droite d'équation $x = -\frac{1}{2}$.

4.3 $f : x \mapsto \cos^2 x - \cos x - 2.$

1° *a)* f est définie sur $\mathbb{R}$. La fonction cosinus étant paire et périodique de période 2π, il en est de même pour f, c'est-à-dire que pour tout réel x :
$$f(-x) = f(x),$$
$$f(x + 2\pi) = f(x).$$

b) f est dérivable sur $\mathbb{R}$ et, pour tout réel x :
$$f'(x) = -2 \cos x \sin x + \sin x = (1 - 2 \cos x) \sin x\ ;$$
si de plus x est élément de $[0\ ;\pi]$, on a :

- $\sin x \geqslant 0$,
  $\sin x = 0 \Leftrightarrow x = 0$ ou $x = \pi$,
- $1 - 2\cos x > 0 \Leftrightarrow \dfrac{\pi}{3} < x \leqslant \pi$,

  $1 - 2\cos x = 0 \Leftrightarrow x = \dfrac{\pi}{3}$.

On en déduit que, pour tout x de $[0 ; \pi]$:

$$\begin{cases} f'(x) = 0 \Leftrightarrow x = 0 \text{ ou } x = \dfrac{\pi}{3} \text{ ou } x = \pi \\ f'(x) > 0 \Leftrightarrow \dfrac{\pi}{3} < x < \pi. \end{cases}$$

x	0		$\frac{\pi}{3}$		π
$f'(x)$	0	$-$	0	$+$	0
f	-2	↘	$-\frac{9}{4}$	↗	0

2°

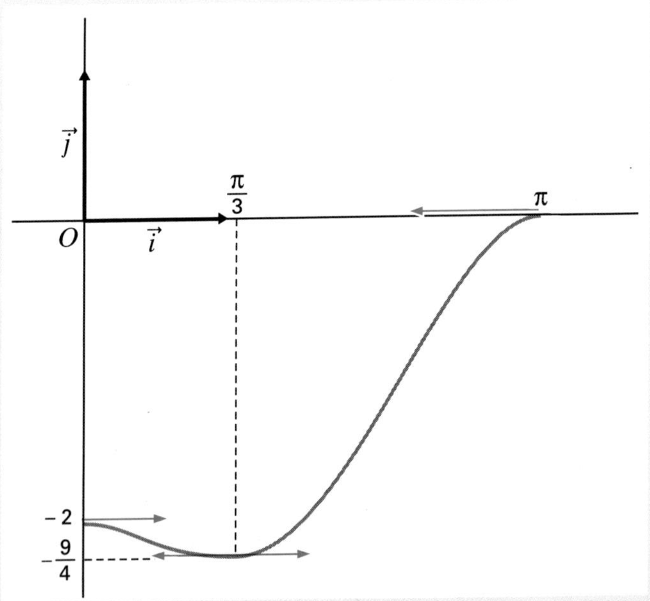

f est paire, donc les courbes des restrictions de f à $[-\pi ; 0]$ et $[0 ; \pi]$ sont symétriques par rapport à la droite des ordonnées.

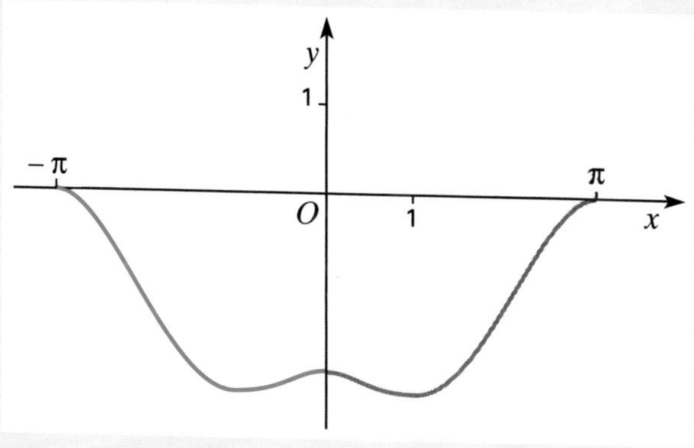

f est périodique de période 2π, donc la courbe de la restriction de f à $[\pi ; 3\pi]$ est l'image de celle de la restriction de f à $[-\pi ; \pi]$ par la translation de vecteur $2\pi\vec{i}$.

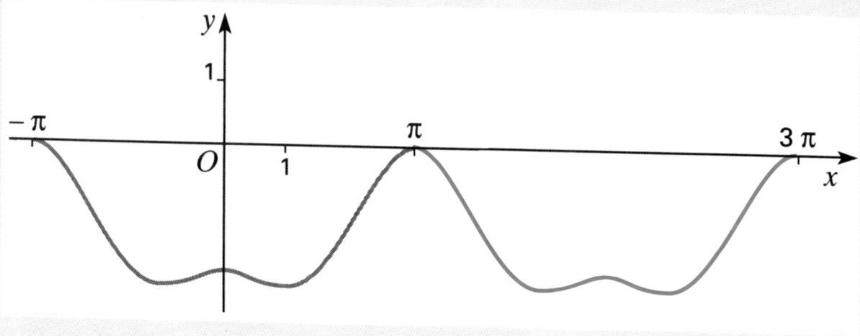

4.4 $f : x \mapsto \cos^2 x \sin x$.

1° f est définie sur $\mathbb{R}$.

• Pour tout réel x :

$$f(-x) = \cos^2(-x)\sin(-x) = -\cos^2 x \sin x,$$

donc : $f(-x) = -f(x)$,

ce qui prouve que **f est impaire.**

• Pour tout réel x :

$$f(x+2\pi) = \cos^2(x+2\pi)\sin(x+2\pi)$$
$$= \cos^2 x \sin x,$$

donc : $f(x+2\pi) = f(x)$,

on en déduit que **f est périodique de période 2π.**

- Pour tout réel x :

$$f(\pi - x) = \cos^2(\pi - x)\ \sin(\pi - x) = \cos^2 x \sin x,$$

donc : $$f(\pi - x) = f(x),$$

ce qui prouve que **la droite δ d'équation $x = \frac{\pi}{2}$ est un axe de symétrie de $\mathscr{C}_f$.**

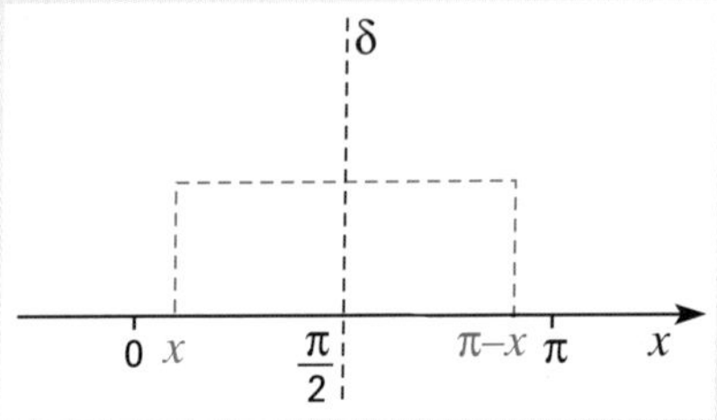

2° f est dérivable sur $\mathbb{R}$ et, pour tout réel x :

$$\begin{aligned} f'(x) &= -2\cos x \sin^2 x + \cos^3 x \\ &= (\cos^2 x - 2\sin^2 x)\cos x \\ &= (\cos^2 x - 2 + 2\cos^2 x)\cos x, \end{aligned}$$

donc : $$\begin{aligned} f'(x) &= (3\cos^2 x - 2)\cos x \\ &= 3\left(\cos x + \sqrt{\frac{2}{3}}\right)\left(\cos x - \sqrt{\frac{2}{3}}\right)\cos x. \end{aligned}$$

En notant α l'unique réel de $\left[0\,;\,\frac{\pi}{2}\right]$ tel que $\cos\alpha = \sqrt{\frac{2}{3}}$, le tableau de variation de f sur $\left[0\,;\,\frac{\pi}{2}\right]$ est le suivant :

x	0		α		$\frac{\pi}{2}$
$f'(x)$	1	$+$	0	$-$	0
f	0	↗	$f(\alpha)$	↘	0

Remarque : $\cos\alpha = \sqrt{\frac{2}{3}}$, donc $\sin^2\alpha = 1 - \frac{2}{3} = \frac{1}{3}$, et $f(\alpha) = \frac{2}{3} \times \frac{1}{\sqrt{3}} = \frac{2\sqrt{3}}{9}$;

à 10^{-2} près : $\alpha \approx 0{,}62$, $f(\alpha) \approx 0{,}38$.

3° Notons Γ_1 la partie de $\mathscr{C}_f$ située dans la bande de plan d'inéquations $0 \leqslant x \leqslant \frac{\pi}{2}$, et Γ_2 l'image de Γ_1 par la réflexion d'axe δ.

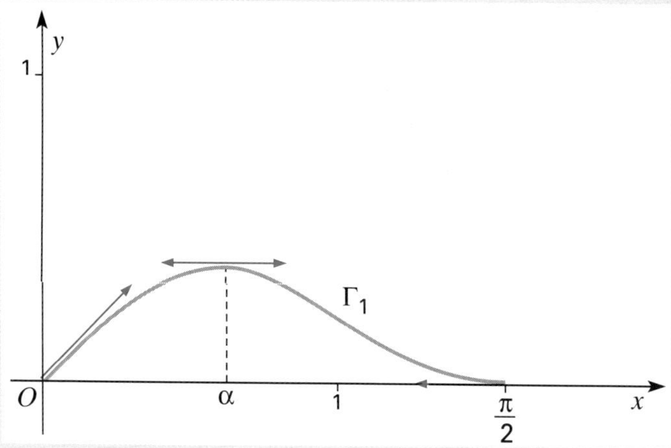

$\mathscr{C}_f$ est symétrique par rapport à δ, donc $\Gamma_1 \cup \Gamma_2$ est la partie de $\mathscr{C}_f$ située dans la bande de plan d'inéquations $0 \leqslant x \leqslant \pi$.

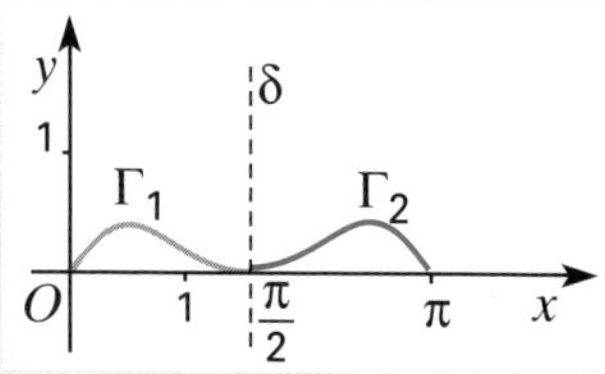

Soit Γ_3 l'image de $\Gamma_1 \cup \Gamma_2$ par la symétrie de centre O.
f étant impaire, $\mathscr{C}_f$ est symétrique par rapport à O, et $\Gamma_1 \cup \Gamma_2 \cup \Gamma_3$ est la partie de $\mathscr{C}_f$ située dans la bande de plan d'inéquations $-\pi \leqslant x \leqslant \pi$.

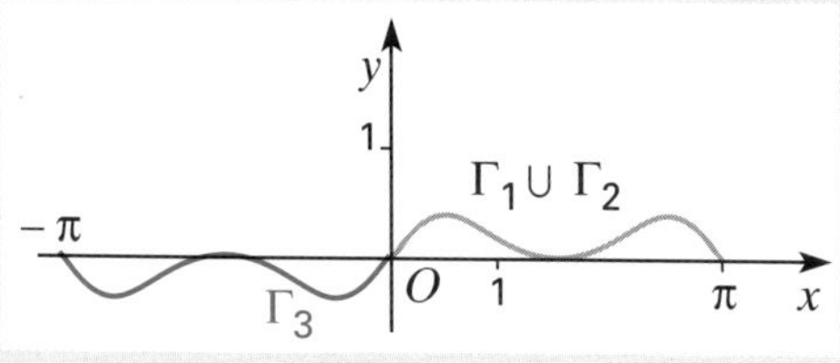

Soit Γ_4 l'image de $\Gamma_1 \cup \Gamma_2 \cup \Gamma_3$ par la translation de vecteur $2\pi\vec{i}$.
f étant périodique de période 2π, $\Gamma_1 \cup \Gamma_2 \cup \Gamma_3 \cup \Gamma_4$ est la partie de $\mathscr{C}_f$ située dans la bande de plan d'inéquations $-\pi \leqslant x \leqslant 3\pi$.

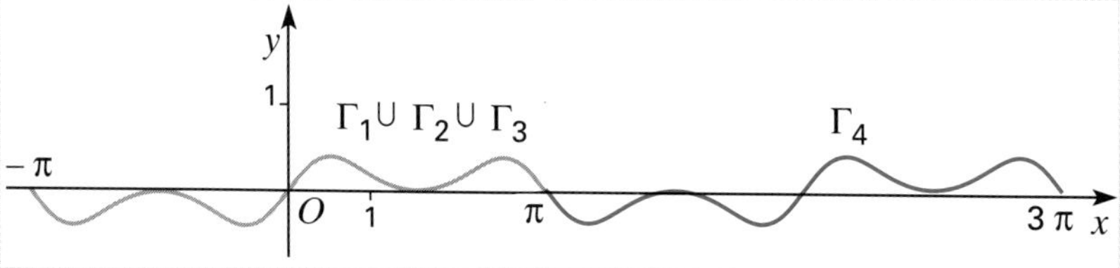

4.5 Notons tout d'abord que les inégalités « classiques » :
pour tout x de $\mathbb{R}_+$, $\sin x \leqslant x$,

et pour tout x de $\left[0\,;\,\frac{\pi}{2}\right[$, $\tan x \geqslant x$,

ne permettent pas d'obtenir le résultat demandé.

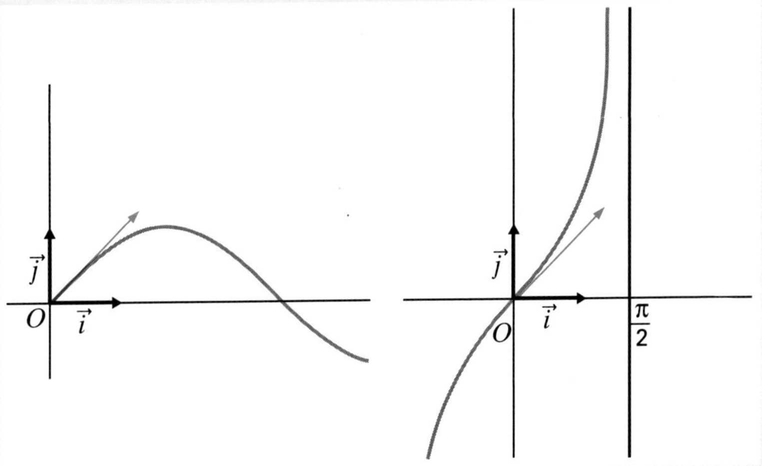

Aussi considérons la fonction $f : x \mapsto 2\sin x + \tan x - 3x$, et étudions son signe sur $\left[0\,;\,\frac{\pi}{2}\right[$.

f est dérivable sur $\left[0\,;\,\frac{\pi}{2}\right[$ et, pour tout x de cet intervalle :

$$f'(x) = 2\cos x + \frac{1}{\cos^2 x} - 3,$$

soit :
$$f'(x) = \frac{2\cos^3 x - 3\cos^2 x + 1}{\cos^2 x}.$$

Le signe de $f'(x)$ est celui de $2\cos^3 x - 3\cos^2 x + 1$, qui est égal à $P(\cos x)$, où le polynôme P est défini sur $\mathbb{R}$ par :

$$P(X) = 2X^3 - 3X^2 + 1.$$

P s'annule en 1, on peut factoriser $P(X)$ par $X - 1$ et l'on obtient que, pour tout réel X :

$$P(X) = (X-1)(2X^2 - X - 1),$$

puis, en factorisant $2X^2 - X - 1$ par $X - 1$:

$$P(X) = (X-1)^2\,(2X+1).$$

Il vient, pour tout x de $\left[0\,;\,\frac{\pi}{2}\right[$:

$$f'(x) = \frac{(\cos x - 1)^2(2\cos x + 1)}{\cos^2 x},$$

donc : $\begin{cases} \text{si } 0 < x < \frac{\pi}{2}, \text{ alors } f'(x) > 0, \\ f'(0) = 0, \end{cases}$

ce qui prouve que f est strictement croissante sur $\left[0\,;\,\frac{\pi}{2}\right[$.

On a donc, pour tout x de $\left[0\,;\,\frac{\pi}{2}\right[$: $f(x) \geqslant f(0)$,

soit : $2\sin x + \tan x - 3x \geqslant 0$,

et nous avons établi :

pour tout x de $\left[0\,;\,\frac{\pi}{2}\right[$, $2\sin x + \tan x \geqslant 3x$.

Remarque : La stricte monotonie de f sur $\left[0\,;\,\frac{\pi}{2}\right[$ permet d'établir :

pour tout x de $\left]0\,;\,\frac{\pi}{2}\right[$, $2\sin x + \tan x > 3x$.

4.6 1° *a)* • **Continuité en 0.**

D'après l'énoncé :

$$\begin{cases} \text{l'ensemble de définition de } g \text{ est } \mathbb{R}_+, \\ g(0) = 0, \\ \text{si } x > 0, \; g(x) = x \ln x, \end{cases}$$

de plus, on sait : $\lim_{x \to 0} x \ln x = 0$,

donc **g est continue en 0.**

Remarque : g est le prolongement par continuité en 0 de la fonction $x \mapsto x \ln x$.

• **Dérivabilité en 0.**

Revenons à la définition du nombre dérivé. Pour tout x de $\mathbb{R}_+^*$, on a :

$$\frac{g(x) - g(0)}{x - 0} = \ln x, \quad \text{et} \quad \lim_0 \ln = -\infty,$$

donc : $$\lim_{x \to 0} \frac{g(x) - g(0)}{x - 0} = -\infty.$$

Cela prouve que g n'est pas dérivable en 0 et, g étant continue en 0, que la droite des ordonnées est tangente à $\mathscr{C}_g$ à l'origine.

b) **Signe de *g*.**
Par définition : $g(0)=0$. De plus, pour tout x de $]0\,;+\infty[$, le signe de $g(x)$ est celui de $\ln x$.

Il vient : $\begin{cases} g(0)=g(1)=0, \\ \text{si } 0<x<1, \text{ alors } g(x)<0, \\ \text{si } x>1, \text{ alors } g(x)>0, \end{cases}$

ce que l'on peut résumer dans le tableau suivant :

x	0		1		$+\infty$
signe de $g(x)$	0	$-$	0	$+$	

2° *a*) On sait : $\lim\limits_{+\infty} \ln = +\infty$, donc : $\boldsymbol{\lim\limits_{+\infty} g = +\infty}$.

b) **Sens de variation de *g*.**
g est dérivable sur $\mathbb{R}_+^*$ et pour tout x de cet intervalle :

$$g'(x) = \ln x + x \times \frac{1}{x} = \ln x + 1,$$

donc : $\begin{cases} g'\left(\dfrac{1}{\mathrm{e}}\right)=0, \\ \text{si } 0<x<\dfrac{1}{\mathrm{e}}, \text{ alors } g'(x)<0, \\ \text{si } x>\dfrac{1}{\mathrm{e}}, \text{ alors } g'(x)>0. \end{cases}$

On en déduit :

- g est strictement décroissante sur $\left]0\,;\dfrac{1}{\mathrm{e}}\right]$ et plus précisément, puisque g est continue en 0, **g est strictement décroissante sur $\boldsymbol{\left[0\,;\dfrac{1}{\mathrm{e}}\right]}$**,
- **g est strictement croissante sur $\boldsymbol{\left[\dfrac{1}{\mathrm{e}}\,;+\infty\right[}$**.

x	0		$\frac{1}{\mathrm{e}}$		1		$+\infty$
$g'(x)$	‖	$-$	0	$+$			
g	0	↘	$-\frac{1}{\mathrm{e}}$	↗	0	↗	$+\infty$

3° On a déjà établi dans 1° que la droite des ordonnées était tangente à $\mathscr{C}_g$ à l'origine.

D'autre part, A a pour abscisse 1 (voir l'étude du signe de g).
Comme on a : $g'(1) = 1$, la tangente en A à $\mathscr{C}_g$ a pour pente 1.

4°

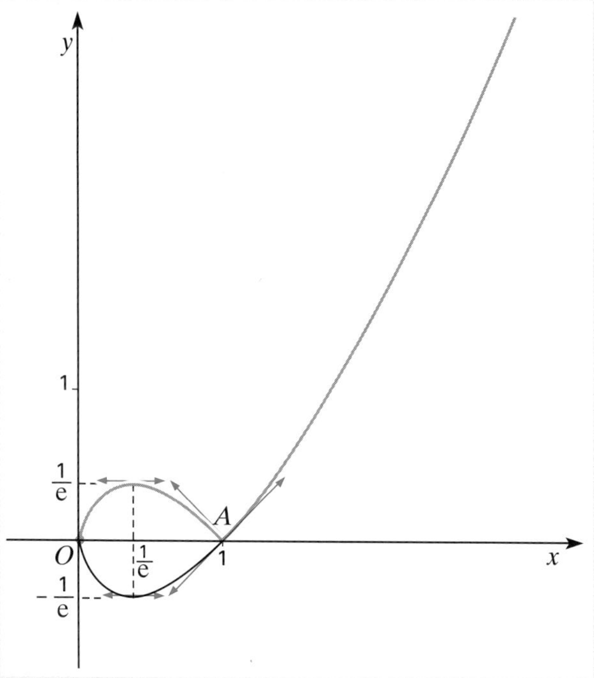

$\mathscr{C}_f$ est la partie de $\mathscr{C}_g \cup \mathscr{C}_{-g}$ dont les points ont une ordonnée positive (partie de la courbe en gris).

$\mathscr{C}_f$ présente un point anguleux en A : $\mathscr{C}_f$ admet une demi-tangente à droite de pente 1 et une demi-tangente à gauche de pente − 1.
Cela signifie que f n'est pas dérivable en 1, son nombre dérivé à droite y valant 1 et son nombre dérivé à gauche − 1.

On peut retrouver le résultat $f'_d(1) = 1$ en écrivant :

$$\text{si } x \geqslant 1, \quad \text{alors } f(x) = g(x) \quad \text{et} \quad g'(1) = 1,$$

de même, $f'_g(1) = -1$ puisque :

$$\text{si } 0 < x \leqslant 1, \quad \text{alors } f(x) = -g(x) \quad \text{et} \quad -g'(1) = -1.$$

4.7 $g : x \mapsto \dfrac{x}{\ln x}$.

L'ensemble de définition de g, noté $\mathscr{D}_g$, est l'ensemble des réels x tels que :
$$x > 0 \quad \text{et} \quad \ln x \neq 0,$$
donc :
$$\mathscr{D}_g =]0\,;1[\cup]1\,;+\infty[.$$

1° *a*) On sait : $\lim\limits_{0} \ln = -\infty$, donc : $\lim\limits_{0} g = 0$.

g n'est pas définie en 0 et la limite de g en 0 est le réel 0, donc **g admet un prolongement par continuité en 0 qui est la fonction f telle que :**
$$\begin{cases} \mathscr{D}_f = \mathscr{D}_g \cup \{0\} = [0\,;1[\cup]1\,;+\infty[, \\ f(x) = g(x) \ \text{si} \ x \in]0\,;1[\cup]1\,;+\infty[, \\ f(0) = 0. \end{cases}$$

b) Pour tout x de $]0\,;1[\cup]1\,;+\infty[$, on a : $\dfrac{f(x) - f(0)}{x} = \dfrac{1}{\ln x}$,

et
$$\lim_{0} \ln = -\infty,$$
donc :
$$\lim_{x \to 0} \frac{f(x) - f(0)}{x} = 0,$$
cela prouve que **f est dérivable en 0 et que l'on a : $f'(0) = 0$.**

2° *a*) • **Étude en $+\infty$.**

On sait :
$$\lim_{x \to +\infty} \frac{\ln x}{x} = 0,$$
et pour tout x de $]1\,;+\infty[$, on a : $\dfrac{\ln x}{x} > 0$,

donc :
$$\lim_{+\infty} f = +\infty.$$

• **Étude en 1.**

On a :
$$\lim_{x \to 1} \ln x = \ln 1 = 0,$$
de plus :
$$\begin{cases} \text{si } 0 < x < 1, \text{ alors } \ln x < 0, \\ \text{si } x > 1, \text{ alors } \ln x > 0, \end{cases}$$
donc :
$$\lim_{\substack{x \to 1 \\ <}} f(x) = -\infty \quad \text{et} \quad \lim_{\substack{x \to 1 \\ >}} f(x) = +\infty.$$

On peut en déduire que la droite d'équation $x = 1$ est asymptote à $\mathscr{C}_f$.

b) f est dérivable sur $\mathscr{D}_f$ et pour tout x non nul de $\mathscr{D}_f$, on a :
$$f'(x) = \frac{1 \times \ln x - x \times \dfrac{1}{x}}{(\ln x)^2} = \frac{\ln x - 1}{(\ln x)^2},$$
donc le signe de $f'(x)$ est celui de $\ln x - 1$.

Il vient : $\begin{cases} f'(\mathrm{e}) = 0 \\ \text{si } 0 < x < 1 \text{ ou } 1 < x < \mathrm{e}, \text{ alors } f'(x) < 0 \\ \text{si } x > \mathrm{e}, \text{ alors } f'(x) > 0, \end{cases}$

de plus on sait : $f'(0) = 0.$

On en déduit que f **est strictement décroissante sur $[0\,;\,1[$ et sur $]1\,;\,\mathrm{e}]$, strictement croissante sur $[\mathrm{e}\,;\,+\infty[$.**

x	0		1		e		$+\infty$
$f'(x)$	0	$-$	‖	$-$	0	$+$	
f	0	↘	$-\infty$ ‖ $+\infty$	↘	e	↗	$+\infty$

3°

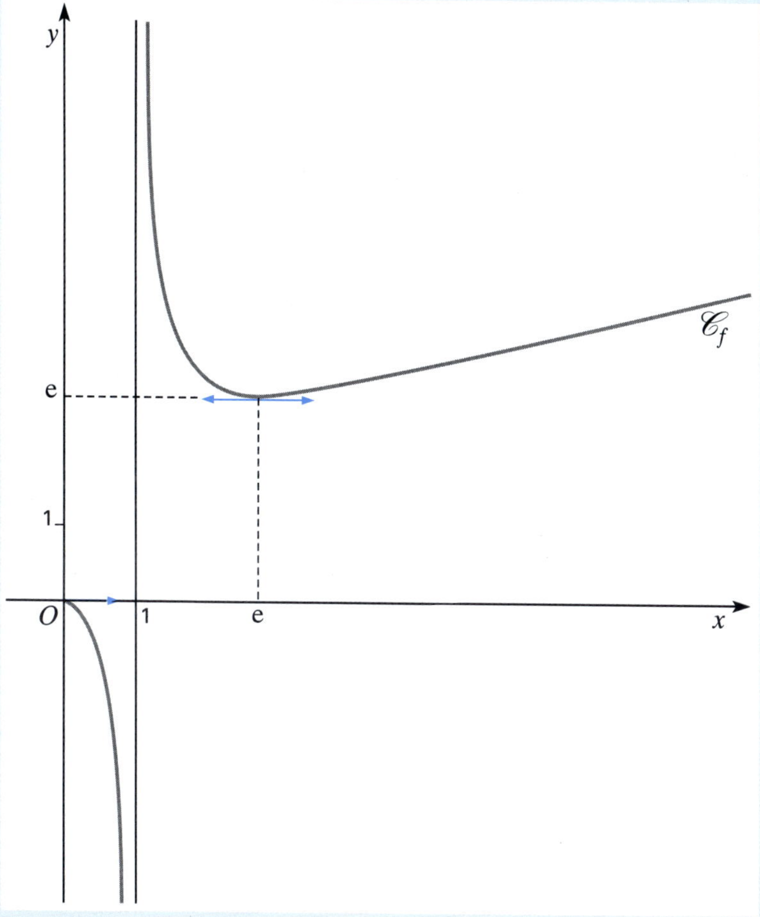

Remarque : $\mathscr{C}_f = \mathscr{C}_g \cup \{0\}$.

4.8 $f : x \mapsto e^{2x} - 2\,e^x$.

1° $\mathscr{D}_f = \mathbb{R}$.

• **Étude des limites aux bornes de $\mathscr{D}_f$.**

Pour tout réel x, $f(x) = e^x(e^x - 2)$,

et : $\lim\limits_{x \to +\infty} e^x = +\infty$,

on retrouve bien : $\mathbf{\lim\limits_{+\infty} f = +\infty}$.

De plus : $\lim\limits_{x \to -\infty} e^x = 0$,

on retrouve bien : $\mathbf{\lim\limits_{-\infty} f = 0}$.

• f est dérivable sur $\mathbb{R}$, de fonction dérivée : $x \mapsto 2\,e^x(e^x - 1)$; **l'étude de son signe conduit bien au sens de variation de f proposé par le tableau.**

Enfin : $\mathbf{f(0) = 1 - 2 = -1}$.

2° Une équation de la tangente $\mathscr{T}$ à $\mathscr{C}_f$ au point A est :

$$y - f(-\ln 2) = f'(-\ln 2)(x + \ln 2),$$

or : $$f(-\ln 2) = e^{-2\ln 2} - 2\,e^{-\ln 2} = \frac{1}{4} - 1 = -\frac{3}{4},$$

$$f'(-\ln 2) = 2 \times \frac{1}{2}\left(\frac{1}{2} - 1\right) = -\frac{1}{2},$$

donc **une équation de $\mathscr{T}$ est : $y = -\dfrac{1}{2}(x + \ln 2) - \dfrac{3}{4}$.**

3° $g : x \mapsto f(x) + \dfrac{1}{2}(x + \ln 2) + \dfrac{3}{4}$.

La fonction g est infiniment dérivable sur $\mathbb{R}$ et pour tout réel x, on a :

$$g'(x) = f'(x) + \frac{1}{2} = 2\,e^x(e^x - 1) + \frac{1}{2},$$

$$g''(x) = f''(x) = 2\,e^x(2\,e^x - 1).$$

On en déduit :

$$\begin{cases} g''(-\ln 2) = 0 \\ \text{si } x \in \,]-\infty\,; -\ln 2[, \quad \text{alors : } g''(x) < 0 \\ \text{si } x \in \,]-\ln 2\,; +\infty[, \quad \text{alors : } g''(x) > 0. \end{cases}$$

Le tableau de variation de g' est donc :

x	$-\infty$		$-\ln 2$		$+\infty$
$g''(x)$		$-$	0	$+$	
g'		↘	0	↗	

$g'(-\ln 2) = 0$ et si $x \neq -\ln 2$, alors $g'(x) > 0$; donc g est strictement croissante sur $\mathbb{R}$ et son tableau de variation est :

x	$-\infty$		$-\ln 2$		$+\infty$
$g'(x)$		$+$	0	$+$	
g		↗	0	↗	

Finalement :

$$\begin{cases} g(-\ln 2) = 0 \\ \text{si } x \in \,]-\infty\,;-\ln 2[, \text{ alors : } g(x) < 0 \\ \text{si } x \in \,]-\ln 2\,;+\infty[, \text{ alors : } g(x) > 0. \end{cases}$$

Remarque : Cette étude peut se résumer par le tableau suivant :

x	$-\infty$		$-\ln 2$		$+\infty$
signe de $g''(x)$		$-$	0	$+$	
sens de variation de g'		↘	0	↗	
signe de $g'(x)$		$+$	0	$+$	
sens de variation de g		↗	0	↗	
signe de $g(x)$		$-$	0	$+$	

4° La position de la courbe $\mathscr{C}_f$ par rapport à sa tangente $\mathscr{T}$ se déduit du signe de $f(x) - \left[-\frac{1}{2}(x + \ln 2) - \frac{3}{4}\right]$, c'est-à-dire de celui de $g(x)$:

$\mathscr{C}_f$ est en dessous de $\mathscr{T}$ dans le demi-plan d'inéquation $x < -\ln 2$, au-dessus de $\mathscr{T}$ dans le demi-plan d'inéquation $x > -\ln 2$, $\mathscr{C}_f$ et $\mathscr{T}$ ont un seul point d'intersection, le point A.

5° Notons que $\mathscr{C}_f$ et l'axe des abscisses ont pour seul point d'intersection $B(\ln 2\,;\,0)$, car pour tout réel x,

$$\begin{aligned} f(x) = 0 &\Leftrightarrow e^x(e^x - 2) = 0 \\ &\Leftrightarrow e^x = 2 \\ &\Leftrightarrow x = \ln 2. \end{aligned}$$

$f'(\ln 2) = 4$, donc la pente de la tangente à $\mathscr{C}_f$ en B est 4.

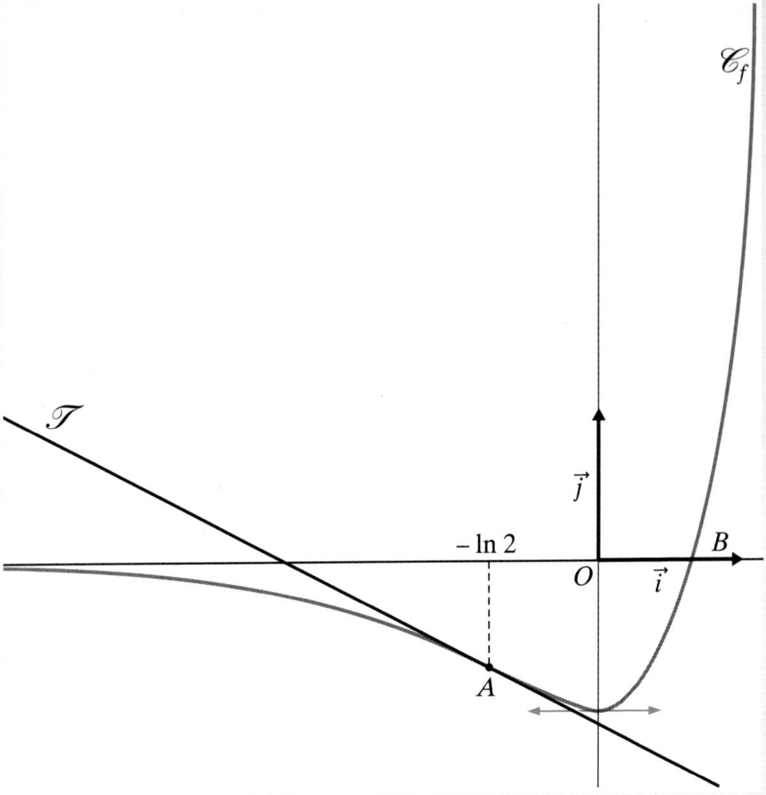

4.9 $f_n : x \mapsto \dfrac{e^x}{(x+1)^n}$.

L'ensemble de définition de f_n est $\mathbb{R} \backslash \{-1\}$.

• **Première méthode.**

On remarque que le réel $f_n(0)$ ne dépend pas de n ; en effet :

$$f_n(0) = e^0 = 1.$$

On en déduit que **toutes les courbes $\mathscr{C}_n$ passent par le point $A(0 ; 1)$.**

• **Deuxième méthode.**

Déterminons l'intersection de deux des courbes $\mathscr{C}_n$, par exemple de $\mathscr{C}_0$ et $\mathscr{C}_1$.

Le point $M(x, y)$ appartient à $\mathscr{C}_0 \cap \mathscr{C}_1$ si et seulement si (x, y) vérifie :

$$\begin{cases} y = e^x \\ y = \dfrac{e^x}{x+1}, \end{cases}$$

c'est-à-dire : $$\begin{cases} x+1=1 \\ y=e^x, \end{cases}$$

ou encore : $$\begin{cases} x=0 \\ y=1. \end{cases}$$

On peut en déduire que le point $A(0\,;\,1)$ est le seul point d'intersection de $\mathscr{C}_0$ et de $\mathscr{C}_1$. Par conséquent, s'il existe un point appartenant à toutes les courbes $\mathscr{C}_n$, ce ne peut être que A.

D'autre part, on vérifie aisément : pour tout naturel n, $f_n(0)=1$.

Finalement, **toutes les courbes $\mathscr{C}_n$ passent par $A(0\,;\,1)$ qui est d'ailleurs le seul point commun à toutes ces courbes.**

4.10 $f_m : x \mapsto \dfrac{x^2-1}{4} - \dfrac{m}{2}\ln x.$

L'ensemble de définition de f_m est $]0\,;+\infty[$.

1° *a*) **Limite de f_m en $+\infty$.**

Les théorèmes algébriques sur les limites de fonctions ne permettent pas de conclure directement. Transformons donc l'écriture de $f_m(x)$.
Pour tout x de $]0\,;+\infty[$, on a :

$$f_m(x) = \frac{x^2-1}{4} - \frac{m}{2}\ln x = \frac{x^2}{4}\left(1 - \frac{1}{x^2} - 2m \times \frac{\ln x}{x^2}\right),$$

et on sait :

$$\lim_{x\to+\infty} \frac{x^2}{4} = +\infty, \quad \lim_{x\to+\infty} \frac{1}{x^2} = 0 \quad \text{et} \quad \lim_{x\to+\infty} \frac{\ln x}{x^2} = 0,$$

donc : $$\lim_{+\infty} f_m = +\infty.$$

b) **Limite de f_m en 0.**

On a : $$\lim_{x\to 0} \frac{x^2-1}{4} = -\frac{1}{4} \quad \text{et} \quad \lim_{0} \ln = -\infty,$$

donc :

si $m<0$, alors $\lim\limits_{0} f_m = -\infty$,

si $m=0$, alors $\lim\limits_{0} f_m = -\dfrac{1}{4}$,

si $m>0$, alors $\lim\limits_{0} f_m = +\infty$.

2° f_m est dérivable sur $]0\,;+\infty[$, et pour tout x de cet intervalle, on a :

$$f'_m(x) = \frac{x}{2} - \frac{m}{2x} = \frac{x^2 - m}{2x}.$$

On est conduit à distinguer trois cas.

• $m < 0$

Pour tout x de $]0\,;+\infty[$, $f'_m(x) > 0$.

x	0		$+\infty$
$f'_m(x)$	‖	$+$	
f_m	‖ $-\infty$	↗	$+\infty$

• $m = 0$

Pour tout x de $]0\,;+\infty[$:

$$f_0(x) = \frac{x^2 - 1}{4}, \quad f'_0(x) = \frac{x}{2}.$$

x	0		$+\infty$
$f'_0(x)$	‖	$+$	
f_0	‖ $-\frac{1}{4}$	↗	$+\infty$

Remarque : f_0 est la restriction à $]0\,;+\infty[$ du polynôme du second degré $x \mapsto \frac{x^2-1}{4}$.

Le point de coordonnées $\left(0\,;\,-\frac{1}{4}\right)$ n'appartient pas à $\mathscr{C}_0$; notons que $\mathscr{C}_0$ «se rapproche» de ce point tangentiellement à la droite d'équation $y = -\frac{1}{4}$.

• $m > 0$

Pour tout x de $]0\,;+\infty[$:

$$f'_m(x) = \frac{(x - \sqrt{m})(x + \sqrt{m})}{2x}.$$

On a :

$$f_m(\sqrt{m}) = \frac{m - 1 - m\ln m}{4}.$$

x	0		$\sqrt{m}$		$+\infty$
$f'_m(x)$	‖	$-$	0	$+$	
f_m	‖ $+\infty$	↘	$f_m(\sqrt{m})$	↗	$+\infty$

3° *a*) Dire que la courbe $\mathscr{C}_m$ passe par le point $M_0(x_0, y_0)$ signifie :

$$f_m(x_0) = y_0,$$

c'est-à-dire :

$$\frac{{x_0}^2 - 1}{4} - \frac{m}{2}\ln x_0 = y_0,$$

soit : $$\frac{-\ln x_0}{2} \times m = y_0 - \frac{x_0^{\,2} - 1}{4} \qquad (\mathscr{E});$$

$x_0 \neq 1$, donc $\ln x_0 \neq 0$, ce qui implique que l'équation ($\mathscr{E}$) d'inconnue m admet une seule solution.
On en déduit qu'**il passe une seule courbe $\mathscr{C}_m$ par le point $M_0(x_0, y_0)$.**

b) On remarque que pour tout réel m : $f_m(1) = 0$; donc toutes les courbes $\mathscr{C}_m$ passent par le point $A(1 ; 0)$.
De plus, on a vu dans *a*) qu'il existait une seule courbe $\mathscr{C}_m$ passant par un point donné, d'abscisse strictement positive et différente de 1.
On peut en conclure que **le point $A(1 ; 0)$ est le seul point appartenant à toutes les courbes $\mathscr{C}_m$.**

4°

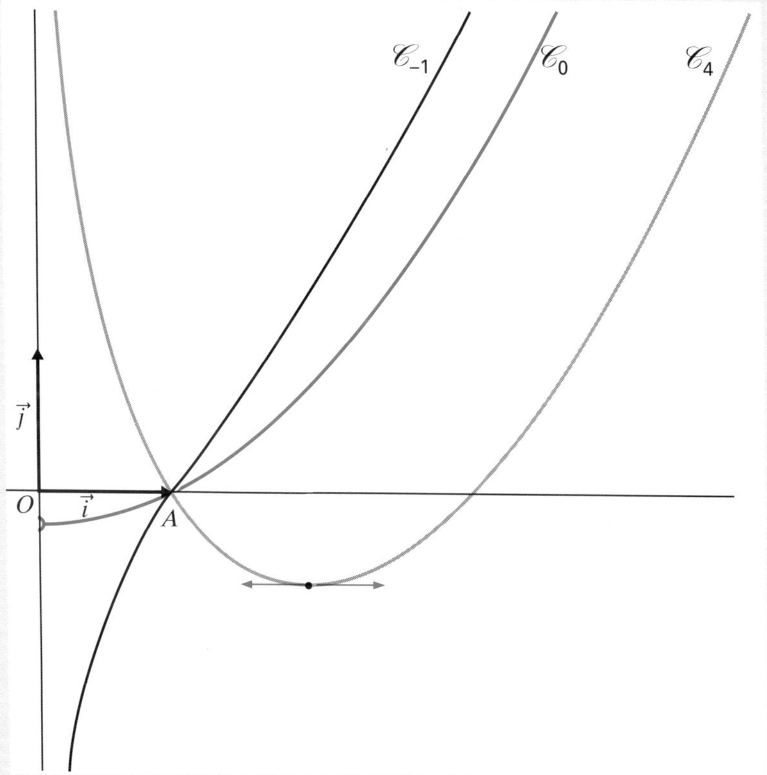

4.11 Pour tout x de $[0\,;+\infty[$, $f_n(x)=\dfrac{x^n\mathrm{e}^{-x}}{n!}$.

1° L'ensemble de définition de f_n est $[0\,;+\infty[$.

• Étudions la limite de f_n en $+\infty$.

Pour tout x de $\mathbb{R}_+$, on a :

$$f_n(x)=\frac{1}{n!}\times\frac{x^n}{\mathrm{e}^x},$$

et on sait :
$$\lim_{x\to+\infty}\frac{\mathrm{e}^x}{x^n}=+\infty,$$

donc :
$$\boldsymbol{\lim_{+\infty} f_n = 0.}$$

• D'autre part, f_n est dérivable sur $[0\,;+\infty[$ et pour tout x de cet intervalle :

$$f_n'(x)=\frac{1}{n!}\,[nx^{n-1}\mathrm{e}^{-x}+x^n(-\mathrm{e}^{-x})]=\frac{1}{n!}\,[x^{n-1}\mathrm{e}^{-x}(n-x)],$$

le signe de $f_n'(x)$ est donc celui de $x^{n-1}(n-x)$.

Deux cas se présentent :

• $n=1$, (f_n' ne s'annule alors qu'en 1),

• $n\geqslant 2$, (f_n' s'annule en 0 et en n).

• $n=1$.

Pour tout x de $[0\,;+\infty[$:

$f_1(x)=x\,\mathrm{e}^{-x}$,

$f_1'(x)=\mathrm{e}^{-x}(1-x)$.

x	0		1		$+\infty$
$f_1'(x)$	1	$+$	0	$-$	
f_1	0	$\nearrow$	$\dfrac{1}{\mathrm{e}}$	$\searrow$	0

• $n\geqslant 2$.

On a : $f_n(n)=\dfrac{n^n\mathrm{e}^{-n}}{n!}$.

x	0		n		$+\infty$
$f_n'(x)$	0	$+$	0	$-$	
f_n	0	$\nearrow$	$f_n(n)$	$\searrow$	0

2° Pour étudier la position relative de $\mathscr{C}_n$ et $\mathscr{C}_{n-1}$ déterminons le signe de $f_n(x)-f_{n-1}(x)$ suivant les valeurs du réel positif x.

Pour tout x de $\mathbb{R}_+$, on a :

$$f_n(x) - f_{n-1}(x) = \frac{x^n \mathrm{e}^{-x}}{n!} - \frac{x^{n-1}\mathrm{e}^{-x}}{(n-1)!}$$
$$= \frac{x^n \mathrm{e}^{-x} - nx^{n-1}\mathrm{e}^{-x}}{n!} \quad (\text{car } n! = n \times (n-1)!),$$

donc : $$f_n(x) - f_{n-1}(x) = \frac{x^{n-1}\mathrm{e}^{-x}(x-n)}{n!}.$$

Il vient :

$$\begin{cases} \text{si } x = 0 \text{ ou si } x = n, \text{ alors } f_n(x) - f_{n-1}(x) = 0 \\ \text{si } 0 < x < n, \text{ alors } f_n(x) - f_{n-1}(x) < 0 \\ \text{si } x > n, \text{ alors } f_n(x) - f_{n-1}(x) > 0. \end{cases}$$

On en déduit que $\mathscr{C}_n$ **est en dessous de** $\mathscr{C}_{n-1}$ **dans la bande de plan d'inéquations** $0 < x < n$**, au-dessus de** $\mathscr{C}_{n-1}$ **dans le demi-plan d'inéquation** $x > n$**, et que** $\mathscr{C}_n$ **et** $\mathscr{C}_{n-1}$ **ont deux points d'intersection d'abscisses respectives 0 et** n**.**

Remarque : Pour étudier le signe de $f_n - f_{n-1}$, on aurait pu noter :
pour tout x de $\mathbb{R}_+$, $$f_n(x) - f_{n-1}(x) = -f'_n(x).$$

3° Pour $n \geqslant 2$, la tangente à l'origine à toutes les courbes $\mathscr{C}_n$ est la droite des abscisses.
La tangente à $\mathscr{C}_1$ en O est la droite d'équation $y = x$.

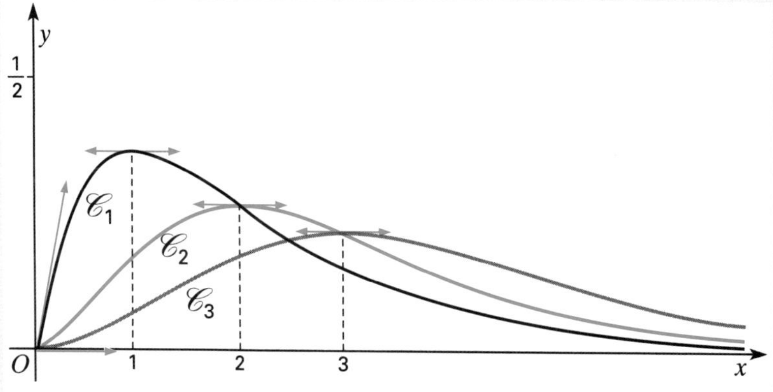

4.12 $f : x \mapsto \ln(\mathrm{e}^x + 1)$.

1° *a)* • **Étude de la limite de** f **en** $+\infty$**.**

$\lim\limits_{x \to +\infty} \mathrm{e}^x = +\infty$, donc : $\lim\limits_{x \to +\infty} (\mathrm{e}^x + 1) = +\infty$, de plus : $$\lim_{X \to +\infty} \ln X = +\infty,$$

donc : $$\lim_{x \to +\infty} \ln(e^x + 1) = +\infty,$$

c'est-à-dire : $$\boldsymbol{\lim_{+\infty} f = +\infty.}$$

- **Étude de la limite de f en $-\infty$.**

$\lim_{x \to -\infty} e^x = 0$, donc : $$\lim_{x \to -\infty} (e^x + 1) = 1,$$

de plus : $$\lim_{X \to 1} \ln X = \ln 1 = 0,$$

donc : $$\lim_{x \to -\infty} \ln(e^x + 1) = 0,$$

c'est-à-dire : $$\boldsymbol{\lim_{-\infty} f = 0.}$$

b) f est dérivable sur $\mathbb{R}$ et, pour tout réel x :

$$f'(x) = \frac{e^x}{e^x + 1},$$

donc : $$f'(x) > 0,$$

ce qui prouve que **f est strictement croissante sur $\mathbb{R}$.**

Remarque : On pouvait obtenir ce dernier résultat en notant que f est la composée de $x \mapsto e^x + 1$ par ln, toutes deux strictement croissantes sur leurs intervalles de définition respectifs.

2° *a*) Pour tout réel x, on a :

$$f(x) = \ln[e^x(1 + e^{-x})] = \ln(e^x) + \ln(1 + e^{-x}),$$

soit : $$\boldsymbol{f(x) = x + \ln(1 + e^{-x}).}$$

b) D'après 1° *a*) : $\lim_{-\infty} f = 0$,

donc **la droite des abscisses est asymptote à $\mathscr{C}$ en $-\infty$.**

On a : pour tout réel x, $f(x) = x + \ln(1 + e^{-x})$,

et : $$\lim_{x \to +\infty} \ln(1 + e^{-x}) = 0,$$

ce que l'on obtient soit directement en procédant comme dans 1° *a*), soit en notant que :

pour tout réel x, $$\ln(1 + e^{-x}) = f(-x),$$

et en utilisant : $$\lim_{x \to +\infty} f(-x) = \lim_{x \to -\infty} f(x).$$

Cela prouve que **la droite Δ d'équation $y = x$ est asymptote à $\mathscr{C}$ en $+\infty$.**

$c)$ • **Étude de la position de $\mathscr{C}$ par rapport à (Ox).**

Pour tout réel x, on a : $$e^x > 0,$$
donc : $$e^x + 1 > 1,$$
donc : $$\ln(e^x + 1) > \ln 1,$$
soit : $$f(x) > 0,$$
il en résulte que **la courbe $\mathscr{C}$ est au-dessus de la droite des abscisses.**

• **Étude de la position de $\mathscr{C}$ par rapport à Δ.**

Pour tout réel x :
$$f(x) = x + \ln(1 + e^{-x}) = x + f(-x),$$
or : $$f(-x) > 0,$$
donc : $$x + f(-x) > x,$$
soit : $$f(x) > x,$$
il est ainsi établi que **la courbe $\mathscr{C}$ est au-dessus de son asymptote Δ.**

3°

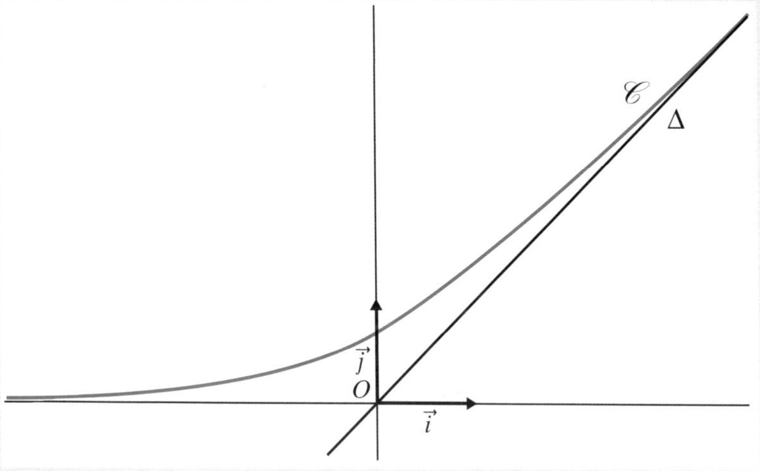

4.13 $f : x \mapsto \dfrac{1}{e^x + 1}$.

1° • **Étude de la limite f en $+\infty$.**

On sait : $$\lim_{x \to +\infty} e^x = +\infty,$$
donc : $$\lim_{x \to +\infty} (e^x + 1) = +\infty,$$

d'où : $$\lim_{x \to +\infty} \frac{1}{e^x + 1} = 0.$$

Il vient : $$\lim_{+\infty} f = 0.$$

- **Étude de la limite f en $-\infty$.**

On sait : $$\lim_{x \to -\infty} e^x = 0,$$

donc : $$\lim_{x \to -\infty} (e^x + 1) = 1,$$

d'où : $$\lim_{x \to -\infty} \frac{1}{e^x + 1} = 1,$$

c'est-à-dire : $$\lim_{-\infty} f = 1.$$

2° f est dérivable sur $\mathbb{R}$ et, pour tout réel x :

$$f'(x) = \frac{-e^x}{(e^x + 1)^2},$$

donc : $$f'(x) < 0,$$

ce qui implique que **f est strictement décroissante sur $\mathbb{R}$.**

x	$-\infty$ $\quad$ $+\infty$
$f'(x)$	$-$
f	$1 \searrow 0$

Remarque : On pouvait obtenir la stricte décroissance de f sur $\mathbb{R}$ en observant que f est l'inverse d'une fonction strictement croissante sur $\mathbb{R}$, positive et ne s'annulant pas sur $\mathbb{R}$.

3° Dans le repère $(O; \vec{i}, \vec{j})$, I a pour coordonnées $\left(0 ; \frac{1}{2}\right)$ et $\mathscr{C}$ est la courbe d'équation $y = f(x)$.

Déterminons une équation de $\mathscr{C}$ dans le repère $(I; \vec{i}, \vec{j})$.

Soient M un point du plan, (x, y) ses coordonnées dans le repère $(O; \vec{i}, \vec{j})$, (X, Y) celles dans le repère $(I; \vec{i}, \vec{j})$.

De l'égalité : $\overrightarrow{OM} = \overrightarrow{OI} + \overrightarrow{IM}$, on déduit :

$$\begin{cases} x = X \\ y = \frac{1}{2} + Y, \end{cases}$$

or : $$M \in \mathscr{C} \Leftrightarrow y = f(x),$$

donc : $$M \in \mathscr{C} \Leftrightarrow \frac{1}{2} + Y = f(X)$$

$$\Leftrightarrow\ Y = \frac{1}{e^X + 1} - \frac{1}{2}$$

$$\Leftrightarrow\ Y = \frac{2 - e^X - 1}{2(e^X + 1)}$$

$$\Leftrightarrow\ Y = \frac{1 - e^X}{2(1 + e^X)}.$$

$\mathscr{C}$ est donc la courbe représentative, dans le repère $(I\,;\ \vec{i},\ \vec{j})$, de la fonction g :

$$X \mapsto \frac{1 - e^X}{2(1 + e^X)}\,;$$

de plus, pour tout réel X, on a :

$$g(-X) = \frac{1 - e^{-X}}{2(1 + e^{-X})} = \frac{(1 - e^{-X}) \times e^X}{2(1 + e^{-X}) \times e^X} = \frac{e^X - 1}{2(e^X + 1)} = -\frac{1 - e^X}{2(1 + e^X)},$$

donc : $$g(-X) = -g(X),$$
ce qui prouve que g est impaire.

On peut alors conclure **que le point I est centre de symétrie de $\mathscr{C}$.**

4° On a : $f(0) = \dfrac{1}{2}$ (donc $\mathscr{C}$ passe par I), et $f'(0) = -\dfrac{1}{4}$.

Une équation de la tangente à $\mathscr{C}$ en I est :
$$y - f(0) = f'(0)(x - 0),$$
ou encore : $$y = -\frac{1}{4}x + \frac{1}{2}.$$

Remarquons que la droite des abscisses et la droite d'équation $y = 1$ sont asymptotes à $\mathscr{C}$ car $\lim\limits_{-\infty} f = 1$ et $\lim\limits_{+\infty} f = 0$.

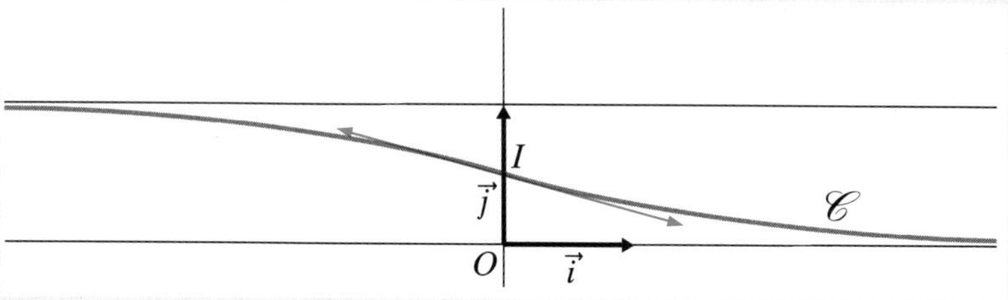

5

SUITES

RÉSUMÉ DU COURS

Définition

Une suite est une fonction de $\mathbb{N}$ dans $\mathbb{R}$.

Raisonnement par récurrence

Démontrer par récurrence qu'une propriété est vraie pour tout naturel n se fait en deux étapes :

- on prouve qu'elle est vraie pour $n = 0$ (c'est-à-dire au rang 0) ;
- on montre qu'elle est héréditaire, c'est-à-dire que si elle est vraie pour un naturel p quelconque, alors elle est vraie pour $p + 1$.

Suite majorée. Suite minorée

- Une suite (u_n) est minorée si et seulement s'il existe un réel m tel que pour tout naturel n, $u_n \geqslant m$.

• Une suite (u_n) est majorée si et seulement s'il existe un réel M tel que pour tout naturel n, $u_n \leqslant M$.

• Une suite est bornée si et seulement si elle est à la fois majorée et minorée.

Sens de variation

• Une suite (u_n) est croissante si et seulement si :
pour tout naturel n, $u_n \leqslant u_{n+1}$.

• Une suite (u_n) est décroissante si et seulement si :
pour tout naturel n, $u_n \geqslant u_{n+1}$.

• Une suite (u_n) est strictement croissante si et seulement si :
pour tout naturel n, $u_n < u_{n+1}$.

• Une suite (u_n) est strictement décroissante si et seulement si :
pour tout naturel n, $u_n > u_{n+1}$.

• Une suite (u_n) est constante si et seulement s'il existe un réel k tel que :
pour tout naturel n, $u_n = k$.

• Une suite est monotone si et seulement si c'est une suite croissante ou une suite décroissante.

Limite

Suite convergente

• Une suite est convergente si et seulement si elle a une limite réelle.

• Une suite est divergente si et seulement si elle n'est pas convergente (c'est-à-dire si sa limite est $-\infty$ ou $+\infty$, ou si elle n'a pas de limite).

Suites et inégalités

• Si une suite (u_n) convergente est minorée par un réel m, alors $\lim\limits_{n \to +\infty} u_n \geqslant m$.

• Si une suite (u_n) convergente est majorée par un réel M, alors $\lim\limits_{n \to +\infty} u_n \leqslant M$.

• Soit (u_n) et (v_n) des suites convergentes.
Si, pour tout naturel n, $u_n \leqslant v_n$ alors $\lim\limits_{n \to +\infty} u_n \leqslant \lim\limits_{n \to +\infty} v_n$.

• Théorème des gendarmes
Soient (u_n), (v_n) et (w_n) des suites. Si, pour tout naturel n, $u_n \leqslant w_n \leqslant v_n$ et si (u_n) et (v_n) convergent vers un même réel ℓ, alors (w_n) est convergente et sa limite est ℓ.

Image d'une suite par une fonction

f est une fonction définie sur un intervalle I et (u_n) est une suite d'éléments de I ; a désigne un réel, ou $+\infty$, ou $-\infty$; ℓ désigne aussi un réel, ou $+\infty$, ou $-\infty$.

Si $\lim\limits_{n \to +\infty} u_n = a$ et si $\lim\limits_{a} f = \ell$, alors $\lim\limits_{n \to +\infty} f(u_n) = \ell$.

Enseignement de spécialité : suite croissante majorée

Toute suite croissante et majorée converge.
Toute suite décroissante et minorée converge.

Raisonnement par récurrence

5.1 On considère la suite (u_n) définie par :

$$u_0 = 2 \text{ et, pour tout naturel } n,\ u_{n+1} = 2u_n - 3.$$

Montrer que pour tout naturel n : $u_n = 3 - 2^n$.

5.2 u est la suite définie par :

$$u_0 = 1 \text{ et, pour tout naturel } n,\ u_{n+1} = \frac{u_n}{\sqrt{(u_n)^2 + 1}}.$$

Exprimer son terme général u_n en fonction du naturel n (on pourra s'aider du calcul des premiers termes).

5.3 Démontrer que pour tout naturel n : $\displaystyle\sum_{k=0}^{n} k^3 = \frac{n^2(n+1)^2}{4}$.

♦ **5.4** Démontrer que pour tout naturel n supérieur ou égal à 4, on a :

$$2^n \geqslant n^2.$$

Exploration numérique et graphique

5.5 Programmer la suite u définie sur $\mathbb{N}$ par : $u_0 = 1$ et $u_{n+1} = 1 + \dfrac{1}{u_n}$.

À partir de quel indice l'affichage se stabilise-t-il ?
Quelle conjecture est-on amené à formuler ?

5.6 Soit u la suite définie sur $\mathbb{N}$ par : $u_0 = -3$ et $u_{n+1} = \sin u_n$.
Programmer u. Donner l'approximation de u_{10}, u_{100}, $u_{1\,000}$, $u_{2\,000}$ et $u_{5\,000}$.

5.7 u est la suite définie sur $\mathbb{N}$ par : $u_0 = 1$ et $u_{n+1} = \dfrac{1}{2}u_n - 1$.

1° Placer les points de l'axe (Ox) d'abscisses u_0, u_1, u_2, u_3 (sans calculer u_1, u_2, u_3) ; veiller à mettre en évidence la construction de ces points.

2° Établir une conjecture sur les bornes éventuelles, le sens de variation, la limite éventuelle de la suite u.

5.8 Même exercice avec : $u_0 = 1$ et $u_{n+1} = 1 + \dfrac{1}{u_n}$.

5.9 Même exercice avec : $u_0 = 1{,}5$ et $u_{n+1} = u_n^{\,2} - 2u_n + 3$.

Majoration. Minoration

5.10 Donner un majorant et un minorant de la suite u définie par son terme général u_n.

1° $u_n = \dfrac{-1}{n+1}$. 2° $u_n = \left(\dfrac{1}{2}\right)^n$. 3° $u_n = \sin n$. 4° $u_n = \dfrac{1}{1 + \ln n}$.

5.11 Déterminer un majorant et un minorant de la suite u :

$$n \mapsto \frac{-3 + \mathrm{e}^{-n}}{2 + \sin n}.$$

5.12 **Vrai ou faux ?**
La suite u définie sur $\mathbb{N}$ par : $u_0 = 14$ et $u_{n+1} = u_n^{\,2} - 2u_n + 1$ est positive.

5.13 u est la suite définie sur $\mathbb{N}$ par : $u_0 = 1$ et $u_{n+1} = \dfrac{1}{2}u_n - 1$.

Montrer que u est bornée par -2 et 1.

5.14 u est la suite définie sur $\mathbb{N}$ par : $u_0 = 1$ et $u_{n+1} = 1 + \dfrac{1}{u_n}$.

Montrer que u est bornée.

5.15 u est la suite telle que : $u_0 = \mathrm{e}$ et, pour tout naturel n :

$$u_{n+1} = \ln(1 + u_n).$$

1° Montrer que l'on a : pour tout naturel n, $u_n > 0$.

2° Si u converge vers un réel ℓ, quel renseignement sur ℓ peut-on déduire du résultat précédent ?

Sens de variation

5.16 Étudier le sens de variation de la suite $u : n \mapsto \dfrac{3n+5}{n+1}$.

5.17 Étudier le sens de variation de la suite $u : n \mapsto \dfrac{5^n}{n!}$.

5.18 u est une suite définie sur $\mathbb{N}$ et qui vérifie :
pour tout naturel n, $\quad u_{n+1} = u_n - u_n^2$.
Étudier le sens de variation de u.

5.19 u est la suite définie sur $\mathbb{N}$ par : $u_0 = 1$ et $u_{n+1} = \dfrac{1}{2}u_n - 1$.

Montrer que u est décroissante.
On pourra être amené à utiliser que u est minorée par -2 (voir exercice 5.13).

♦ **5.20** u est la suite telle que : $u_0 = \mathrm{e}$ et, pour tout n de $\mathbb{N}$,

$$u_{n+1} = \ln(1 + u_n).$$

Le but de l'exercice est de déterminer le sens de variation de la suite u.

1° **Première méthode.**
Soit g la fonction : $x \mapsto \ln(1+x) - x$.
Étudier le signe de $g(x)$; en déduire le sens de variation de la suite u.

2° **Deuxième méthode.**
Retrouver le résultat de 1° à l'aide d'un raisonnement par récurrence.
On rappelle qu'a été démontré : pour tout n de $\mathbb{N}$, $u_n > 0$ (voir exercice 5.15).

♦ **5.21** u est la suite définie sur $\mathbb{N}$ par : $u_0 = 1$ et $u_{n+1} = \sqrt{2 + u_n}$.

1° Montrer que l'on a : pour tout n de $\mathbb{N}$, $1 \leqslant u_n < 2$.

2° Étudier le sens de variation de la suite u.

Limite

5.22 **Vrai ou faux ?**

1° Toute suite géométrique de raison $-\dfrac{\pi}{4}$ converge vers 0.

2° Si une suite u vérifie : pour tout n de $\mathbb{N}$, $u_n \leqslant \left(\frac{\pi}{4}\right)^n$, alors elle est convergente.

3° Toute suite arithmétique de raison 10^{-12} a pour limite $+\infty$.

4° Soit u la suite définie sur $\mathbb{N}$ par : $u_0 = -2$ et $u_{n+1} = \sqrt{u_n + 6}$.

Alors u a pour limite -2.

5.23 Étudier la convergence et déterminer la limite éventuelle de la suite u.

1° $u : n \mapsto \frac{1}{n} \cos \frac{n\pi}{3}$.

2° $u : n \mapsto \cos \frac{\pi}{3}$.

3° $u : n \mapsto \cos \frac{\pi}{3n}$.

4° $u : n \mapsto \frac{3^n - 2^n}{3^n + 2^n}$.

5° $u : n \mapsto \frac{3n^2 + 2n + 1}{5n - 3}$.

6° $u : n \mapsto \frac{n^2 + \sin n}{3n^2 + \cos 3n}$.

7° $u : n \mapsto \frac{n}{n^2 + \ln n}$.

8° $u : n \mapsto \frac{e^{-n}}{n^3 + \ln n}$.

5.24 u est la suite : $n \mapsto \sqrt{n+1} - \sqrt{n}$.

Montrer que, pour tout naturel n non nul :

$$0 < u_n < \frac{1}{2\sqrt{n}}.$$

Que peut-on en déduire concernant la suite u ?

5.25 u est la suite : $n \mapsto \sqrt{n^2 + n} - n$.

1° Donner l'approximation décimale, obtenue à l'affichage d'une calculatrice, des réels u_1, u_2, u_3, u_4, puis u_{10^n} pour les naturels n tels que $1 \leqslant n \leqslant 13$.
Quelle semble être la limite de u ?

2° Démontrer que u est convergente et déterminer sa limite ; comment interpréter les résultats de la première question ?

5.26 u est la suite définie sur $\mathbb{N}$ par : $u_0 = 1$ et $u_{n+1} = \dfrac{1}{2} u_n + 1$.

1° Montrer que l'on a : pour tout naturel n,

$$u_{n+1} = -\frac{1}{2^n} + 2.$$

2° En déduire que u converge et préciser sa limite.

5.27 u est la suite définie sur $\mathbb{N}$ par : $u_0 = \dfrac{3}{4}$ et $u_{n+1} = -\dfrac{u_n}{2}(3u_n - 7)$.

Calculer u_1, u_2, u_3, u_4.
La suite u admet-elle une limite ?

5.28 u est la suite définie sur $\mathbb{N}$ par : $u_0 = 1{,}5$ et $u_{n+1} = u_n^{\,2} - 2u_n + 3$.

1° Si la suite u converge vers un réel ℓ,

a) quelle est la limite de la suite $n \mapsto u_n^{\,2} - 2u_n + 3$?

b) donner une équation du second degré vérifiée par ℓ.
(On pourra utiliser le fait que (u_n) et (u_{n+1}) ont la même limite ℓ.)

2° Montrer que la suite u diverge.

5.29 u est la suite définie sur $\mathbb{N}$ par : $u_0 = 1$ et $u_{n+1} = \sqrt{2 + u_n}$.

1° Montrer : pour tout naturel n,

$$2 - u_{n+1} \leqslant \frac{2}{7}(2 - u_n).$$

2° En déduire que la suite u converge vers 2.
On pourra utiliser que u est bornée par 1 et 2 (voir exercice 5.21).

5.30 u est la suite définie sur $\mathbb{N}$ par : $u_0 = 1$ et $u_{n+1} = 1 + \dfrac{1}{u_n}$.

1° Montrer que si u converge, alors sa limite est $\dfrac{1 + \sqrt{5}}{2}$.

2° On pose : $\ell = \dfrac{1 + \sqrt{5}}{2}$.

a) Montrer : pour tout naturel n non nul,

$$|u_n - \ell| \leqslant \frac{1}{\ell}|u_{n-1} - \ell|.$$

b) En déduire : pour tout naturel n,

$$|u_n - \ell| \leqslant \left(\frac{2}{3}\right)^n.$$

Que peut-on en conclure ?

5.31 u est la suite définie par son premier terme u_0 et :

pour tout naturel n, $\quad u_{n+1} = 2u_n \mathrm{e}^{-u_n}$.

On suppose que la suite u converge vers un réel ℓ.

1° Soit f la fonction $x \mapsto 2x\,\mathrm{e}^{-x}$.
Justifier que la suite $n \mapsto f(u_n)$ converge vers $f(\ell)$.

2° En utilisant le fait que (u_n) et (u_{n+1}) ont la même limite ℓ, déterminer les valeurs possibles du réel ℓ.

♦ **5.32 Vrai ou faux ?**

1° Toute suite décroissante et minorée par 0 a pour limite 0.

2° Toute suite positive et non majorée a pour limite $+\infty$.

3° Soient u et v des suites convergentes.
Si : pour tout naturel n, $u_n < v_n$, alors : $\lim u < \lim v$.

4° Toute suite croissante et majorée est bornée.

5° Toute suite décroissante et majorée est bornée.

Exemples d'études de suites récurrentes

5.33 u est la suite définie sur $\mathbb{N}$ par :

$u_0 = 3$ et pour tout naturel n, $\quad u_{n+1} = \frac{1}{2}u_n - 1$.

1° À l'aide de la calculatrice, donner la valeur décimale approchée par excès à 10^{-2} près de u_1, u_2, u_3, u_4, u_{10}, u_{30}, u_{40}, u_{100}.
Quelle semble être la limite de u ?

2° Le plan étant rapporté à un repère orthonormal $(O;\ \vec{i},\ \vec{j})$, représenter sur l'axe $(O;\ \vec{i})$ les premiers termes de la suite u.
Vérifier graphiquement la conjecture formulée à la première question.

3° Démontrer que u converge effectivement vers le réel trouvé aux questions précédentes.

♦ **5.34** 1° *a*) Donner le tableau de variation de la fonction f :

$$x \mapsto \frac{5x-3}{2x-2}.$$

b) En déduire :
pour tout x de $]1\,;+\infty[$, $\quad f(x) > 1$.

On définit donc bien une suite u en posant :

$$\begin{cases} u_0 = 2, \\ \text{pour tout naturel } n,\ u_{n+1} = \dfrac{5u_n - 3}{2u_n - 2}. \end{cases}$$

2° *a*) Tracer, dans le plan muni d'un repère orthonormal $(O\,;\ \vec{i},\ \vec{j})$, la représentation graphique $\mathscr{C}_f$ de la fonction f.

b) Utiliser $\mathscr{C}_f$ pour conjecturer le comportement de la suite u.

3° *a*) Justifier que l'on définit bien une suite v en posant :

pour tout naturel n, $$v_n = \frac{u_n - 3}{u_n - \frac{1}{2}}.$$

Démontrer que v est une suite géométrique, qu'elle converge vers 0 et que, pour tout naturel n, $|v_n| < 1$.

b) Pour tout naturel n, exprimer u_n en fonction de v_n.

En déduire que la suite u converge et déterminer sa limite.

♦ **5.35** On définit les suites réelles u et v par :

$$u_0 = 1, \quad v_0 = 2,$$

et, pour tout naturel n :

$$u_{n+1} = \frac{u_n + 2\,v_n}{3}, \quad v_{n+1} = \frac{u_n + 4\,v_n}{5}.$$

1° Démontrer que si les suites u et v convergent respectivement vers les réels ℓ et ℓ', alors $\ell = \ell'$.

2° On pose : $w = v - u$. Démontrer que w est une suite géométrique, préciser sa limite éventuelle et exprimer son terme général w_n en fonction du naturel n.

3° Exprimer, pour tout naturel n, les réels $u_{n+1} - u_n$ et $v_{n+1} - v_n$ en fonction de w_n.

En déduire le sens de variation des suites u et v.

4° On pose : $t = 3\,u + 10\,v$.

a) Démontrer que la suite t est constante.
Si les suites u et v convergent, quelle est leur limite commune ?

b) En déduire une relation entre les réels u_n et v_n, vérifiée pour tout naturel n.

5° Démontrer que les suites u et v convergent.

♦ **5.36 Approximation de $\sqrt{7}$**

Soit la suite u telle que : $u_0 = 3$ et, pour tout n de $\mathbb{N}$, $u_{n+1} = \frac{1}{2}\left(u_n + \frac{7}{u_n}\right)$.

1° Montrer par récurrence : pour tout naturel n, $u_n > 0$.

2° Montrer que pour tout naturel n, on a :

$$u_{n+1} - \sqrt{7} = \frac{1}{2\,u_n}\left(u_n - \sqrt{7}\right)^2,$$

puis : $$0 \leqslant u_{n+1} - \sqrt{7} \leqslant \left(u_n - \sqrt{7}\right)^2 \quad (1).$$

3° Montrer par récurrence que pour tout naturel n non nul, on a :

$$0 \leqslant u_n - \sqrt{7} \leqslant 10^{-2\,(n-1)}.$$

En déduire que u converge vers $\sqrt{7}$.

4° Déterminer un indice n pour lequel u_n est une approximation de $\sqrt{7}$:
- à 10^{-512} près,
- puis à $10^{-1\,000\,000}$ près.

♦ **5.37** On se propose d'étudier la suite u définie sur $\mathbb{N}$ par :

$$u_0 = \frac{1}{2} \quad \text{et} \quad u_{n+1} = \frac{e^{u_n}}{u_n + 2}.$$

1° Soit la fonction f : $[0\,;\,1] \to \mathbb{R}$

$$x \mapsto \frac{e^x}{x+2}.$$

a) Déterminer les fonctions f' et f''.

b) Donner le tableau de variation de f.
Démontrer par récurrence que pour tout n de $\mathbb{N}$: $0 \leqslant u_n \leqslant 1$.

c) Démontrer : pour tout x de $[0\,;\,1]$, $|f'(x)| \leqslant \frac{2}{3}$.

d) Établir que l'équation $f(x) = x$ admet une solution unique. On notera ℓ ce réel de $[0\,;\,1]$.

2° *a*) Démontrer que l'on a : pour tout naturel n, $|u_{n+1} - \ell| \leqslant \frac{2}{3}\,|u_n - \ell|$, puis, à l'aide d'un raisonnement par récurrence :

pour tout naturel n, $$|u_n - \ell| \leqslant \frac{1}{2}\left(\frac{2}{3}\right)^n.$$

En déduire que la suite u converge.

b) Déterminer un naturel n_0 tel que si : $n \geqslant n_0$, alors $|u_n - \ell| \leqslant 10^{-3}$.

Problèmes Bac

♦♦ **5.38** Le problème propose :

dans la partie **A** : l'étude d'une fonction numérique f et de l'équation $f(x) = x$;

dans les parties **B** et **C** : la construction de deux suites convergeant avec des rapidités différentes vers la solution de l'équation précédente.

Le plan est muni d'un repère orthonormal $(O; \vec{i}, \vec{j})$ (l'unité graphique sera précisée lorsqu'une représentation sera demandée).

Partie A

Soit f la fonction numérique définie sur $]0\,; +\infty[$ par :

$$f(x) = \ln\left(1 + \frac{1}{x}\right).$$

1° Déterminer le sens de variation de f sur $]0\,; +\infty[$ et les limites de f en 0 et en $+\infty$.

2° Tracer la courbe représentative $\mathscr{C}$ de f et la droite Δ d'équation $y = x$ (unité graphique : 1 cm).

3° On s'intéresse à l'intersection de $\mathscr{C}$ et de Δ.

On pose, pour tout $x > 0$,

$$\varphi(x) = \ln\left(1 + \frac{1}{x}\right) - x.$$

a) Déterminer le sens de variation de φ sur $]0\,; +\infty[$ et les limites de φ en 0 et en $+\infty$.

b) En déduire que la droite Δ coupe la courbe $\mathscr{C}$ en un point et un seul qu'on notera I.

On désigne par α l'abscisse de ce point.

Vérifier l'encadrement $0{,}7 < \alpha < 0{,}9$.

Partie B

On désigne par J l'intervalle $[0{,}7\,; 0{,}9]$.

1° Démontrer que si $x \in$ J alors $f(x) \in$ J.

2° *a*) Prouver que, pour tout x de J,

$$|f'(x)| \leqslant 0{,}85.$$

b) En déduire que, pour tout x de J,

$$|f(x) - f(\alpha)| \leqslant 0{,}85\,|x - \alpha|.$$

3° On définit la suite (u_n) de points de J par :

$$u_0 = 0{,}9 \quad \text{et, pour tout } n \geqslant 0, \quad u_{n+1} = f(u_n).$$

a) Tracer la partie de la courbe $\mathscr{C}$ d'équation $y = f(x)$ pour laquelle $x \in [0,5\ ;\ 1,5]$ et la droite Δ d'équation $y = x$ (unité graphique : 10 cm).

b) En s'aidant du graphique et sans chercher à les calculer, représenter sur l'axe $(O;\ \vec{i})$ les termes u_0, u_1, u_2, u_3.

4° *a*) Prouver que, pour tout entier naturel n,

$$|u_{n+1} - \alpha| \leqslant 0,85\ |u_n - \alpha|,$$

puis que : $$|u_n - \alpha| \leqslant 0,2 \times (0,85)^n.$$

b) En déduire que la suite (u_n) converge vers α.

c) Donner des valeurs approchées avec six décimales des termes u_n pour n entier variant de 1 à 10.

d) Déterminer un entier naturel n_0 tel que $|u_{n_0} - \alpha| \leqslant 10^{-6}$.

Partie C

Soit h la fonction définie sur $[0\ ;+\infty[$ par $h(x) = x\ \mathrm{e}^x - x - 1$.

1° Démontrer que, sur l'intervalle $]0\ ;+\infty[$, les deux équations d'inconnue x :

$$\varphi(x) = 0 \quad \text{et} \quad h(x) = 0,$$

ont le même ensemble de solutions.
On a donc : $h(\alpha) = 0$.

2° On note $\mathscr{H}$ la courbe de h dans le repère $(O;\ \vec{i},\ \vec{j})$.

a) Calculer $h'(x)$ et prouver que $h'(x) > 0$ pour $x \in\ ]0\ ;+\infty[$.

b) Tracer la partie de la courbe $\mathscr{H}$ pour laquelle $x \in [0\ ;1[$ (unité graphique : 10 cm).
Placer la tangente à $\mathscr{H}$ au point d'abscisse 0,9.

3° Soit a un nombre réel de l'intervalle $]\alpha\ ;0,9]$. Soit T la tangente à la courbe $\mathscr{H}$ au point M d'abscisse a.

On désigne par b l'abscisse du point d'intersection de T et de l'axe $(O;\ \vec{i})$.

a) Écrire une équation cartésienne de T.

b) Exprimer b en fonction de a.

4° On considère la fonction g définie sur $]0\ ;+\infty[$ par :

$$g(x) = \frac{x^2\ \mathrm{e}^x + 1}{\mathrm{e}^x(x+1) - 1}$$

On rappelle qu'on a montré en **C** 2° *a*) que $\mathrm{e}^x\ (x+1) - 1 > 0$ pour $x > 0$.
(On vérifiera que $b = g(a)$, où a et b ont été définis à la question précédente.)

On définit la suite (v_n) de nombres réels en posant :

$$v_0 = 0{,}9 \quad \text{et, pour tout } n \geqslant 0, \quad v_{n+1} = g(v_n).$$

On admet que la suite (v_n) converge vers le nombre réel α.

a) En s'aidant de la représentation de la courbe $\mathscr{H}$, et sans chercher à les calculer, représenter sur l'axe $(O;\ \vec{i})$ les termes v_0, v_1 et v_2.

b) Calculer v_1, v_2, v_3 et v_4. On donnera pour chaque résultat une valeur décimale approchée par excès comportant six décimales.
On note $\overline{v_4}$ celle de v_4.

c) Déduire des signes des nombres $h(\overline{v_4})$ et $h(\overline{v_4} - 10^{-6})$ un encadrement de α à 10^{-6} près.
Comparer avec les résultats obtenus dans la partie **B**.

Amérique du Sud, bac C, session 1992.

PROGRAMME DE SPÉCIALITÉ

Suite croissante majorée

5.39 u est la suite définie sur $\mathbb{N}$ par : $u_0 = 1$ et $u_{n+1} = \frac{1}{2}u_n + 1$.

1° À l'aide des exercices 5.13 et 5.19, justifier que la suite u converge vers un réel ℓ.

2° Déterminer la limite de la suite u.

5.40 u est la suite définie sur $\mathbb{N}$ par : $u_0 = 1$ et $u_{n+1} = \sqrt{2 + u_n}$.

1° En utilisant des résultats de l'exercice 5.21, justifier que la suite u converge vers un réel ℓ.

2° Déterminer une équation dont ℓ est solution.
Quelle est la limite de la suite u ?

♦♦ **5.41** On considère la suite u définie sur $\mathbb{N}^*$ par :

$$u_n = \frac{1}{1^2} + \frac{1}{2^2} + \ldots + \frac{1}{n^2}.$$

1° Étudier le sens de variation de u.

2° Montrer que pour tout n de $\mathbb{N}^*$: $u_n \leqslant 2 - \frac{1}{n}$.

3° Quel est le comportement de u à l'infini ?

5.1 $u_0 = 2$ et $u_{n+1} = 2u_n - 3$.

Démontrons par récurrence : pour tout naturel n de $\mathbb{N}$, $u_n = 3 - 2^n$.

- Première étape.

Vérifions l'égalité au rang 0.

On a : $3 - 2^0 = 3 - 1 = 2$ et $u_0 = 2$, donc :

$$u_0 = 3 - 2^0.$$

- Deuxième étape.

Soit p un naturel.

Supposons que l'égalité est vérifiée au rang p, c'est-à-dire que l'on a :

$$u_p = 3 - 2^p.$$

Comme par définition de u, on a :

$$u_{p+1} = 2u_p - 3,$$

il vient :

$$u_{p+1} = 2(3 - 2^p) - 3 = 6 - 2^{p+1} - 3,$$

donc :

$$u_{p+1} = 3 - 2^{p+1}.$$

- D'après le principe de récurrence, on peut donc conclure :

pour tout naturel *n*, $\boldsymbol{u_n = 3 - 2^n}$**.**

5.2 $u_0 = 1$ et $u_{n+1} = \dfrac{u_n}{\sqrt{u_n^2 + 1}}$.

On obtient après calcul : $u_1 = \dfrac{1}{\sqrt{2}}$, $u_2 = \dfrac{1}{\sqrt{3}}$, $u_3 = \dfrac{1}{\sqrt{4}}$, ce qui nous invite à démontrer par récurrence que, pour tout naturel n :

$$u_n = \frac{1}{\sqrt{n+1}}.$$

- La propriété est vraie pour $n = 0$ car $u_0 = 1 = \dfrac{1}{\sqrt{0+1}}$.

- Supposons la propriété vraie pour un naturel p, c'est-à-dire : $u_p = \dfrac{1}{\sqrt{p+1}}$, et démontrons-la pour $p + 1$.

On a : $$u_{p+1} = \frac{u_p}{\sqrt{u_p^2 + 1}} = \frac{1}{\sqrt{p+1}} \times \frac{1}{\sqrt{\dfrac{1}{p+1} + 1}};$$

il vient : $$u_{p+1} = \frac{1}{\sqrt{\frac{p+1}{p+1} + p + 1}},$$

donc : $$u_{p+1} = \frac{1}{\sqrt{(p+1)+1}}.$$

D'après le principe de récurrence, nous avons démontré :

pour tout naturel *n*, $$\boldsymbol{u_n = \frac{1}{\sqrt{n+1}}}.$$

5.3 Démontrons par récurrence :

$$\text{pour tout } n \text{ de } \mathbb{N}, \quad \sum_{k=0}^{n} k^3 = \frac{n^2(n+1)^2}{4}.$$

• Première étape.
Vérifions l'égalité au rang 0.

$\sum_{k=0}^{k=0} k^3 = 0^3 = 0$ et $\frac{0^2(0+1)^2}{4} = 0$, donc on a bien :

$$\sum_{k=0}^{k=0} k^3 = \frac{0^2(0+1)^2}{4}.$$

• Deuxième étape.
Soit p un naturel. Supposons que l'égalité est vérifiée au rang p, c'est-à-dire que l'on a :

$$\sum_{k=0}^{k=p} k^3 = \frac{p^2(p+1)^2}{4}.$$

Prouvons que cette égalité est alors vérifiée au rang $p + 1$.

$$\sum_{k=0}^{k=p+1} k^3 = \left(\sum_{k=0}^{k=p} k^3\right) + (p+1)^3$$

$$= \frac{p^2(p+1)^2}{4} + (p+1)^3$$

$$= (p+1)^2\left[\frac{p^2 + 4(p+1)}{4}\right],$$

donc : $$\sum_{k=0}^{k=p+1} k^3 = \frac{(p+1)^2[(p+1)+1]^2}{4}.$$

• Finalement, on peut conclure :

$$\textbf{pour tout naturel } n : \quad \sum_{k=0}^{n} k^3 = \frac{n^2(n+1)^2}{4}.$$

5.4 • Première étape.
Vérifions l'égalité au rang 4.
On a : $2^4 = 16$ et $4^2 = 16$, donc : $2^4 \geqslant 4^2$.

• Deuxième étape.
Soit p un naturel supérieur ou égal à 4.
Supposons que l'on a : $2^p \geqslant p^2$; démontrons qu'alors : $2^{p+1} \geqslant (p+1)^2$.

Nous savons : $2^{p+1} = 2 \times 2^p$,

or : $2^p \geqslant p^2$,

donc : $2^{p+1} \geqslant 2p^2$.

Pour démontrer : $2^{p+1} \geqslant (p+1)^2$,

il suffit de prouver : $2p^2 \geqslant (p+1)^2$,

c'est-à-dire : $p^2 - 2p - 1 \geqslant 0$.

Le trinôme du second degré $f : x \mapsto x^2 - 2x - 1$,
a pour racines $1 - \sqrt{2}$ et $1 + \sqrt{2}$.
f est donc positif sur $[1 + \sqrt{2} ; +\infty[$ et *a fortiori* sur $[4 ; +\infty[$.
Par conséquent, puisque p est supérieur ou égal à 4, on a bien :

$p^2 - 2p - 1 \geqslant 0$,

donc : $2^{p+1} \geqslant (p+1)^2$.

• Finalement, on peut affirmer :

pour tout naturel n tel que $n \geqslant 4$, $2^n \geqslant n^2$.

5.5 L'affichage d'une TI 82 se stabilise à partir de l'indice 23 ; on lit : 1,618 033 989.
Il semble donc que la suite u converge vers un réel dont une « bonne » approximation est 1,618 033 989.

5.6 Approximations de u_{10}, u_{100}, $u_{1\,000}$, $u_{2\,000}$, $u_{5\,000}$, obtenues à l'affichage d'une CASIO FX-850P :

$$u_{10} \approx -\mathbf{0{,}137\ 069\ 347\ 2} ;$$
$$u_{100} \approx -\mathbf{0{,}109\ 556\ 408\ 1} ;$$
$$u_{1\,000} \approx -\mathbf{0{,}051\ 056\ 245\ 661} ;$$

$$u_{2\,000} \approx -0{,}037\ 343\ 618\ 26\,;$$
$$u_{5\,000} \approx -0{,}024\ 131\ 411\ 82.$$

5.7 $u_0 = 1$ et $u_{n+1} = \dfrac{1}{2}u_n - 1.$

1° Soit f la fonction affine : $x \mapsto \dfrac{1}{2}x - 1.$

Pour tout naturel n, on a : $u_{n+1} = f(u_n).$

Notons d la droite d'équation $y = \dfrac{1}{2}x - 1$ et Δ celle d'équation $y = x$.

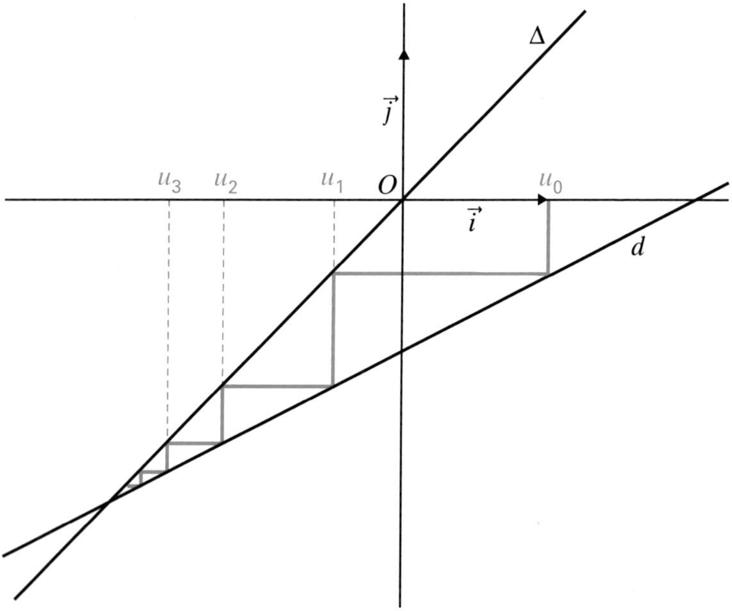

2° Il semble que u soit minorée par -2 et majorée par 1, qu'elle soit décroissante et qu'elle converge vers -2, abscisse du point d'intersection des droites d et Δ.

Remarque : Si une suite est décroissante, elle est majorée par son premier terme.

5.8 $u_0 = 1$ et $u_{n+1} = 1 + \dfrac{1}{u_n}$.

1° Soit f la fonction homographique : $x \mapsto 1 + \dfrac{1}{x}$.

Pour tout naturel n, on a : $u_{n+1} = f(u_n)$.
La définition de u laisse facilement prévoir que la suite u est à termes strictement positifs, ce qui permet de ne tracer qu'une des deux branches de l'hyperbole $\mathscr{C}_f$ (celle qui se trouve dans le quart de plan d'inéquations $x > 0$ et $y > 0$).

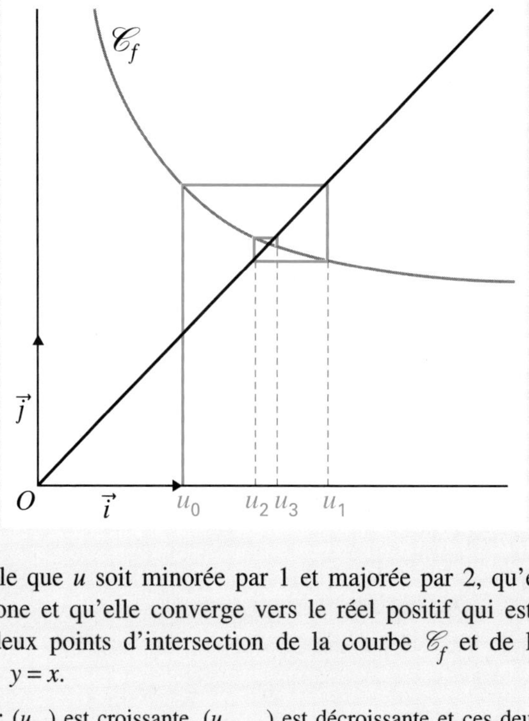

2° Il semble que u soit minorée par 1 et majorée par 2, qu'elle ne soit pas monotone et qu'elle converge vers le réel positif qui est l'abscisse d'un des deux points d'intersection de la courbe $\mathscr{C}_f$ et de la droite Δ d'équation $y = x$.

Remarque : (u_{2n}) est croissante, (u_{2n+1}) est décroissante et ces deux suites ont la même limite.

5.9 $u_0 = 1{,}5$ et $u_{n+1} = u_n^2 - 2u_n + 3$.

1° Soit f le polynôme du second degré : $x \mapsto x^2 - 2x + 3$.
$\mathscr{C}_f$ est l'image de la parabole d'équation $y = x^2$ par la translation de vecteur $\vec{i} + 2\vec{j}$.
Soit Δ la droite d'équation $y = x$.

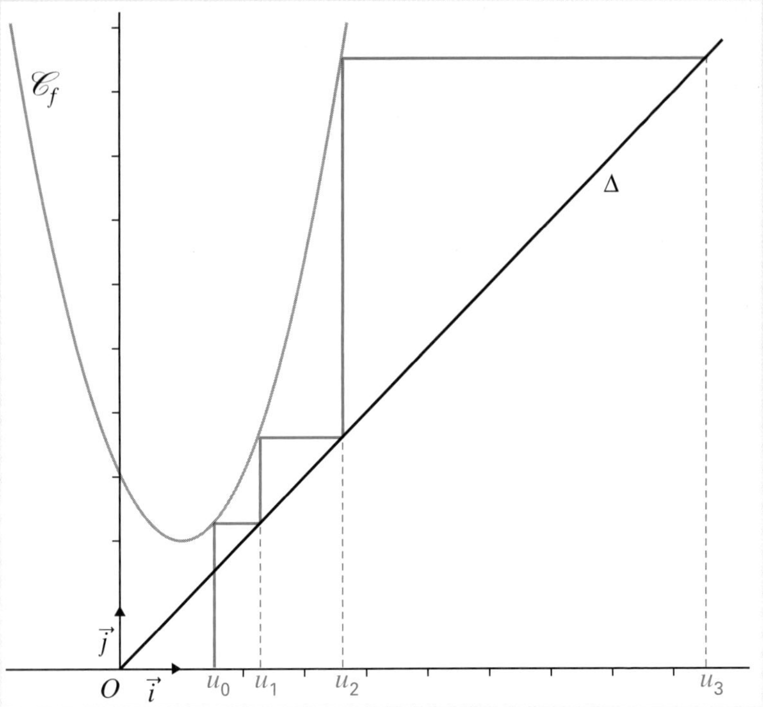

2° Il semble que u soit croissante (donc minorée par son premier terme 1,5), non majorée et qu'elle diverge vers $+\infty$.

5.10 1° $u_n = \dfrac{-1}{n+1}$.

La suite u est définie sur $\mathbb{N}$, et pour tout naturel n, on a :

$$0 < \frac{1}{n+1} \leqslant 1,$$

donc :

$$-1 \leqslant \frac{-1}{n+1} < 0,$$

d'où :

$$-1 \leqslant u_n < 0.$$

On en déduit que **-1 est un minorant de la suite u et que 0 en est un majorant.**

Remarque : Tout réel inférieur ou égal à -1 est un minorant de u et tout réel positif en est un majorant.

2° $u_n = \left(\frac{1}{2}\right)^n$.

La suite u est définie sur $\mathbb{N}$, et pour tout naturel n, on a :

$$0 < \left(\frac{1}{2}\right)^n \leqslant 1,$$

c'est-à-dire : $$0 < u_n \leqslant 1.$$

Par conséquent, **0 est un minorant de *u* et 1 en est un majorant.**

Remarque : 1 est le maximum de la suite u car $u_0 = 1$ et pour tout naturel n, $u_n \leqslant 1$.
En revanche, la suite u n'admet pas de minimum.

3° $u_n = \sin n$.

La suite u est définie sur $\mathbb{N}$, et pour tout naturel n, on a :

$$-1 \leqslant u_n \leqslant 1.$$

On peut alors affirmer que **la suite *u* est bornée par – 1 et 1.**

4° $u_n = \dfrac{1}{1 + \ln n}$.

La suite u est définie sur $\mathbb{N}^*$, et pour tout naturel n non nul, on a :

$$\ln n \geqslant 1,$$

c'est-à-dire : $$1 + \ln n \geqslant 2,$$

donc : $$0 < \frac{1}{1 + \ln n} \leqslant \frac{1}{2},$$

d'où : $$0 < u_n \leqslant \frac{1}{2}.$$

La suite *u* est donc bornée par 0 et $\frac{1}{2}$.

5.11 $u : n \mapsto \dfrac{-3 + e^{-n}}{2 + \sin n}$.

Pour tout naturel n,

$$0 \leqslant e^{-n} \leqslant 1 \quad \text{et} \quad -1 \leqslant \sin n \leqslant 1,$$

$$2 \leqslant 3 - e^{-n} \leqslant 3 \quad \text{et} \quad 1 \leqslant 2 + \sin n \leqslant 3.$$

Des réels non nuls de même signe sont rangés dans l'ordre contraire à celui de leurs inverses ; on obtient :

$$\frac{1}{3} \leqslant \frac{1}{2 + \sin n} \leqslant 1.$$

On peut multiplier membre à membre des inégalités de même sens portant sur des réels positifs, d'où :

$$\frac{2}{3} \leqslant \frac{3-e^{-n}}{2+\sin n} \leqslant 3.$$

Des réels sont rangés dans l'ordre contraire à celui de leurs opposés ; il vient :

$$-3 \leqslant \frac{-3+e^{-n}}{2+\sin n} \leqslant -\frac{2}{3}.$$

Finalement, la suite u est définie sur $\mathbb{N}$, et pour tout naturel n :

$$\mathbf{-3 \leqslant u_n \leqslant -\frac{2}{3}.}$$

5.12 **Vrai.**

En effet, u_0 est positif et pour tout naturel n :

$$u_{n+1} = (u_n - 1)^2.$$

5.13 $u_0 = 1$ et $u_{n+1} = \frac{1}{2}u_n - 1.$

Démontrons par récurrence : pour tout naturel n, $-2 \leqslant u_n \leqslant 1$.

- $u_0 = 1$, donc : $-2 \leqslant u_0 \leqslant 1$.
- Soit p un naturel.

Supposons que l'on a : $-2 \leqslant u_p \leqslant 1.$

Alors : $-1 \leqslant \frac{1}{2}u_p \leqslant \frac{1}{2},$

d'où : $-2 \leqslant \frac{1}{2}u_p - 1 \leqslant -\frac{1}{2}\,;$

il vient : $-2 \leqslant u_{p+1} \leqslant 1.$

La propriété « $-2 \leqslant u_p \leqslant 1$ » est donc héréditaire.

- D'après le principe de récurrence, on a démontré :

pour tout naturel n, $-2 \leqslant u_n \leqslant 1.$

Cela prouve que **la suite u est bornée par -2 et 1.**

5.14 $u_0 = 1$ et $u_{n+1} = 1 + \frac{1}{u_n}.$

D'après la représentation graphique de la suite u faite dans l'exercice 5.8, il semble que u soit bornée par 1 et 2. Démontrons-le par récurrence.

- $u_0 = 1$, donc : $1 \leqslant u_0 \leqslant 2$.
- Soit p un naturel.

Supposons que l'on a : $1 \leqslant u_p \leqslant 2.$

Alors : $$\frac{1}{2} \leqslant \frac{1}{u_p} \leqslant 1,$$

donc : $$\frac{3}{2} \leqslant 1 + \frac{1}{u_p} \leqslant 2;$$

il vient : $$1 \leqslant u_{p+1} \leqslant 2.$$

La propriété « $1 \leqslant u_p \leqslant 2$ » est donc héréditaire.

• Le principe de récurrence permet d'affirmer :
pour tout naturel n, $1 \leqslant u_n \leqslant 2$, **$u$ est donc bornée par 1 et 2.**

5.15 $u_0 = \mathrm{e}$ et $u_{n+1} = \ln(1 + u_n)$.

1° Démontrons par récurrence : pour tout naturel n, $u_n > 0$.

• $u_0 = \mathrm{e}$, donc : $u_0 > 0$.

• Soit p un naturel.
Supposons que l'on a : $$u_p > 0;$$
alors : $$1 + u_p > 1,$$
donc : $$\ln(1 + u_p) > \ln n$$
(car ln est strictement croissante sur $\mathbb{R}_+^*$),
d'où : $$u_{p+1} > 0.$$
La propriété « $u_p > 0$ » est donc héréditaire.

• On peut conclure : **pour tout naturel n, $u_n > 0$.**

2° **Si u converge vers un réel ℓ, celui-ci vérifie alors : $\ell \geqslant 0$.**

Remarque : Les inégalités strictes ne sont pas conservées par « passage à la limite » ; par exemple, on a :
pour tout n de $\mathbb{N}$, $\frac{1}{n+1} > 0$, alors que la suite : $n \mapsto \frac{1}{n+1}$ converge vers 0.

5.16 La suite u est définie sur $\mathbb{N}$ et, pour tout naturel n :
$$u_{n+1} - u_n = \frac{3(n+1)+5}{(n+1)+1} - \frac{3n+5}{n+1}$$
$$= \frac{(3n+8)(n+1) - (3n+5)(n+2)}{(n+2)(n+1)}$$
$$= -\frac{2}{(n+2)(n+1)},$$
d'où : $$u_{n+1} - u_n < 0.$$
La suite u est donc strictement décroissante.

Remarque : Pour tout naturel n, $u_n = \dfrac{3(n+1)+2}{n+1} = 3 + \dfrac{2}{n+1}$.

La suite u est donc la somme de la suite constante $n \mapsto 3$ et de la suite strictement décroissante $n \mapsto \dfrac{2}{n+1}$.

5.17 $u : n \mapsto \dfrac{5^n}{n!}$.

La suite u est définie sur $\mathbb{N}$ et pour tout naturel n :

$$u_{n+1} - u_n = \frac{5^{n+1}}{(n+1)!} - \frac{5^n}{n!}$$

$$= \frac{5^n}{(n+1)!}(4-n).$$

On en déduit :

- si $n \leqslant 3$, alors $u_{n+1} - u_n > 0$,
- si $n = 4$, alors $u_{n+1} = u_n$,
- si $n \geqslant 5$, alors $u_{n+1} - u_n < 0$.

La suite *u* n'est donc pas monotone, mais la suite $(u_n)_{n \geqslant 5}$ est strictement décroissante.

Remarque : On dit parfois que la suite u est strictement décroissante à partir du rang 5.

5.18 Pour tout n de $\mathbb{N}$, on a :

$$u_{n+1} = u_n - u_n^2,$$

donc :

$$u_{n+1} - u_n = -u_n^2.$$

Il vient : pour tout naturel n, $u_{n+1} - u_n \leqslant 0$,

ce qui prouve que ***u* est décroissante.**

5.19 $u_0 = 1$ et $u_{n+1} = \dfrac{1}{2} u_n - 1$.

- **Première méthode.**

Pour tout naturel n, on a :

$$u_{n+1} - u_n = \frac{1}{2} u_n - 1 - u_n,$$

c'est-à-dire :

$$u_{n+1} - u_n = -\frac{1}{2}(u_n + 2),$$

or, d'après l'exercice 5.13 : $u_n \geqslant -2$,

donc :

$$-\frac{1}{2}(u_n + 2) \leqslant 0.$$

On en déduit : pour tout naturel n, $u_{n+1} - u_n \leqslant 0$,
ce qui prouve que ***u* est décroissante.**

- **Deuxième méthode.**

Pour tout naturel n non nul, on a :

$$u_{n+1} - u_n = \left(\frac{1}{2}\, u_n - 1\right) - \left(\frac{1}{2}\, u_{n-1} - 1\right) = \frac{1}{2}\,(u_n - u_{n-1}),$$

donc les réels $u_{n+1} - u_n$ et $u_n - u_{n-1}$ sont de même signe.

Comme $u_0 > u_1$, on obtient de proche en proche :

$$u_1 > u_2,$$
$$u_2 > u_3,$$
$$\vdots$$
$$u_n > u_{n-1},$$
$$u_{n+1} > u_n.$$

Remarque : Ce résultat confirme la conjecture établie dans l'exercice 5.7 grâce au graphique.

5.20 $u_0 = \mathrm{e}$ et $u_{n+1} = \ln(1 + u_n)$.

1° La fonction $g : x \mapsto \ln(1+x) - x$ a pour ensemble de définition $]-1\,;\,+\infty[$; g est dérivable sur $]-1\,;\,+\infty[$, et pour tout x de cet intervalle :

$$g'(x) = \frac{1}{1+x} - 1 = \frac{-x}{1+x},$$

il vient :

- $g'(0) = 0$,
- si $-1 < x < 0$, alors $g'(x) > 0$,
- si $x > 0$, alors $g'(x) < 0$.

Par ailleurs : $g(0) = \ln 1 = 0$.

On en déduit le tableau de variation de g :

x	-1		0		$+\infty$
$g'(x)$		$+$	0	$-$	
g		↗	0	↘	

Il en résulte : pour tout x de $]-1\,;\,+\infty[$, $g(x) \leqslant 0$.

Pour tout naturel n, on a : $u_{n+1} - u_n = \ln(1 + u_n) - u_n = g(u_n)$,

d'après l'exercice 5.15, on sait : $u_n \in\,]-1\,;\,+\infty[$,

donc : $u_{n+1} - u_n \leqslant 0$,

ce qui prouve que **la suite *u* est décroissante.**

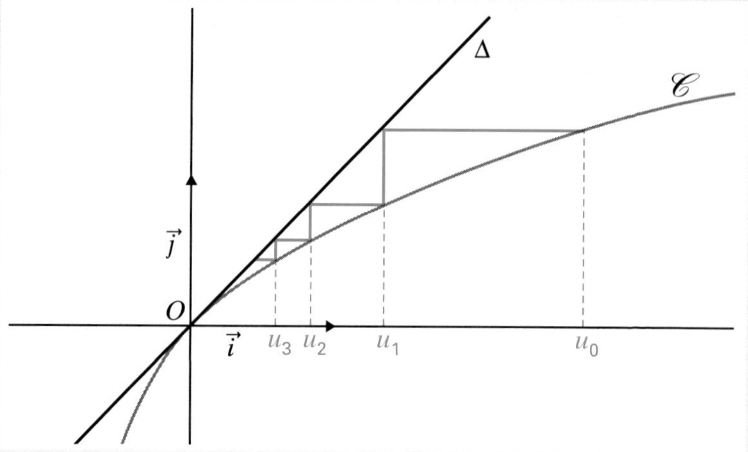

2° Démontrons par récurrence : pour tout naturel n, $u_{n+1} \leqslant u_n$.

• $u_0 = \text{e}$ et $u_1 = \ln(1 + \text{e})$,

avec à 10^{-2} près : $\text{e} \approx 2{,}72$ et $\ln(1 + \text{e}) \approx 1{,}31$,

donc : $u_1 < u_0$.

• Soit p un naturel.

Supposons que l'on a : $u_{p+1} \leqslant u_p$,

alors : $1 + u_{p+1} \leqslant 1 + u_p$,

donc, la suite u étant à termes positifs :

$$\ln(1 + u_{p+1}) \leqslant \ln(1 + u_p),$$

d'où : $u_{p+2} \leqslant u_{p+1}$.

• On a ainsi prouvé : pour tout naturel n, $u_{n+1} \leqslant u_n$,

c'est-à-dire que **la suite *u* est décroissante.**

Remarque :

• Si le fait que (u_n) est à termes strictement positifs n'avait été prouvé précédemment, on aurait établi par récurrence :

pour tout naturel n, $0 < u_{n+1} < u_n$.

• Toutes les inégalités larges de la démonstration peuvent être remplacées par des inégalités strictes : la suite u est en fait *strictement* décroissante.

5.21 $u_0 = 1$ et $u_{n+1} = \sqrt{2 + u_n}$.

1° Démontrons par récurrence : pour tout naturel n, $1 \leqslant u_n < 2$.

• $u_0 = 1$, donc : $1 \leqslant u_0 < 2$.

• Soit p un naturel.

On suppose : $1 \leqslant u_p < 2$.

On veut démontrer : $1 \leqslant u_{p+1} < 2$, sachant que l'on a : $u_{p+1} = \sqrt{2 + u_p}$.

D'après l'hypothèse de récurrence : $3 \leqslant 2 + u_p < 4$,

donc : $$\sqrt{3} \leqslant \sqrt{2 + u_p} \leqslant \sqrt{4},$$

d'où : $$1 \leqslant u_{p+1} < 2.$$

• On a ainsi prouvé : **pour tout naturel n,**

$$\mathbf{1 \leqslant u_n < 2.}$$

2° • **Première méthode.** Pour tout naturel n, on a :

$$u_{n+1} - u_n = \sqrt{2 + u_n} - u_n$$

$$= \frac{(\sqrt{2 + u_n} - u_n)\,(\sqrt{2 + u_n} + u_n)}{\sqrt{2 + u_n} + u_n} \quad (\text{car } \sqrt{2 + u_n} + u_n \neq 0)$$

$$= \frac{-u_n^2 + u_n + 2}{\sqrt{2 + u_n} + u_n}.$$

Afin d'étudier le signe de $-u_n^2 + u_n + 2$, considérons le polynôme f :

$$x \mapsto -x^2 + x + 2.$$

Comme pour tout réel x : $f(x) = -(x + 1)(x - 2)$,

on a : pour tout x de $]-1\,;2[$, $f(x) > 0$.

D'autre part, pour tout n de $\mathbb{N}$, on a :

$u_n \in\,]-1\,;2[$ (d'après la première question),

donc : $$-u_n^2 + u_n + 2 > 0,$$

de plus : $$\sqrt{2 + u_n} + u_n > 0,$$

d'où : $$u_{n+1} - u_n > 0,$$

Cela prouve que **la suite u est strictement croissante.**

• **Deuxième méthode.** Pour tout n de $\mathbb{N}$:

$$u_{n+1} - u_n = \sqrt{2 + u_n} - \sqrt{2 + u_{n-1}}$$

$$= \frac{(\sqrt{2 + u_n} - \sqrt{2 + u_{n-1}})\,(\sqrt{2 + u_n} + \sqrt{2 + u_{n-1}})}{\sqrt{2 + u_n} + \sqrt{2 + u_{n-1}}}$$

$$= \frac{u_n - u_{n-1}}{\sqrt{2 + u_n} + \sqrt{2 + u_{n-1}}}$$

$\sqrt{2+u_n} + \sqrt{2+u_{n-1}} > 0$, donc le signe de $u_{n+1} - u_n$ est celui de $u_n - u_{n-1}$.

De plus : $u_1 = \sqrt{3}$ et $u_0 = 1$,

donc : $u_1 > u_0$,

c'est-à-dire : $u_1 - u_0 > 0$.

Il vient :

- $u_1 - u_0 > 0$,
- pour tout n de $\mathbb{N}^*$, $u_{n+1} - u_n$ et $u_n - u_{n-1}$ sont de même signe.

Il ne reste plus qu'à faire appel au principe de récurrence pour établir que pour tout naturel n, $u_{n+1} - u_n > 0$, c'est-à-dire que **la suite *u* est strictement croissante.**

5.22 1° **Vrai.**

On a : $-1 < -\frac{\pi}{4} < 1$, et toute suite géométrique de raison strictement comprise entre -1 et 1 converge vers 0.

2° **Faux.**

En voici un contre-exemple : la suite $n \mapsto -n$ diverge vers $-\infty$.

3° **Vrai.**

Toute suite arithmétique dont la raison est strictement positive a pour limite $+\infty$.

4° **Faux.**

Une suite positive à partir d'un certain rang ne peut pas converger vers un réel strictement négatif.

5.23 1° $u : n \mapsto \frac{1}{n} \cos \frac{n\pi}{3}$.

La suite u est définie sur $\mathbb{N}^*$, et pour tout naturel n :

$$-1 \leqslant \cos \frac{n\pi}{3} \leqslant 1, \quad \text{donc, si de plus } n \neq 0 :$$

$$-\frac{1}{n} \leqslant u_n \leqslant \frac{1}{n}.$$

De : $\lim\limits_{n \to +\infty} \frac{1}{n} = 0$ et $\lim\limits_{n \to +\infty} \left(-\frac{1}{n}\right) = 0$, on déduit que ***u* converge vers 0.**

Remarque : u est le produit de la suite $n \mapsto \frac{1}{n}$, qui converge vers 0, par la suite bornée $n \mapsto \cos \frac{n\pi}{3}$.

2° $u : n \mapsto \cos \frac{\pi}{3}$.

La suite u est une suite constante, donc convergente et :

$$\lim_{+\infty} u = \cos \frac{\pi}{3} = \frac{1}{2}.$$

3° $u : n \mapsto \cos \frac{\pi}{3n}$.

La suite u est définie sur $\mathbb{N}^*$, et on a :

$$\lim_{n \to +\infty} \frac{\pi}{3n} = 0 \quad \text{et} \quad \lim_{x \to 0} \cos x = \cos 0 = 1.$$

On en déduit : **u est convergente et $\lim_{+\infty} u = 1$.**

4° La suite $u : n \mapsto \frac{3^n - 2^n}{3^n + 2^n}$ est définie sur $\mathbb{N}$ et, pour tout naturel n :

$$u_n = \frac{1 - \left(\frac{2}{3}\right)^n}{1 + \left(\frac{2}{3}\right)^n}.$$

Comme : $-1 < \frac{2}{3} < 1$, la suite géométrique $n \mapsto \left(\frac{2}{3}\right)^n$ converge vers 0, donc les suites $n \mapsto 1 - \left(\frac{2}{3}\right)^n$ et $n \mapsto 1 + \left(\frac{2}{3}\right)^n$ convergent vers 1.

On en déduit : **u converge et $\lim_{+\infty} u = 1$.**

5° La suite $u : n \mapsto \frac{3n^2 + 2n + 1}{5n - 3}$ est définie sur $\mathbb{N}$.

En mettant en facteur $3n^2$ au numérateur et $5n$ au dénominateur de l'expression de u_n, pour n naturel non nul, on obtiendra par une méthode analogue à celle développée dans le 4° que **la suite u diverge vers $+\infty$.**

Autre façon : Pour tout naturel n non nul, on a :

$$0 < 3n^2 \leqslant 3n^2 + 2n + 1 \quad \text{et} \quad 0 < 5n - 3 \leqslant 5n,$$

donc,

$$u_n \geqslant \frac{3n}{5}.$$

6° La suite $u : n \mapsto \dfrac{n^2 + \sin n}{3n^2 + \cos 3n}$ est définie sur $\mathbb{N}$.

En mettant en facteur n^2 au numérateur et $3n^2$ au dénominateur de l'expression de u_n, pour n naturel non nul, et en remarquant que :

$$\left|\frac{\sin n}{n^2}\right| \leqslant \frac{1}{n^2} \quad \text{et} \quad \left|\frac{\cos 3n}{3n^2}\right| \leqslant \frac{1}{3n^2},$$

on obtient que **u converge vers $\frac{1}{3}$.**

7° La suite $u : n \mapsto \dfrac{n}{n^2 + \ln n}$ est définie sur $\mathbb{N}^*$.

Pour tout n de $\mathbb{N}^*$: $\quad u_n = \dfrac{1}{n + \dfrac{\ln n}{n}}$,

et on sait : $\lim\limits_{n \to +\infty} \dfrac{\ln n}{n} = 0$, donc : $\lim\limits_{n \to +\infty} \left(n + \dfrac{\ln n}{n}\right) = +\infty$,

Il en résulte que **u converge vers 0.**

8° La suite $u : n \mapsto \dfrac{e^{-n}}{n^3 + \ln n}$ est définie sur $\mathbb{N}^*$.

Pour tout naturel n non nul :

$$0 < e^{-n} \quad \text{et} \quad n^3 + \ln n \geqslant n^3 > 0,$$

donc :

$$0 < u_n \leqslant \frac{e^{-n}}{n^3}.$$

D'autre part, la suite $n \mapsto \dfrac{e^{-n}}{n^3}$ converge vers 0 ; **la suite u converge donc vers 0.**

5.24 $u : n \mapsto \sqrt{n+1} - \sqrt{n}$.

La suite u est définie sur $\mathbb{N}$.
Pour tout naturel n :

$$0 < \sqrt{n+1} - \sqrt{n} \quad (1),$$

(car la fonction racine carrée est strictement croissante sur $\mathbb{R}_+$),
d'où : $\quad 0 < u_n$;
en utilisant « l'expression conjuguée » :

$$u_n = \frac{(\sqrt{n+1} - \sqrt{n})(\sqrt{n+1} + \sqrt{n})}{\sqrt{n+1} + \sqrt{n}} = \frac{1}{\sqrt{n+1} + \sqrt{n}},$$

or d'après (1) : $\quad \sqrt{n+1} + \sqrt{n} > 2\sqrt{n}$,

donc, si de plus $n \neq 0$: $u_n < \dfrac{1}{2\sqrt{n}}$.

On obtient :

pour tout n de $\mathbb{N}^*$, $\mathbf{0 < u_n < \dfrac{1}{2\sqrt{n}}}$.

Comme : $\lim\limits_{n \to +\infty} \dfrac{1}{2\sqrt{n}} = 0$, il vient :

$$\lim_{+\infty} u = 0.$$

5.25 $u : n \mapsto \sqrt{n^2 + n} - n$.

1° Il suffit de programmer la fonction : $x \mapsto \sqrt{x^2 + x} - x$, puis d'introduire les différentes valeurs de x pour lesquelles la question est posée. On obtient :

	TI 82	Casio FX 180 P	Casio FX 7700 G
n	u_n	u_n	u_n
1	0,414 213 56	0,414 213 562	0,414 213 562 4
2	0,449 489 74	0,449 489 742	0,449 489 742 8
3	0,464 101 62	0,464 101 615	0,464 101 615 1
4	0,472 135 95	0,472 135 954	0,472 135 955 5
n	u_{10^n}	u_{10^n}	u_{10^n}
1	0,488 088 481	0,488 088 481	0,488 088 481 6
2	0,498 756 21	0,498 756 21	0,498 756 211
3	0,499 875 06	0,499 875	0,499 875 06
4	0,499 987 5	0,499 987	0,499 987 4
5	0,499 998 75	0,5	0,5
6	0,499 999 9	0,5	0,5
7	0,5	0,499	0,5
8	0,5	0,49	0,5
9	0,5	0	0,49
10	0,5	0	0,49
11	0,5	0	0
12	0,5	0	0
13	0	0	0

Il semble donc que 0 soit la limite de u.

2° Remarquons que, pour tout naturel n non nul :

$$u_n = n\left(\sqrt{1 + \frac{1}{n}} - 1\right) \quad \text{et} \quad \sqrt{1 + \frac{1}{n}} + 1 \neq 0 ;$$

en utilisant «l'expression conjuguée», on obtient :

$$u_n = n\,\frac{\left(\sqrt{1+\frac{1}{n}}-1\right)\left(\sqrt{1+\frac{1}{n}}+1\right)}{\sqrt{1+\frac{1}{n}}+1},$$

soit : $$u_n = \frac{1}{\sqrt{1+\frac{1}{n}}+1}.$$

La suite $n \mapsto 1+\frac{1}{n}$ converge vers 1 et la fonction $x \mapsto \sqrt{x}$ a 1 pour limite en 1.

Il en résulte que la suite $n \mapsto \sqrt{1+\frac{1}{n}}+1$ converge vers 2 ; donc

u converge vers $\frac{1}{2}$.

La conjecture formulée à la première question est donc fausse.
Pour les « grandes valeurs de n », les calculatrices négligent n devant n^2, ce qui explique qu'elles affichent 0 comme approximation de u_n lorsque n devient supérieur à 10^{10}, 10^{13} ou … selon les calculatrices.
En revanche, les résultats obtenus pour les valeurs « moyennes » de n, ici pour n variant entre environ 10 et 10^6, permettent de prévoir la limite de u.

5.26 $u_0 = 1$ et $u_{n+1} = \frac{1}{2}u_n + 1$.

1° Démontrons par récurrence : pour tout naturel n, $u_n = -\frac{1}{2^n}+2$.

- $u_0 = 1$ et $-\frac{1}{2^0}+2 = -1+2 = 1$, donc :

$$u_0 = -\frac{1}{2^0}+2.$$

- Soit p un naturel.

On suppose : $$u_p = -\frac{1}{2^p}+2,$$

or : $$u_{p+1} = \frac{1}{2}u_p + 1 \text{ (par définition de } u\text{)},$$

donc : $$u_{p+1} = \frac{1}{2}\left(-\frac{1}{2^p}+2\right)+1,$$

d'où : $$u_{p+1} = -\frac{1}{2^{p+1}}+2.$$

• On a ainsi prouvé : **pour tout naturel n,**

$$u_n = -\frac{1}{2^n} + 2.$$

2° La suite $n \mapsto -\frac{1}{2^n}$ converge vers 0, donc **la suite u converge vers 2.**

5.27 $u_0 = \frac{4}{3}$ et $u_{n+1} = -\frac{u_n}{2}(3u_n - 7)$.

On a : $u_1 = 2$, $u_2 = 1$, $u_3 = 2$ et $u_4 = 1$; il est clair qu'à partir du rang 1 la suite u est périodique, de période 2 :

• si n est impair, alors $u_n = 2$,

• si n est pair (et non nul), alors $u_n = 1$.

La suite **u n'admet donc pas de limite.**

Remarque : Toute suite périodique non constante n'admet pas de limite.

5.28 $u_0 = 1{,}5$ et $u_{n+1} = u_n^2 - 2u_n + 3$.

1° *a*) D'après les propriétés algébriques des limites de suites, si u converge vers ℓ, alors la suite $n \mapsto u_n^2 - 2u_n + 3$ converge vers $\ell^2 - 2\ell + 3$.

Autre façon : $n \mapsto u_n^2 - 2u_n + 3$ est la suite $n \mapsto f(u_n)$, où f est le polynôme $x \mapsto x^2 - 2x + 3$.
f est continue en ℓ, donc $n \mapsto f(u_n)$ converge vers $f(\ell)$.

b) Par définition de u, la suite (u_{n+1}) converge donc vers $\ell^2 - 2\ell + 3$; or (u_n) et (u_{n+1}) ont la même limite ℓ, donc ℓ vérifie : $\ell^2 - 2\ell + 3 = \ell$, c'est-à-dire que ℓ **est solution de l'équation ($\mathscr{E}$) : $x^2 - 3x + 3 = 0$.**

2° Si u converge, alors sa limite est solution de l'équation ($\mathscr{E}$).
Pour montrer que u diverge, il suffit de prouver que ($\mathscr{E}$) n'admet pas de solution dans $\mathbb{R}$.

Le discriminant Δ de ($\mathscr{E}$) vérifie : $\Delta = 9 - 12 = -3$, donc : $\Delta < 0$, ce qui prouve que ($\mathscr{E}$) n'admet pas de solution réelle.
On a ainsi établi que **la suite u diverge.**

Remarques : Dire que u diverge signifie qu'elle n'admet pas une limite réelle.
On peut prouver : $\lim_{n \to +\infty} u_n = +\infty$.

5.29 $u_0 = 1$ et $u_{n+1} = \sqrt{2 + u_n}$.

1° Pour tout naturel n, on a :

$$\begin{aligned} 2 - u_{n+1} &= 2 - \sqrt{2 + u_n} \\ &= \frac{(2 - \sqrt{2+u_n})(2 + \sqrt{2+u_n})}{2 + \sqrt{2+u_n}} \quad \text{(on a bien : } 2 + \sqrt{2+u_n} \neq 0) \\ &= \frac{2 - u_n}{2 + \sqrt{2+u_n}}, \end{aligned}$$

de plus, d'après l'exercice 5.21 :

- $u_n \geqslant 1$, donc : $2 + \sqrt{2+u_n} \geqslant 2 + \sqrt{3} \geqslant \frac{7}{2}$,
- $u_n < 2$, donc : $2 - u_n > 0$.

Il vient : **pour tout naturel n,**

$$\mathbf{2 - u_{n+1} \leqslant \frac{2}{7}(2 - u_n).}$$

Autre façon : Soit f la fonction : $x \mapsto \sqrt{2+x}$.

On a : $$f' \leqslant \frac{2}{7} \text{ sur } [1\,;\,2],$$

donc, en appliquant les inégalités des accroissements finis à f sur $[u_n\,;\,2]$:

$$f(2) - f(u_n) \leqslant \frac{2}{7}\,(2 - u_n),$$

soit : $$2 - u_{n+1} \leqslant \frac{2}{7}\,(2 - u_n).$$

2° D'après 1°, on a : $$\begin{aligned} 2 - u_n &\leqslant \frac{2}{7}\,(2 - u_{n-1}), \\ 2 - u_{n-1} &\leqslant \frac{2}{7}\,(2 - u_{n-2}), \\ &\vdots \\ 2 - u_1 &\leqslant \frac{2}{7}\,(2 - u_0). \end{aligned}$$

De plus, on sait : pour tout naturel n, $u_n < 2$.

En multipliant membre à membre ces n inégalités portant sur des réels strictement positifs, puis en simplifiant, on obtient :

$$2 - u_n \leqslant \left(\frac{2}{7}\right)^n (2 - u_0),$$

or : $$u_0 = 1 \text{ et } 2 - u_n > 0,$$

donc : $$0 < 2 - u_n \leqslant \left(\frac{2}{7}\right)^n.$$

De plus, la suite $n \mapsto \left(\frac{2}{7}\right)^n$ converge vers 0, donc ***u* converge vers 2.**

Remarque : 2 est la solution de l'équation : $x = \sqrt{2+x}$.

5.30 $u_0 = 1$ et $u_{n+1} = 1 + \frac{1}{u_n}$.

1° Supposons que u converge vers un réel ℓ. On sait déjà que $\ell \geqslant 1$ car il est clair que u est minorée par 1 (voir l'exercice 5.14 pour la démonstration).

La suite $n \mapsto 1 + \frac{1}{u_n}$, c'est-à-dire la suite (u_{n+1}), converge alors vers $1 + \frac{1}{\ell}$; or (u_n) et (u_{n+1}) ont la même limite, donc ℓ vérifie : $\ell = 1 + \frac{1}{\ell}$,

c'est-à-dire : $\ell^2 - \ell - 1 = 0$.

L'équation du second degré $x^2 - x - 1 = 0$ admet deux solutions de signes contraires, qui sont $\frac{1-\sqrt{5}}{2}$ et $\frac{1+\sqrt{5}}{2}$.

ℓ ne peut valoir $\frac{1-\sqrt{5}}{2}$ (car $\ell \geqslant 1$) ;

la seule valeur possible de ℓ est donc $\frac{1+\sqrt{5}}{2}$ (on a bien : $\frac{1+\sqrt{5}}{2} \geqslant 1$).

Finalement, **si *u* converge, alors sa limite est $\frac{1+\sqrt{5}}{2}$.**

2° *a*) **Pour tout naturel *n* non nul, on a :**

$$|u_n - \ell| = \left|1 + \frac{1}{u_{n-1}} - 1 - \frac{1}{\ell}\right| = \left|\frac{\ell - u_{n-1}}{u_{n-1} \times \ell}\right|,$$

or : $u_{n-1} \geqslant 1$ et $\ell > 0$,

donc : $$|u_n - \ell| \leqslant \frac{1}{\ell}|u_{n-1} - \ell|.$$

b) Pour tout n de $\mathbb{N}^*$, on a :

$$|u_n - \ell| \leqslant \frac{1}{\ell}|u_{n-1} - \ell| \leqslant \frac{1}{\ell^2}|u_{n-2} - \ell| \leqslant \dots \leqslant \frac{1}{\ell^n}|u_0 - \ell|,$$

or : $u_0 = 1$ et $\frac{3}{2} \leqslant \ell \leqslant 2$,

d'où : $$|u_0 - \ell| \leqslant 1 \quad \text{et} \quad \frac{1}{\ell} \leqslant \frac{2}{3},$$

il vient : $$|u_n - \ell| \leqslant \left(\frac{2}{3}\right)^n.$$

De plus, cette inégalité est vérifiée pour $n = 0$, il en résulte :

pour tout naturel n, $|u_n - \ell| \leqslant \left(\frac{2}{3}\right)^n$.

Comme la suite géométrique $n \mapsto \left(\frac{2}{3}\right)^n$ est de limite 0, **la suite u converge vers ℓ, c'est-à-dire vers $\frac{1 + \sqrt{5}}{2}$.**

Remarque : $\frac{1 + \sqrt{5}}{2}$ est appelé le nombre d'or.

5.31 Pour tout n de $\mathbb{N}$, $u_{n+1} = 2u_n \, e^{-u_n}$.

1° On a : $\lim u = \ell$;

de plus, la fonction $f : x \mapsto 2x \, e^{-x}$ est continue sur $\mathbb{R}$, et en particulier en ℓ, donc : $\lim\limits_{\ell} f = f(\ell)$.

Il vient : $$\lim_{n \to +\infty} f(u_n) = f(\ell),$$

c'est-à-dire que **la suite $n \mapsto f(u_n)$ converge vers $f(\ell)$.**

2° La suite (u_{n+1}), qui est égale à la suite $n \mapsto f(u_n)$, converge vers $f(\ell)$; puisque les suites (u_{n+1}) et (u_n) ont la même limite ℓ, il vient : $f(\ell) = \ell$,

c'est-à-dire : $$2\ell \, e^{-\ell} = \ell,$$

soit : $$\ell = 0 \quad \text{ou} \quad e^{\ell} = 2,$$

c'est-à-dire : $$\ell = 0 \quad \text{ou} \quad \ell = \ln 2.$$

Finalement, **les valeurs possibles du réel ℓ sont 0 et ln 2.**

Remarque : On peut démontrer : $\lim\limits_{n \to +\infty} u_n = 0$.

5.32 1° **Faux.**

$n \mapsto 1 + \frac{1}{n}$ est décroissante, minorée par 0 et converge vers 1.

2° **Faux.**

Soit u la suite telle que : $\begin{cases} u_n = 2 \text{ si } n \text{ est impair,} \\ u_n = n \text{ si } n \text{ est pair.} \end{cases}$

u est positive, non majorée et n'a pas de limite.

3° **Faux.**

Considérons la suite $u : n \mapsto \dfrac{1}{n+1}$ et la suite $v : n \mapsto \dfrac{2}{n+1}$.

$\lim u = \lim v = 0$, et pour tout naturel n : $u_n < v_n$.

4° **Vrai.**
Toute suite croissante est minorée par son premier terme.

5° **Faux.**
La suite $n \mapsto -n$ est décroissante, majorée par 0 et elle n'est pas minorée.

5.33 $u_0 = 3$ et $u_{n+1} = \dfrac{1}{2}u_n - 1$.

1° Les valeurs approchées par excès à 10^{-2} près, fournies par la calculatrice, sont consignées dans le tableau suivant :

u_0	u_1	u_2	u_3	u_4	u_{10}	u_{30}	u_{40}	u_{100}
3	0,5	– 0,75	– 1,37	– 1,68	– 1,99	– 1,99	– 2	– 2

La limite de *u* semble être – 2.

2° Soient Δ la droite d'équation $y = x$ et d celle d'équation $y = \dfrac{1}{2}x - 1$.

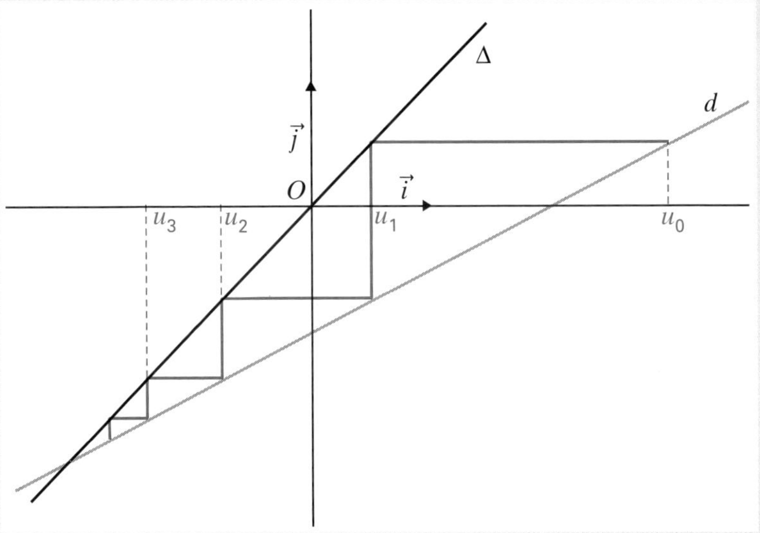

On vérifie graphiquement que la suite u converge vers 2 (abscisse du point d'intersection des droites d et Δ).

3° Pour tout n de $\mathbb{N}$, on a :

$$u_{n+1} - (-2) = \frac{1}{2}u_n - 1 - (-2) = \frac{1}{2}u_n + 1,$$

donc :

$$u_{n+1} - (-2) = \frac{1}{2}u_n + 2 = \frac{1}{2}\ (u_n - (-2)).$$

On peut facilement démontrer par récurrence que, pour tout n de $\mathbb{N}$:

$$u_n - (-2) = \left(\frac{1}{2}\right)^n (u_0 - (-2)),$$

soit :

$$u_n = -2 + \frac{5}{2^n}.$$

La suite géométrique $n \mapsto \frac{5}{2^n}$ ayant pour raison $\frac{1}{2}$ (et $\left|\frac{1}{2}\right| < 1$) converge vers 0 ; cela prouve que **la suite u converge vers – 2.**

5.34 1° $f : x \mapsto \dfrac{5x-3}{2x-2}$.

a) L'ensemble de définition de la fonction homographique f est $\mathbb{R}\backslash\{1\}$. Pour tout réel x distinct de 1,

$$f(x) = \frac{(5x-5)+2}{2x-2} = \frac{5x-5}{2x-2} + \frac{2}{2x-2},$$

$$= \frac{1}{x-1} + \frac{5}{2}.$$

Connaissant le tableau de variation de la fonction $x \mapsto \dfrac{1}{x}$, on en déduit alors celui de f :

x	$-\infty$		1		$+\infty$
$f(x)$	$\frac{5}{2}$	↘ $-\infty$	‖	$+\infty$ ↘	$\frac{5}{2}$

b) D'après la question 1° *a*) :

pour tout x de $]1 ; +\infty[$, $\quad f(x) > \dfrac{5}{2}$,

donc, pour tout x de $]1 ; +\infty[$, $f(x) > 1$.

Remarque : Comme $u_0 > 1$, une récurrence élémentaire prouve que, pour tout naturel n, u_n est défini et $u_n > 1$.

La suite u est donc définie sur $\mathbb{N}$.

2° *a*) D'après 1° *a*), l'hyperbole $\mathscr{C}_f$ se déduit de l'hyperbole d'équation $y = \dfrac{1}{x}$ par la translation de vecteur $\vec{i} + \dfrac{5}{2}\vec{j}$.

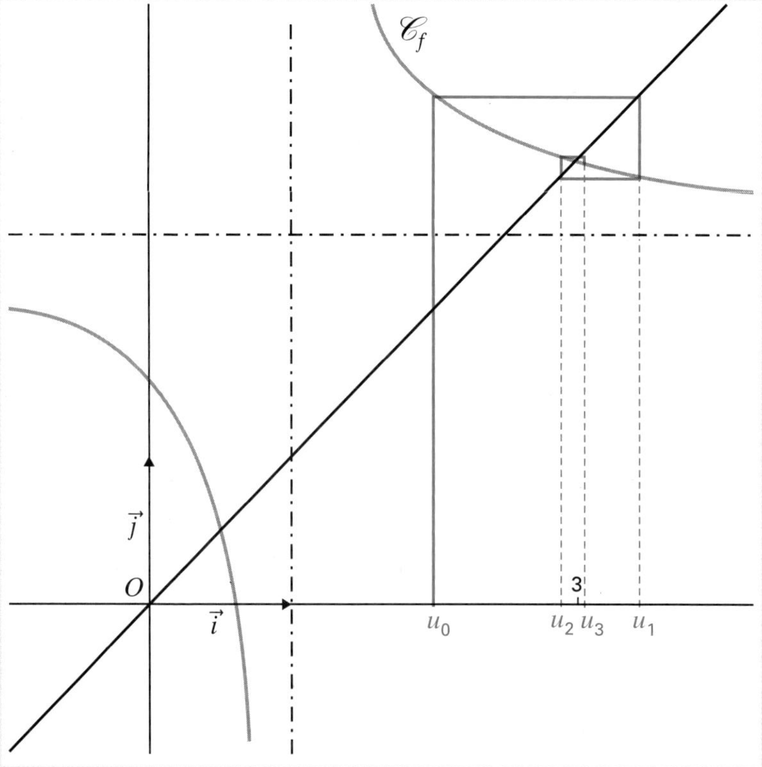

b) **Il semble que *u* converge vers 3.**

3° *a*) Pour tout naturel *n*, $u_n > 1$, donc $u_n \neq \dfrac{1}{2}$, ce qui prouve que la suite *v* est bien définie.

Pour tout naturel *n*, on a :

$$v_{n+1} = \frac{u_{n+1} - 3}{u_{n+1} - \frac{1}{2}} = \frac{\dfrac{5u_n - 3}{2u_n - 2} - 3}{\dfrac{5u_n - 3}{2u_n - 2} - \dfrac{1}{2}},$$

donc :
$$v_{n+1} = \frac{5u_n - 3 - 6u_n + 6}{5u_n - 3 - u_n + 1} = \frac{-u_n + 3}{4u_n - 2},$$

d'où : $$v_{n+1} = -\frac{1}{4} v_n,$$

v est donc une suite géométrique.

Plus précisément, **v est la suite géométrique de raison $-\frac{1}{4}$ et de premier terme v_0, avec :**

$$\boldsymbol{v_0} = \frac{u_0 - 3}{u_0 - \frac{1}{2}} = \frac{2-3}{2-\frac{1}{2}} = -\frac{\mathbf{2}}{\mathbf{3}}.$$

Comme $\left|-\frac{1}{4}\right| < 1$, **$v$ converge vers 0.**

D'autre part, pour tout naturel n,

$$v_n = -\frac{2}{3}\left(-\frac{1}{4}\right)^n.$$

donc, **pour tout naturel n, $|v_n| < 1$.**

b) Pour tout naturel n, on a :

$$v_n = \frac{u_n - 3}{u_n - \frac{1}{2}},$$

donc : $$\left(u_n - \frac{1}{2}\right) v_n = u_n - 3,$$

soit : $$u_n (v_n - 1) = \frac{1}{2} v_n - 3,$$

or, d'après 3° *a*), $|v_n| < 1$, donc $v_n \neq 1$,

il vient : $$u_n = \frac{\frac{1}{2} v_n - 3}{v_n - 1}.$$

Comme la suite v converge vers 0, les suites $n \mapsto \frac{1}{2} v_n - 3$ et $n \mapsto v_n - 1$ convergent respectivement vers -3 et -1 ;
la suite u converge donc vers 3.

5.35 1° **Si les suites u et v convergent respectivement vers les réels ℓ et ℓ', alors** les suites :

$$n \mapsto \frac{u_n + 2 v_n}{3}, \quad n \mapsto \frac{u_n + 4 v_n}{5},$$

$$n \mapsto u_{n+1} \quad \text{et} \quad n \mapsto v_{n+1},$$

sont convergentes, et les réels ℓ et ℓ' vérifient :

$$\ell = \frac{\ell + 2\,\ell'}{3} \quad \text{et} \quad \ell' = \frac{\ell + 4\,\ell'}{5},$$

soit après résolution : $\ell = \ell'$.

2° Pour tout naturel n, on a :

$$\begin{aligned} w_{n+1} &= v_{n+1} - u_{n+1} \\ &= \frac{u_n + 4v_n}{5} - \frac{u_n + 2v_n}{3} \\ &= \frac{3u_n + 12v_n - 5u_n - 10v_n}{15} \\ &= \frac{2}{15}(v_n - u_n), \end{aligned}$$

donc : $$w_{n+1} = \frac{2}{15} w_n.$$

La suite w est donc la suite géométrique de raison $\frac{2}{15}$ et de premier terme w_0 tel que : $w_0 = v_0 - u_0$, soit : $\mathbf{w_0 = 1}$ **;**

comme : $-1 < \frac{2}{15} < 1$, w converge vers 0.

De plus, pour tout n de $\mathbb{N}$, $w_n = w_0 \left(\frac{2}{15}\right)^n$,

soit, **pour tout n de $\mathbb{N}$, $w_n = \left(\frac{2}{15}\right)^n$.**

3° Pour tout naturel n :

$$\begin{aligned} u_{n+1} - u_n &= \frac{u_n + 2v_n}{3} - u_n \\ &= \frac{u_n + 2v_n - 3u_n}{3} \\ &= \frac{2}{3}(v_n - u_n). \end{aligned}$$

Il vient : **pour tout naturel n, $u_{n+1} - u_n = \frac{2}{3} w_n$.**

Par une méthode analogue, on obtient :

pour tout naturel n, $v_{n+1} - v_n = -\frac{1}{5} w_n$.

D'après 2°, la suite w est à termes strictement positifs, donc pour tout naturel n :

$$u_{n+1} - u_n > 0 \quad \text{et} \quad v_{n+1} - v_n < 0.$$

La suite u est donc strictement croissante et la suite v strictement décroissante.

4° *a*) Pour tout naturel n :

$$\begin{aligned} t_{n+1} &= 3u_{n+1} + 10v_{n+1} \\ &= u_n + 2v_n + 2u_n + 8v_n \\ &= 3u_n + 10v_n \\ &= t_n. \end{aligned}$$

La suite t est donc constante ; comme $t_0 = 3u_0 + 10v_0 = 23$, t est la suite constante $n \mapsto 23$.

Si les suites u et v convergent, on sait qu'elles convergent vers le même réel ℓ qui vérifie :

$$3\ell + 10\ell = 23, \text{ soit } \boldsymbol{\ell = \frac{23}{13}}.$$

b) Pour tout naturel n, on a :

$$3u_n + 10v_n = 23,$$

donc, par définition de w : $v_n = w_n + u_n$;

il vient : **pour tout naturel n, $13u_n + 10w_n = 23$.**

5° D'après 4° *b*), pour tout naturel n : $u_n = \dfrac{23}{13} - \dfrac{10}{3} w_n$.

La suite u est la somme de la suite constante $n \mapsto \dfrac{23}{13}$ et de la suite $\dfrac{10}{3} w$ qui converge vers 0 ; **la suite u converge donc vers $\dfrac{23}{13}$.**

Comme v est la somme des deux suites convergentes w et u, **v est une suite convergente et :**

$$\lim_{+\infty} v = \lim_{+\infty} w + \lim_{+\infty} u = \lim_{+\infty} u = \frac{23}{13}.$$

Remarque : Les suites u et v sont des exemples de suites adjacentes : u est croissante, v est décroissante, $u \leqslant v$ et $v - u$ converge vers 0. On démontre qu'alors de telles suites convergent vers le même réel. Les questions 1°, 2° et 3° établissent que u et v sont adjacentes ; la question 4° permet de déterminer leur limite commune.

5.36 $u_0 = 3$ et $u_{n+1} = \dfrac{1}{2}\left(u_n + \dfrac{7}{u_n}\right)$.

1° • $u_0 = 3$, donc $u_0 > 0$.

• Soit p un naturel.

Supposons que l'on a : $u_p > 0$,

alors : $u_p + \dfrac{7}{u_p} > 0$,

et comme : $u_{p+1} = \dfrac{1}{2}\left(u_p + \dfrac{7}{u_p}\right)$,

il vient : $u_{p+1} > 0$.

Finalement, on peut affirmer :

pour tout naturel *n*, $\boldsymbol{u_n > 0}$.

2° Pour tout naturel n, on a :

$$u_{n+1} - \sqrt{7} = \frac{1}{2}\left(u_n + \frac{7}{u_n}\right) - \sqrt{7} = \frac{1}{2}\left(\frac{u_n^{\,2} + 7 - 2u_n\sqrt{7}}{u_n}\right),$$

donc : $u_{n+1} - \sqrt{7} = \dfrac{1}{2u_n}\left(u_n - \sqrt{7}\right)^2$,

comme de plus : $u_n > 0$, on obtient :

$$u_{n+1} - \sqrt{7} \geqslant 0.$$

D'autre part : $u_0 \geqslant \sqrt{7}$, et on vient de prouver que, si n est non nul :

$$u_n \geqslant \sqrt{7},$$

donc : pour tout n de $\mathbb{N}$, $\dfrac{1}{2u_n} \leqslant \dfrac{1}{2\sqrt{7}} \leqslant 1$.

On en déduit :

pour tout *n* de $\mathbb{N}$, $\boldsymbol{0 \leqslant u_{n+1} - \sqrt{7} \leqslant \left(u_n - \sqrt{7}\right)^2}$ (1).

3° • À 10^{-2} près, on a : $u_1 \approx 2{,}67$ et $\sqrt{7} \approx 2{,}65$, donc :

$$0 \leqslant u_1 - \sqrt{7} \leqslant 10^{-1},$$

donc la propriété « $0 \leqslant u_n - \sqrt{7} \leqslant 10^{-2^{(n-1)}}$ » est vraie pour $n = 1$.

• Soit p un naturel non nul.

Supposons que l'on a : $0 \leqslant u_p - \sqrt{7} \leqslant 10^{-2^{(p-1)}}$,

alors d'après (1) : $0 \leqslant u_{p+1} - \sqrt{7} \leqslant \left(10^{-2^{(p-1)}}\right)^2$

or : $\left(10^{-2^{(p-1)}}\right)^2 = 10^{-(2^{(p-1)} \times 2)} = 10^{-2^p}$, donc : $$0 \leqslant u_{p+1} - \sqrt{7} \leqslant 10^{-2^p}.$$

• Finalement, on peut affirmer :

$$\textbf{pour tout } n \textbf{ de } \mathbb{N}^*, \quad \mathbf{0 \leqslant u_n - \sqrt{7} \leqslant 10^{-2^{(n-1)}}}.$$

La suite $n \mapsto 10^{-2^{(n-1)}}$ a pour limite 0, donc $\boldsymbol{u}$ **converge vers** $\mathbf{\sqrt{7}}$**.**

4° On a : $512 = 2^9$, donc $\boldsymbol{u_{10}}$ **est une approximation par excès de** $\mathbf{\sqrt{7}}$ **à** $\mathbf{10^{-512}}$ **près.**

La calculatrice donne : $2^{19} = 524\,288$ et $2^{20} = 1\,048\,576$, donc $\boldsymbol{u_{21}}$ **est une approximation de** $\mathbf{\sqrt{7}}$ **par excès à** $\mathbf{10^{-1\,000\,000}}$ **près.**

Remarque : La rapidité de convergence est spectaculaire !

5.37 1° $f : [0\,;1] \to \mathbb{R}$

$$x \mapsto \frac{e^x}{x+2}.$$

a) f est dérivable sur $[0\,;1]$ et pour tout x de cet intervalle :

$$f'(x) = \frac{e^x(x+2) - e^x}{(x+2)^2},$$

donc f' est la fonction définie sur $[0\,;1]$ par : $\mathbf{f'(x) = \dfrac{e^x(x+1)}{(x+2)^2}}$ **;**

f' est dérivable sur $[0\,;1]$ et pour tout x de cet intervalle :

$$f''(x) = \frac{e^x(x+1+1)(x+2)^2 - e^x(x+1)[2(x+2)]}{(x+2)^4},$$

donc f'' est la fonction définie sur $[0\,;1]$ par : $\mathbf{f''(x) = \dfrac{e^x(x^2+2x+2)}{(x+2)^3}}$**.**

b) Pour tout x de $[0\,;1]$, on a : $f'(x) > 0$, donc f est strictement croissante sur $[0\,;1]$.

x	0		1
$f'(x)$		$+$	
f	$\frac{1}{2}$	↗	$\frac{e}{3}$

Démontrons par récurrence :
pour tout n de $\mathbb{N}$, $\quad 0 \leqslant u_n \leqslant 1.$

• $u_0 = \frac{1}{2}$, donc : $0 \leqslant u_0 \leqslant 1$.

• Soit p un naturel.

Supposons : $$0 \leqslant u_p \leqslant 1,$$

alors : $\frac{1}{2} \leqslant f(u_p) \leqslant \frac{e}{3}$, (car f est croissante sur $[0 ; 1]$),

donc : $$0 \leqslant u_{p+1} \leqslant 1.$$

• Le principe de récurrence permet d'affirmer :

pour tout n de $\mathbb{N}$, $$\mathbf{0 \leqslant u_n \leqslant 1.}$$

c) f'' est positive sur $[0 ; 1]$, donc f' est croissante sur $[0 ; 1]$.

Par conséquent, pour tout x de $[0 ; 1]$, on a :

$$f'(0) \leqslant f'(x) \leqslant f'(1),$$

et puisque : $f'(0) = \frac{1}{4}$, $f'(1) = \frac{2e}{9}$ et $\frac{2e}{9} < \frac{2}{3}$,

il vient : **pour tout x de $[0 ; 1]$,**

$$\mathbf{|f'(x)| \leqslant \frac{2}{3}.}$$

d) Les équations $f(x) = x$ et $f(x) - x = 0$ étant équivalentes, nous sommes amenés à étudier la fonction g définie sur $[0 ; 1]$ par $g(x) = f(x) - x$.

Pour tout x de $[0 ; 1]$: $g'(x) = f'(x) - 1$,

or : $f'(x) < 1$, donc : $g'(x) < 0$,

cela prouve que g est strictement décroissante sur $[0 ; 1]$.

D'autre part : $g(0) = \frac{1}{2}$ et $g(1) = \frac{e}{3} - 1$,

donc, comme g est continue et strictement décroissante sur $[0 ; 1]$, g réalise une bijection de $[0 ; 1]$ sur $\left[\frac{e}{3} - 1 ; \frac{1}{2}\right]$.

De plus : $\frac{e}{3} - 1 < 0 < \frac{1}{2}$, donc 0 admet un seul antécédent par g dans $[0 ; 1]$, c'est-à-dire que l'équation $g(x) = 0$ admet une seule solution.

Finalement, on a établi que **l'équation $f(x) = x$ admet une solution unique.**

2° *a)* Soit n un naturel.

u_n et ℓ appartiennent à $[0 ; 1]$, et : pour tout x de $[0 ; 1]$, $|f'(x)| \leqslant \frac{2}{3}$.

Appliquons le théorème des inégalités des accroissements finis à f entre u_n et ℓ :

$$|f(u_n) - f(\ell)| \leqslant \frac{2}{3}|u_n - \ell|,$$

comme : $u_{n+1} = f(u_n)$ et $f(\ell) = \ell$,

il vient : $\boldsymbol{|u_{n+1} - \ell| \leqslant \frac{2}{3}|u_n - \ell|}$.

Démontrons par récurrence : **pour tout naturel n, $|u_n - \ell| \leqslant \frac{1}{2}\left(\frac{2}{3}\right)^n$.**

• On a bien : $|u_0 - \ell| \leqslant \frac{1}{2}\left(\frac{2}{3}\right)^0$, puisque $\left(\frac{2}{3}\right)^0 = 1$, $u_0 = \frac{1}{2}$ et $0 \leqslant \ell \leqslant 1$.

• Soit p un naturel.
Supposons que l'on a :

$$|u_p - \ell| \leqslant \frac{1}{2}\left(\frac{2}{3}\right)^p.$$

On sait : $|u_{p+1} - \ell| \leqslant \frac{2}{3}|u_p - \ell|$,

donc : $|u_{p+1} - \ell| \leqslant \frac{2}{3} \times \frac{1}{2}\left(\frac{2}{3}\right)^p$,

soit : $|u_{p+1} - \ell| \leqslant \frac{1}{2}\left(\frac{2}{3}\right)^{p+1}$.

• Il vient : **pour tout naturel n, $|u_n - \ell| \leqslant \frac{1}{2}\left(\frac{2}{3}\right)^n$.**

La suite géométrique $n \mapsto \frac{1}{2}\left(\frac{2}{3}\right)^n$ étant de limite nulle, on peut conclure que **la suite u converge vers ℓ.**

b) Pour obtenir : $|u_n - \ell| \leqslant 10^{-3}$,

il suffit d'avoir : $\frac{1}{2}\left(\frac{2}{3}\right)^n \leqslant 10^{-3}$,

c'est-à-dire : $\ln\left(\frac{2}{3}\right)^n \leqslant \ln(2 \times 10^{-3})$,

soit : $n(\ln 2 - \ln 3) \leqslant \ln(2 \times 10^{-3})$,

ou encore : $n \geqslant \frac{\ln(2 \times 10^{-3})}{\ln 2 - \ln 3}$ (car $\ln 2 - \ln 3 < 0$).

Comme : $\frac{\ln(2 \times 10^{-3})}{\ln 2 - \ln 3} \approx 15{,}3$ à 10^{-1} près, on peut choisir : $\boldsymbol{n_0 = 16}$.

En fait, u_{10} est «déjà» une valeur approchée de ℓ à 10^{-3} près ; la condition $n \geqslant 16$ est suffisante pour avoir $|u_n - \ell| \leqslant 10^{-3}$, elle n'est pas nécessaire !

5.38 Partie A

$$f :]0\,;+\infty[\to \mathbb{R}$$
$$x \mapsto \ln\left(1 + \frac{1}{x}\right).$$

1° • f est dérivable sur $]0\,;+\infty[$ et pour tout x de $]0\,;+\infty[$:

$$f'(x) = \frac{\dfrac{-1}{x^2}}{1 + \dfrac{1}{x}} = \frac{-1}{x(x+1)},$$

donc : $$f'(x) < 0.$$

Cela prouve que f **est strictement décroissante sur** $]0\,;+\infty[$.

• $\lim\limits_{\substack{x \to 0 \\ >}} \left(1 + \dfrac{1}{x}\right) = +\infty$ et $\lim\limits_{+\infty} \ln = +\infty$, donc :

$$\boldsymbol{\lim_{0} f = +\infty.}$$

• $\lim\limits_{x \to +\infty} \left(1 + \dfrac{1}{x}\right) = 1$ et $\lim\limits_{1} \ln = \ln 1 = 0$, donc :

$$\boldsymbol{\lim_{+\infty} f = 0.}$$

x	0	$+\infty$
$f'(x)$	$-$	
f	$+\infty$ ↘	0

2°

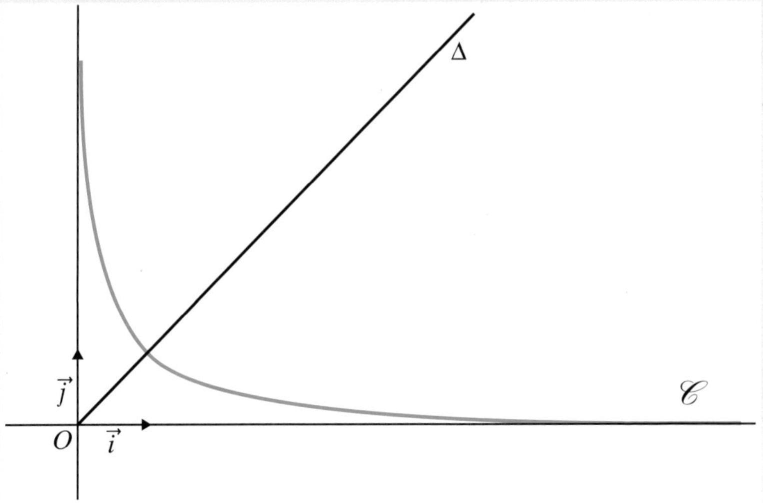

3° Pour tout x de $]0\ ;+\infty[$, on a :

$$\varphi(x)=\ln\left(1+\frac{1}{x}\right)-x=f(x)-x.$$

a) φ est dérivable sur $]0\ ;+\infty[$ et pour tout x de cet intervalle :

$\varphi'(x)=f'(x)-1$ et $f'(x)<0$, donc : $\varphi'(x)<0$.

Cela prouve que **φ est strictement décroissante sur $]0\ ;+\infty[$.**

$\lim\limits_{0} f=+\infty$, donc :

$$\lim_{0}\varphi=+\infty,$$

de même : $\lim\limits_{+\infty} f=0$, donc :

$$\lim_{+\infty}\varphi=-\infty.$$

x	0	$+\infty$
$\varphi'(x)$	$-$	
φ	$+\infty$ ↘	$-\infty$

b) φ est continue (car dérivable) et strictement décroissante sur $]0\ ;+\infty[$; de plus $\lim\limits_{0}\varphi=+\infty$ et $\lim\limits_{+\infty}\varphi=-\infty$; donc φ établit une bijection de $]0\ ;+\infty[$ sur $]-\infty\ ;+\infty[$.

Cela prouve que l'équation $\varphi(x)=0$ (qui est équivalente à $f(x)=x$) admet une seule solution dans $]0\ ;+\infty[$.

On en déduit que **la droite Δ coupe la courbe $\mathscr{C}$ en un seul point.**
D'après la calculatrice :
$\varphi(0{,}7) \approx 0{,}9$ à 10^{-1} près et $\varphi(0{,}9) \approx -0{,}2$ à 10^{-1} près.
$\varphi(0{,}7)$ et $\varphi(0{,}9)$ étant de signes contraires, on a bien :

$$\mathbf{0{,}7 < \alpha < 0{,}9.}$$

Partie B

1° $J = [0{,}7 ; 0{,}9]$.
Pour tout x de J, on a : $\quad 0{,}7 \leqslant x \leqslant 0{,}9,$
donc : $\quad f(0{,}9) \leqslant f(x) \leqslant f(0{,}7)$ (car f est décroissante sur J),
de plus :

$$f(0{,}9) \approx 0{,}75 \text{ à } 10^{-2} \text{ près} \quad \text{et} \quad f(0{,}7) \approx 0{,}89 \text{ à } 10^{-2} \text{ près},$$

d'où $\quad 0{,}7 \leqslant f(x) \leqslant 0{,}9.$

Finalement : $\quad$ **si $x \in J$, alors $f(x) \in J$.**

2° *a*) Pour tout x de J, on a :

$$|f'(x)| = \frac{1}{x(x+1)},$$

et comme : $\quad 0{,}7 \leqslant x \leqslant 0{,}9 \quad \text{et} \quad 1{,}7 \leqslant x+1 \leqslant 1{,}9;$

il vient : $\quad 1{,}19 \leqslant x\,(x+1) \leqslant 1{,}71;$

d'où : $\quad \dfrac{1}{1{,}71} \leqslant \dfrac{1}{x(x+1)} \leqslant \dfrac{1}{1{,}19};$

or : $\quad \dfrac{1}{1{,}19} \approx 0{,}840$ à 10^{-3} près;

donc : $\quad 0 \leqslant \dfrac{1}{x(x+1)} \leqslant 0{,}85;$

on en déduit : **pour tout x de J,**

$$\mathbf{|f'(x)| \leqslant 0{,}85.}$$

Autre façon : On prouve facilement que f' est croissante sur J, ce qui permet d'affirmer :
pour tout x de J, $\quad f'(0{,}7) \leqslant f'(x) \leqslant f'(0{,}9)$;
or à 10^{-3} près : $\quad f'(0{,}7) \approx -0{,}840 \quad$ et $\quad f'(0{,}9) \approx -0{,}585,$
donc : **pour tout x de J,** $\quad \mathbf{|f'(x)| \leqslant 0{,}85.}$

b) f est dérivable sur J et $|f'| \leqslant 0{,}85$ sur J.

De plus $\alpha \in J$ (d'après **A** 3° *b*) ; donc, d'après les inégalités des accroissements finis appliqués à f sur J entre α et x, il vient :

pour tout x de J, $\quad \mathbf{|f(x) - f(\alpha)| \leqslant 0{,}85\,|x - \alpha|.}$

3° $u_0 = 0{,}9 \quad$ et $\quad u_{n+1} = f(u_n)$.

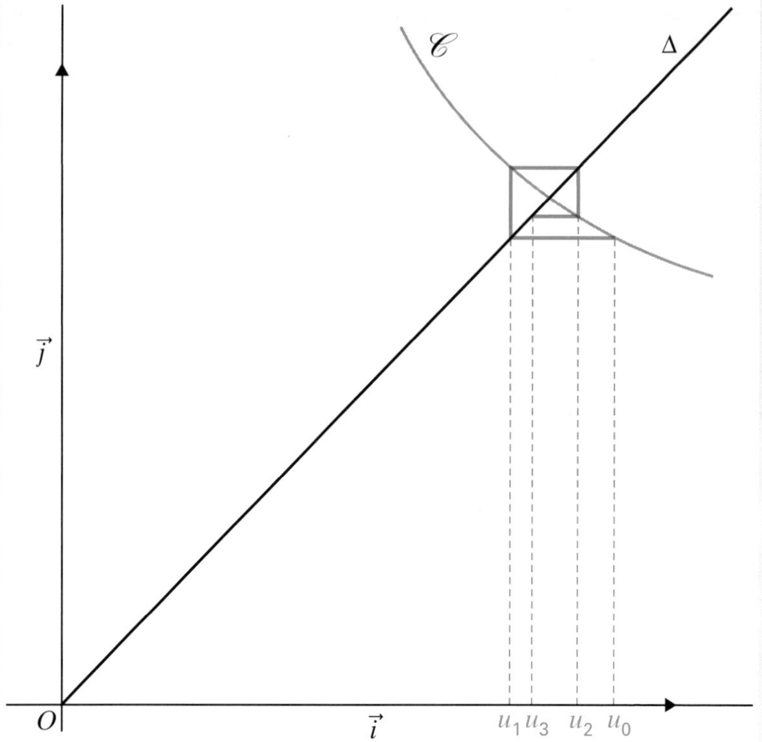

4° *a*) Soit n un naturel.

En appliquant l'inégalité du 2° *b*) à u_n qui est un point de J, on obtient :

$$|f(u_n) - f(\alpha)| \leqslant 0{,}85\ |u_n - \alpha|,$$

et puisque : $f(u_n) = u_{n+1}$ et $f(\alpha) = \alpha$, il vient :

$$|u_{n+1} - \alpha| \leqslant 0{,}85\ |u_n - \alpha|.$$

Démontrons par récurrence que pour tout naturel n, $|u_n - \alpha| \leqslant 0{,}2 \times (0{,}85)^n$.

• $u_0 = 0{,}9$ et $0{,}7 < \alpha < 0{,}9$; donc : $|u_0 - \alpha| < 0{,}2$;
on a bien $|u_0 - \alpha| \leqslant 0{,}2 \times (0{,}85)^0$.

• Soit p un naturel.

Supposons : $|u_p - \alpha| \leqslant 0{,}2 \times (0{,}85)^p$.

Comme on a : $|u_{p+1} - \alpha| \leqslant 0{,}85\ |u_p - \alpha|$,

il vient : $|u_{p+1} - \alpha| \leqslant 0{,}85 \times [0{,}2 \times (0{,}85)^p]$,

d'où : $|u_{p+1} - \alpha| \leqslant 0{,}2 \times (0{,}85)^{p+1}$.

Le principe de récurrence permet alors de conclure :

pour tout naturel n, $|u_n - \alpha| \leqslant 0{,}2 \times (0{,}85)^n$.

b) On vient de prouver : pour tout naturel n, $|u_n - \alpha| \leqslant 0{,}2 \times (0{,}85)^n$, et l'on a : $\lim_{n \to +\infty} (0{,}85)^n = 0$ (car $0 < 0{,}85 < 1$), donc **la suite (u_n) converge vers α.**

c) Des valeurs approchées avec six décimales des termes u_n sont consignées dans le tableau suivant (ce sont les approximations décimales par défaut à 10^{-6} près des valeurs fournies par la calculatrice).

n	1	2	3	4	5
u_n	0,747 214	0,849 425	0,778 069	0,826 467	0,792 978
n	6	7	8	9	10
u_n	0,815 837	0,800 086	0,810 869	0,803 455	0,808 538

d) Pour obtenir : $|u_n - \alpha| \leqslant 10^{-6}$, il suffit d'avoir :

$$0{,}2 \times (0{,}85)^n \leqslant 10^{-6} \quad (1).$$

$$(1) \Leftrightarrow (0{,}85)^n \leqslant 5 \times 10^{-6},$$

$$(1) \Leftrightarrow n \ln 0{,}85 \leqslant \ln (5 \times 10^{-6}),$$

$$(1) \Leftrightarrow n \geqslant \frac{\ln (5 \times 10^{-6})}{\ln 0{,}85} \text{ +(car } \ln 0{,}85 < 0),$$

de plus : $\dfrac{\ln (5 \times 10^{-6})}{\ln 0{,}85} \approx 75{,}1$ à 10^{-2} près,

76 est donc un naturel n_0 tel que $|u_{n_0} - \alpha| \leqslant 10^{-6}$.

Partie C

$h :]0\,;+\infty[\to \mathbb{R}$

$\quad x \mapsto x\,e^x - x - 1.$

1° Pour tout x de $]0\,;+\infty[$:

$$\varphi(x) = 0 \Leftrightarrow \ln\left(1 + \frac{1}{x}\right) = x$$

$$\Leftrightarrow 1 + \frac{1}{x} = e^x$$

$$\Leftrightarrow \frac{1}{x} = e^x - 1$$

$$\Leftrightarrow x\,e^x - x - 1 = 0$$

$$\Leftrightarrow h(x) = 0.$$

Cela prouve que, **dans $]0\,;+\infty[$, les deux équations $\varphi(x) = 0$ et $h(x) = 0$ ont le même ensemble de solutions.**

2° *a*) Pour tout x de $]0\,;+\infty[$: $h'(x) = e^x + x\,e^x - 1$,
or : $x\,e^x > 0$ et $e^x \geqslant 1$, donc : $h'(x) > 0$.

b)

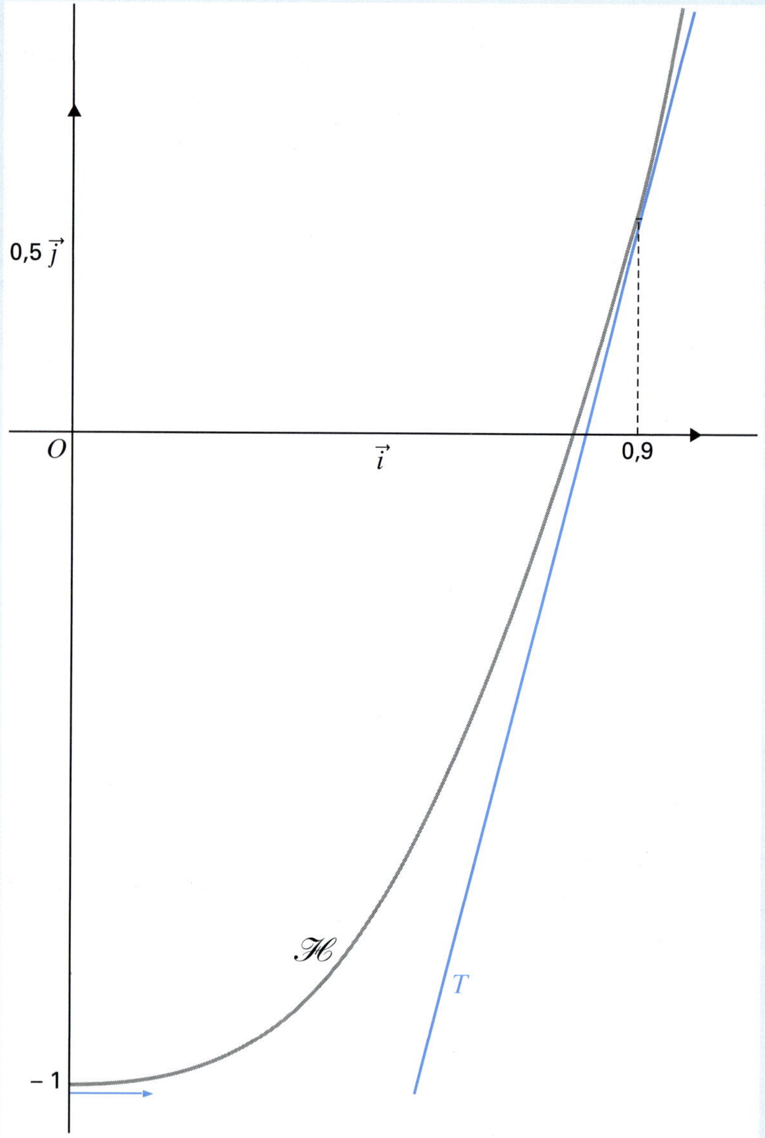

3° *a*) **Une équation de *T* est :**

$$y - h(a) = h'(a)\,(x - a),$$

c'est-à-dire : $y - (a\,e^a - a - 1) = (e^a + a\,e^a - 1)\,(x - a)$,

ou encore : $\boldsymbol{y = (e^a + a\,e^a - 1)x - a^2e^a - 1.}$

b) b est la solution de l'équation :

$$(e^a + a\,e^a - 1)x - a^2e^a - 1 = 0,$$

donc : $$\boldsymbol{b = \frac{a^2e^a + 1}{e^a\,(a+1) - 1}}.$$

4° $v_0 = 0{,}9$ et $v_{n+1} = g\,(v_n)$.

a)

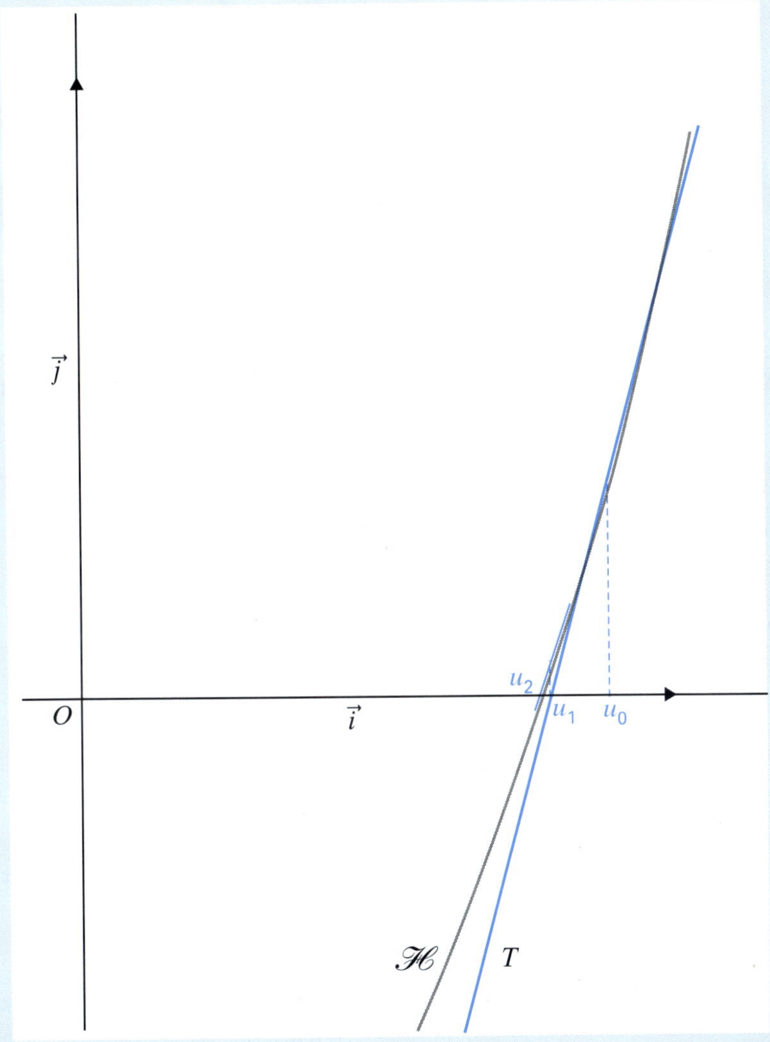

b)

n	v_n
1	0,814 615
2	0,806 534
3	0,806 466
4	0,806 466

c) On a :

$$\overline{v_4} = 0{,}806\,466 \quad \text{et} \quad h(\overline{v_4}) \approx 1{,}755\,9 \times 10^{-8},$$

$$\overline{v_4} - 10^{-6} = 0{,}806\,465 \quad \text{et} \quad h(\overline{v_4} - 10^{-6}) \approx -3{,}029 \times 10^{-6},$$

$h(\overline{v_4})$ et $h(\overline{v_4} - 10^{-6})$ étant de signes contraires, il vient :

$$\mathbf{0{,}806\,465 < \alpha < 0{,}806\,466.}$$

La suite (v_n) converge vers α plus vite que la suite (u_n) ; par exemple v_4 nous permet d'obtenir une valeur approchée de α à 10^{-6} près, alors que u_4 ne nous donne même pas une valeur approchée de α à 10^{-2} près.

5.39 $u_0 = 1$ et $u_{n+1} = \frac{1}{2} u_n + 1$.

1° Dans l'exercice 5.19, nous avons prouvé que la suite u est décroissante ; dans l'exercice 5.13, nous avons démontré que la suite u est minorée (par 2) ; nous pouvons alors affirmer que **la suite *u* converge vers un réel ℓ** (supérieur ou égal à 2).

2° On a : $\lim\limits_{n \to +\infty} u_n = \ell$, donc : $\lim\limits_{n \to +\infty} u_{n+1} = \ell$;

de plus, d'après les propriétés algébriques sur les limites de suites :

$$\lim_{n \to +\infty} \left(\frac{1}{2} u_n + 1\right) = \frac{1}{2} \ell + 1.$$

Les suites (u_{n+1}) et $\left(\frac{1}{2} u_n + 1\right)$ étant égales, elles ont la même limite, donc :

$$\ell = \frac{1}{2} \ell + 1,$$

c'est-à-dire que ℓ est la solution de l'équation $x = \frac{1}{2} x + 1$.

Puisque la seule solution de cette équation est 2, **la limite de la suite *u* est 2.**

5.40 u est la suite définie sur $\mathbb{N}$ par : $u_0 = 1$ et $u_{n+1} = \sqrt{2 + u_n}$.

1° D'après l'exercice 5.21, nous savons que la suite u est croissante et qu'elle est majorée (par 2), ce qui permet d'affirmer que **la suite *u***

converge vers un réel ℓ (inférieur ou égal à 2).

2° On a : $\lim_{n \to +\infty} u_n = \ell$, donc : $\lim_{n \to +\infty} u_{n+1} = \ell$;

de plus, d'après les propriétés algébriques sur les limites de suites :

$$\lim_{n \to +\infty} \sqrt{2 + u_n} = \sqrt{2 + \ell}.$$

Les suites (u_{n+1}) et $\left(\sqrt{2 + u_n}\right)$ étant égales, elles ont la même limite, donc :

$$\ell = \sqrt{2 + \ell},$$

ce qui signifie que ℓ est solution de l'équation (E) : $x = \sqrt{2 + x}$.

Remarquons d'abord que si x est solution de (E), alors x est positif.

Pour tout x de $[0 ; +\infty[$, on a :

$$\begin{aligned} x = \sqrt{2 + x} &\Leftrightarrow x^2 = 2 + x \\ &\Leftrightarrow x^2 - x - 2 = 0 \\ &\Leftrightarrow x = 2 \end{aligned}$$

(les deux solutions dans $\mathbb{R}$ de l'équation $x^2 - x - 2 = 0$ sont -1 et 2).
On en déduit que ***u* converge vers 2.**

Remarque : Pour tout naturel n, $u_{n+1} = f(u_n)$, où f est la fonction :

$$x \mapsto \sqrt{2 + x}.$$

f est continue en ℓ, donc la suite $n \mapsto f(u_n)$ converge vers $f(\ell)$, c'est-à-dire que la suite (u_{n+1}) converge vers $\sqrt{2 + \ell}$.

Ceci permet aussi d'affirmer que ℓ vérifie : $\ell = \sqrt{2 + \ell}$.

5.41 $u_n = \frac{1}{1^2} + \frac{1}{2^2} + \ldots + \frac{1}{n^2}$.

1° Pour tout n de $\mathbb{N}^*$:

$$u_n = \frac{1}{1^2} + \frac{1}{2^2} + \ldots + \frac{1}{n^2},$$

$$u_{n+1} = \frac{1}{1^2} + \frac{1}{2^2} + \ldots + \frac{1}{n^2} + \frac{1}{(n+1)^2},$$

d'où :
$$u_{n+1} - u_n = \frac{1}{(n+1)^2};$$

comme on a : $\frac{1}{(n+1)^2} > 0$, il vient :

$$u_{n+1} - u_n > 0;$$

cela prouve que ***u* est strictement croissante.**

2° Démontrons par récurrence : pour tout n de $\mathbb{N}^*$, $u_n \leqslant 2 - \dfrac{1}{n}$.

• $u_1 = \dfrac{1}{1^2} = 1$ et $2 - \dfrac{1}{1} = 1$, donc : $u_1 \leqslant 2 - \dfrac{1}{1}$.

• Soit p un naturel non nul.

Supposons : $u_p \leqslant 2 - \dfrac{1}{p}$, et prouvons : $u_{p+1} \leqslant 2 - \dfrac{1}{p+1}$.

Par définition de la suite u, on a :

$$u_{p+1} = u_p + \frac{1}{(p+1)^2},$$

donc, d'après l'hypothèse de récurrence :

$$u_{p+1} \leqslant 2 - \frac{1}{p} + \frac{1}{(p+1)^2}.$$

Comparons les nombres $2 - \dfrac{1}{p+1}$ et $2 - \dfrac{1}{p} + \dfrac{1}{(p+1)^2}$ en étudiant le signe de leur différence :

$$\left(2 - \frac{1}{p+1}\right) - \left(2 - \frac{1}{p} + \frac{1}{(p+1)^2}\right) = \frac{-1}{p+1} + \frac{1}{p} - \frac{1}{(p+1)^2}$$

$$= \frac{-p\,(p+1) + (p+1)^2 - p}{p\,(p+1)^2}$$

$$= \frac{-p^2 - p + p^2 + 2p + 1 - p}{p\,(p+1)^2}$$

$$= \frac{1}{p\,(p+1)^2},$$

donc : $$\left(2 - \frac{1}{p+1}\right) - \left(2 - \frac{1}{p} + \frac{1}{(p+1)^2}\right) > 0,$$

d'où : $$2 - \frac{1}{p} + \frac{1}{(p+1)^2} < 2 - \frac{1}{p+1},$$

on en déduit : $$u_{p+1} \leqslant 2 - \frac{1}{p+1}.$$

Le principe de récurrence permet alors d'affirmer :

pour tout n de $\mathbb{N}^*$,

$$\boldsymbol{u_n \leqslant 2 - \frac{1}{n}}.$$

3° D'après 1°, on sait que la suite u est croissante ;

de plus, d'après 2° : pour tout n de $\mathbb{N}^*$, $u_n \leqslant 2 - \frac{1}{n}$, donc : $u_n \leqslant 2$,

ce qui prouve que u est majorée par 2.

Puisque u est croissante et majorée, elle converge.

Remarque : On démontre que la limite de u est $\frac{\pi^2}{6}$.

6

PRIMITIVES, CALCUL INTÉGRAL

RÉSUMÉ DU COURS

Primitives

Soit f une fonction définie sur un intervalle I.

Définition

On appelle primitive de f sur I toute fonction F de I dans $\mathbb{R}$, dérivable sur I, et qui vérifie :

pour tout x de I, $F'(x) = f(x)$.

Propriétés

- Toute fonction continue sur un intervalle I admet des primitives sur I.
- Si F est une primitive de f sur l'intervalle I, alors les primitives de f sur I sont les fonctions $x \mapsto F(x) + k$, où k décrit $\mathbb{R}$.

Intégrales

Définition

Soient a et b des réels d'un intervalle I, et f une fonction continue sur I.
L'intégrale de a à b de f est le réel $F(b) - F(a)$, où F est une primitive quelconque de f sur I.

On écrit : $$F(b) - F(a) = \int_a^b f(t)\,dt = [F(t)]_a^b.$$

Expression d'une primitive au moyen d'une intégrale

Théorème

Soient f une fonction continue sur un intervalle I, et a un réel de I.
La primitive de f sur I qui s'annule en a est la fonction :

$$I \to \mathbb{R}$$
$$x \mapsto \int_a^x f(t)\,dt.$$

Propriétés de l'intégrale

Propriétés algébriques

Soient a et b des réels d'un intervalle I, f et g des fonctions continues sur I.

- $\int_a^a f(t)\,dt = 0.$ • $\int_a^b f(t)\,dt = -\int_b^a f(t)\,dt.$

Relation de Chasles

Pour tout c de I, $$\int_a^b f(t)\,dt = \int_a^c f(t)\,dt + \int_c^b f(t)\,dt.$$

Linéarité

- Pour tout réel k, $$\int_a^b kf(t)\,dt = k\int_a^b f(t)\,dt\ ;$$
- $$\int_a^b [f(t) + g(t)]\,dt = \int_a^b f(t)\,dt + \int_a^b g(t)\,dt.$$

Intégrales de fonctions paires, impaires, périodiques

- Si f est une fonction continue et impaire sur un intervalle I de centre 0, alors, pour tout a de I :
$$\int_{-a}^a f(t)\,dt = 0.$$
- Si f est une fonction continue et paire sur un intervalle I de centre 0, alors, pour tout a de I :
$$\int_{-a}^a f(t)\,dt = 2\int_0^a f(t)\,dt.$$

• Si f est une fonction continue et de période un réel T, alors, pour tout réel a :

$$\int_a^{a+T} f(t)\,\mathrm{d}t = \int_0^T f(t)\,\mathrm{d}t.$$

Intégrales et inégalités

Soient f et g des fonctions continues sur un intervalle I, et a, b des réels de I tels que : $a \leqslant b$.

• Si $f \geqslant 0$ sur $[a\,;\,b]$, alors : $\displaystyle\int_a^b f(t)\,\mathrm{d}t \geqslant 0.$

• Si $f \leqslant g$ sur $[a\,;\,b]$, alors : $\displaystyle\int_a^b f(t)\,\mathrm{d}t \leqslant \int_a^b g(t)\,\mathrm{d}t.$

• $\displaystyle\left|\int_a^b f(t)\,\mathrm{d}t\right| \leqslant \int_a^b |f(t)|\,\mathrm{d}t.$

Inégalités de la moyenne

Si m et M sont des réels tels que $m \leqslant f \leqslant M$ sur $[a\,;\,b]$,

alors : $$m(b-a) \leqslant \int_a^b f(t)\,\mathrm{d}t \leqslant M(b-a).$$

Valeur moyenne

Soient a et b des réels tels que $a < b$, et f une fonction continue sur $[a\,;\,b]$. La valeur moyenne de f sur $[a\,;\,b]$ est le réel :

$$\frac{1}{b-a}\int_a^b f(t)\,\mathrm{d}t.$$

Aires et intégrales

Le plan est rapporté à un repère orthogonal $(O;\,\vec{i},\,\vec{j})$.
Soient f une fonction continue et positive sur un intervalle I, et a, b des réels de I tels que : $a \leqslant b$.
L'aire de la partie du plan limitée par $\mathscr{C}_f$, l'axe des abscisses et les droites d'équations $x = a$, $x = b$ est :

$$\int_a^b f(t)\,\mathrm{d}t \text{ unités d'aire}$$

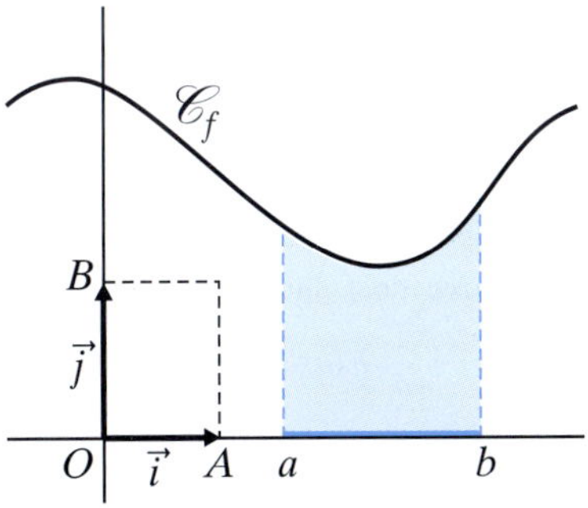

L'unité d'aire est celle du rectangle de côtés $[O, A]$ et $[O, B]$.

Volumes et intégrales

L'espace est rapporté à un repère orthogonal $(O; \vec{i}, \vec{j}, \vec{k})$.
Soient f une fonction continue sur un intervalle I, et a, b des réels de I tels que $a \leqslant b$.
Le solide de révolution engendré par la rotation de $\mathscr{C}_f$ autour de l'axe des abscisses, et limité par les plans d'équations $x = a$, $x = b$, a pour volume :

$$\int_a^b \pi f^2(t)\, \mathrm{d}t \quad \text{unités de volume.}$$

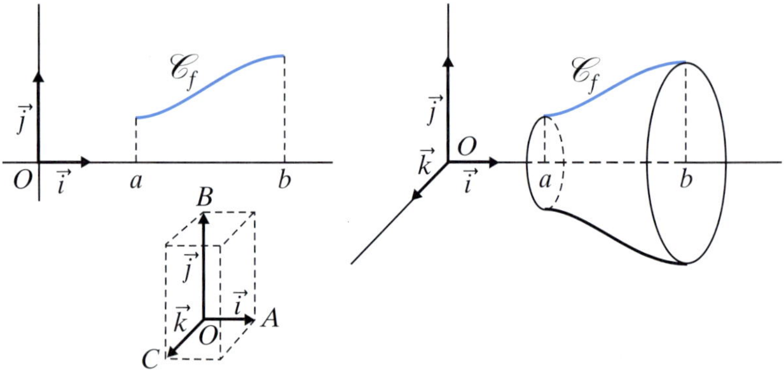

L'unité de volume est celle du pavé droit d'arêtes $[O, A]$, $[O, B]$ et $[O, C]$.

Intégration par parties

Soient u et v des fonctions dérivables sur un intervalle I telles que u' et v' soient continues sur I. Pour tous réels a et b de I, on a :

$$\int_a^b u(t)\, v'(t)\, \mathrm{d}t = \big[u(t)\, v(t)\big]_a^b - \int_a^b u'(t)\, v(t)\, \mathrm{d}t.$$

Formulaire

■ Soient f une fonction continue sur $\mathbb{R}$, a et b des réels (avec a non nul).

Si F est une primitive de f sur $\mathbb{R}$, alors une primitive sur $\mathbb{R}$ de la fonction $x \mapsto f(ax+b)$ est $x \mapsto \dfrac{1}{a} F(ax+b)$.

■ Dans les deux tableaux suivants :

- k désigne un réel et n un entier,
- la fonction $F : I \to \mathbb{R}$ est une primitive de la fonction f sur I,

$f(x)$	$F(x)$	I
k	kx	$\mathbb{R}$
$x^n \quad (n \geqslant 1)$	$\frac{1}{n+1}\ x^{n+1}$	$\mathbb{R}$
$x^n \quad (n \leqslant -2)$	$\frac{1}{n+1}\ x^{n+1}$	$\mathbb{R}_-^*$ ou $\mathbb{R}_+^*$
$\sin x$	$-\cos x$	$\mathbb{R}$
$\cos x$	$\sin x$	$\mathbb{R}$
$\frac{1}{x}$	$\ln x$	$\mathbb{R}_+^*$
e^x	e^x	$\mathbb{R}$
$x^k \quad (k \notin \mathbb{Z})$	$\frac{1}{k+1}\ x^{k+1}$	$\mathbb{R}_+^*$

u et v sont des fonctions dérivables sur un intervalle I.

f	F	**Conditions**
ku'	ku	
$u' + v'$	$u + v$	
$u'v + uv'$	uv	
$\frac{u'v - uv'}{v^2}$	$\frac{u}{v}$	v ne s'annule pas sur I
$u'u^n$	$\frac{1}{n+1}\ u^{n+1}$	$n \geqslant 1$
$u'u^n$	$\frac{1}{n+1}\ u^{n+1}$	$n \leqslant -2$ et u ne s'annule pas sur I
$\frac{u'}{\sqrt{u}}$	$2\sqrt{u}$	u positive et ne s'annule pas sur I
$u'e^u$	e^u	
$\frac{u'}{u}$	$\ln \lvert u \rvert$	u ne s'annule pas sur I
$u'u^k$	$\frac{1}{k+1}\ u^{k+1}$	k non entier, u positive et ne s'annule pas sur I

DES EXERCICES

Primitives

6.1 Déterminer une primitive F sur l'intervalle I de la fonction f proposée.

1° $x \mapsto \cos\left(3x - \dfrac{\pi}{4}\right)$, $I = \mathbb{R}$.

2° $x \mapsto \sin^2 x \cos x$, $I = \mathbb{R}$.

3° $x \mapsto \dfrac{4x^3 + 8x}{(x^4 + 4x^2 + 2)^3}$, $I = \mathbb{R}$.

4° $x \mapsto (x^2 + 1)\,(x^3 - 1)$, $I = \mathbb{R}$.

5° $x \mapsto x(x^2 + 1)^{1995}$, $I = \mathbb{R}$.

6° $x \mapsto x^5 \cos x + 5x^4 \sin x$, $I = \mathbb{R}$.

7° $x \mapsto \dfrac{x^2}{(x^3 + 27)^5}$, $I =]-3\,;+\infty[$.

8° $x \mapsto \dfrac{2x - 1}{\sqrt{x^2 - x + 1}}$, $I = \mathbb{R}$.

9° $x \mapsto \dfrac{1}{x^2}\,\mathrm{e}^{\frac{1}{x}}$, $I =]0\,;+\infty[$.

10° $x \mapsto \dfrac{4x - 7}{2x^2 - 7x + 5}$, $I = \left]1\,;\dfrac{5}{2}\right[$.

11° $x \mapsto \tan x$, $I = \left]-\dfrac{\pi}{2}\,;\dfrac{\pi}{2}\right[$.

12° $x \mapsto \dfrac{\ln x}{x}$, $I =]0\,;+\infty[$.

13° $x \mapsto (2x + 1)\,(x^2 + x + 1)^{\frac{1}{3}}$, $I = \mathbb{R}$.

14° $x \mapsto \dfrac{x}{(x^2 + 1)^{0,4}}$, $I = \mathbb{R}$.

6.2 Déterminer la primitive G sur $\mathbb{R}_+^*$ de la fonction $f : x \mapsto \dfrac{-5}{x^3}$, qui vérifie : $G(2) = 1$.

6.3 Déterminer la primitive G (sur le plus grand intervalle I possible), qui s'annule en -1, de la fonction inverse.

Calculs simples d'intégrales

6.4 Calculer les intégrales A, B, C et D proposées.

$$A = \int_0^{\frac{\pi}{2}} \sin^2 x \cos x \, \mathrm{d}x. \qquad B = \int_1^0 \frac{4x^3 + 8x}{(x^4 + 4x^2 + 2)^3}\, \mathrm{d}x.$$

$$C = \int_1^2 \frac{1}{x^2}\,\mathrm{e}^{\frac{1}{x}}\, \mathrm{d}x. \qquad D = \int_1^{\mathrm{e}} \frac{\ln x}{x}\, \mathrm{d}x.$$

6.5 Calculer les intégrales A, B, et C proposées.

$$A = \int_0^2 (1 - |t-1|)^3 \, dt. \qquad B = \int_{-107}^{107} (t^3 + 4 \sin^7 t) \, dt.$$

$$C = \sum_{k=1}^{k=5} \int_k^{k+1} \sqrt{t} \, dt.$$

6.6 Justifier les calculs suivants :

$$\int_{\frac{\pi}{3}}^{\frac{4\pi}{3}} \cos 3t \sin t \, dt = \int_0^{\pi} \cos 3t \sin t \, dt = \int_{-\frac{\pi}{2}}^{\frac{\pi}{2}} \cos 3t \sin t \, dt = 0.$$

Intégration par parties

6.7 Calculer les intégrales A, B, C proposées à l'aide d'une intégration par parties.

$$A = \int_0^{\pi} x \sin x \, dx. \qquad B = \int_1^{e} \ln t \, dt. \qquad C = \int_{-1}^{0} (2x+1) \, e^{-x} \, dx.$$

6.8 On pose : $A = \int_0^{\frac{\pi}{2}} x \cos^2 x \, dx$ et $B = \int_0^{\frac{\pi}{2}} x \sin^2 x \, dx$.

1° Calculer $A + B$.

2° Calculer $A - B$ en utilisant une intégration par parties.

3° Déduire des questions 1° et 2° les valeurs de A et B.

♦ **6.9** À l'aide de deux intégrations par parties successives, calculer les intégrales A et B définies par :

$$A = \int_0^1 x^2 \, e^x \, dx \quad \text{et} \quad B = \int_0^{\pi} e^x \sin x \, dx.$$

Intégrales de quelques fonctions trigonométriques

♦ **6.10** Utiliser la relation :
pour tout réel a, $\sin^2 a + \cos^2 a = 1$,
pour écrire chacune des fonctions à intégrer comme la somme de fonctions d'une des deux formes :

$$x \mapsto k \sin px \cos^n px, \qquad x \mapsto k \cos px \sin^n px$$

(k réel, p et n naturels non nuls).

Calculer ensuite les intégrales A, B et C.

$$A = \int_0^{\frac{\pi}{2}} \cos^5 x \,dx. \qquad B = \int_0^{\frac{\pi}{6}} \sin^3 2x \,dx. \qquad C = \int_0^{\frac{\pi}{2}} \sin^2 x \cos^5 x \,dx.$$

♦ **6.11** Soit f la fonction : $x \mapsto \cos^4 x$.

1° *a*) Linéariser f en utilisant les formules d'Euler.
b) Retrouver le résultat en utilisant la formule :

$$\cos 2a = 2\cos^2 a - 1.$$

2° Calculer l'intégrale A définie par : $A = \int_0^{\frac{\pi}{2}} \cos^4 x \,dx.$

♦ **6.12** Dans les deux cas suivants, linéariser la fonction f, déterminer une primitive F de f sur $\mathbb{R}$, puis calculer l'intégrale A.

1° $f : x \mapsto \sin^2 x$, $A = \int_0^{\frac{\pi}{3}} \sin^2 x \,dx.$

2° $f : x \mapsto \sin^6 x$, $A = \int_{\frac{\pi}{3}}^{\frac{\pi}{2}} \sin^6 x \,dx.$

Calcul d'aire

6.13 $\mathscr{D}$ est l'ensemble des points $M(x, y)$ du plan tels que :

$$\begin{cases} 0 \leqslant x \leqslant \pi, \\ 0 \leqslant y \leqslant \sin x. \end{cases}$$

1° L'unité graphique est 2 cm.
Représenter $\mathscr{D}$.
Calculer l'aire de $\mathscr{D}$ en unités d'aire, puis en cm^2.

2° L'unité est $\dfrac{6}{\pi}$ cm sur l'axe des abscisses et 4 cm sur l'axe des ordonnées. Représenter $\mathscr{D}$.
Quelle est l'aire de $\mathscr{D}$ en cm^2 ?

6.14 f est la fonction $x \mapsto \dfrac{1}{x}$.

$\mathscr{D}$ est le domaine délimité par la courbe $\mathscr{C}$ de f, la droite des abscisses, les droites d'équations $x = 1$ et $x = \mathrm{e}$. L'unité graphique est 3 cm.

1° Représenter $\mathscr{D}$.

2° Calculer l'aire de $\mathscr{D}$ en cm^2.

Calcul du volume d'un solide de révolution

6.15 Soit $\mathscr{C}$ la courbe représentative de la fonction $x \mapsto e^x$.
Par rotation autour de l'axe $(O\,;\,\vec{i})$, le domaine plan limité par $\mathscr{C}$, la droite $(O\,;\,\vec{i})$ et les droites d'équations $x = -1$ et $x = 1$ engendre un solide de révolution, noté $\mathscr{S}$.
Calculer le volume de $\mathscr{S}$.

6.16 1° Donner le tableau de variation de la fonction f :

$$\begin{aligned}[0\,;\,\pi] &\to \mathbb{R}\\ x &\mapsto \sin^2 x.\end{aligned}$$

Tracer la courbe $\mathscr{C}_f$ de f (l'unité graphique est 2 cm).

2° Montrer que pour tout réel x, on a :

$$\sin^4 x = \frac{3}{8} - \frac{1}{2}\cos 2x + \frac{1}{8}\cos 4x.$$

3° Calculer le volume en cm^3 du solide $\mathscr{S}$ engendré par la révolution autour de la droite des abscisses (Ox) de la plaque définie par :

$$\begin{cases} 0 \leqslant x \leqslant \pi, \\ 0 \leqslant y \leqslant \sin^2 x. \end{cases}$$

Problèmes bac

6.17 On considère la fonction numérique définie sur $]0\,;\,+\infty[$ par :

$$f(x) = x + \frac{\ln x}{x}.$$

Soit $\mathscr{C}$ la courbe représentative de f dans le plan P muni d'un repère orthonormal $(O\,;\,\vec{i},\,\vec{j})$ d'unité graphique 3 cm.

Partie A

1° Soit g la fonction numérique définie sur $]0\,;\,+\infty[$ par :

$$g(x) = x^2 + 1 - \ln x.$$

a) Déterminer la dérivée g' de g et dresser le tableau de variation de g (on ne demande pas de déterminer les limites de g en $+\infty$ et en $-\infty$).

b) En utilisant $g\left(\dfrac{1}{\sqrt{2}}\right)$, déterminer le signe de g sur $]0\,;\,+\infty[$.

2° *a*) Déterminer les limites de f en 0 et en $+\infty$.

b) Déterminer la dérivée f' de f et démontrer que pour tout x appartenant à l'intervalle $]0\,;+\infty[$, $f'(x)$ et $g(x)$ ont le même signe.

Déterminer le sens de variation de f et dresser son tableau de variation.

c) Démontrer que la droite Δ d'équation $y = x$ est asymptote à la courbe $\mathscr{C}$ et étudier leur position relative.

Indiquer une équation de l'autre droite asymptote à la courbe $\mathscr{C}$.

d) Démontrer que la tangente $\mathscr{T}$ à la courbe $\mathscr{C}$ en son point d'abscisse e est parallèle à la droite Δ.

e) Dans le plan P, tracer les droites Δ et $\mathscr{T}$ ainsi que la courbe $\mathscr{C}$.

f) Calculer : $\displaystyle\int_1^{e} \frac{1}{x} \ln x \, dx$.

Calculer en cm^2 l'aire a de la partie du plan P délimitée par la courbe $\mathscr{C}$, la droite Δ et les droites d'équations $x = 1$ et $x = e$.

Partie B

1° Calculer à l'aide d'une intégration par parties : $\displaystyle\int_1^{e} \ln x \, dx$.

2° Soit H la fonction numérique définie sur $]0\,;+\infty[$ par :

$$H(x) = -\frac{1}{x}\ln^2 x - \frac{2}{x}\ln x - \frac{2}{x}.$$

Démontrer que, sur l'intervalle $]0\,;+\infty[$, la fonction H est une primitive de la fonction numérique h définie par : $h(x) = \dfrac{\ln^2 x}{x^2}$.

3° On considère l'espace orienté rapporté au repère orthonormal $(O;\vec{i},\vec{j},\vec{k})$, où $(O;\vec{i},\vec{j})$ est le repère précédent du plan P et $\vec{k} = \vec{i} \wedge \vec{j}$.

On considère le solide $\mathscr{S}$ engendré par la rotation autour de l'axe $(O;\vec{i})$ de la surface délimitée dans le plan P muni du repère $(O;\vec{i},\vec{j})$ par les droites d'équations $x = 1$, $x = e$, l'axe $(O;\vec{i})$ et la courbe $\mathscr{C}$.

Sachant que le volume du solide $\mathscr{S}$, exprimé en unités de volume, est :

$$V = \int_1^{e} \pi f^2(x)\, dx,$$

calculer V.

Bac D, Groupe I, session 1993.

PROGRAMME DE SPÉCIALITÉ

Encadrement d'une intégrale. Suites et intégrales

6.18 Vrai ou faux ?

1° $\displaystyle\int_{\pi}^{\frac{2\pi}{3}} \sin^9 t \, \mathrm{d}t = \frac{1}{3}$.

2° $\displaystyle\int_{0}^{\pi} \cos x^2 \, \mathrm{d}x > 4$.

♦ **6.19** Montrer que l'on a : pour tout x de $]0 ; +\infty[$,

$$\int_{x}^{x^2} \ln^3 t \, \mathrm{d}t \geqslant 0.$$

♦ **6.20** Soit F la fonction : $x \mapsto \displaystyle\int_{1}^{x} \frac{2}{3 + t^4} \, \mathrm{d}t$.

Justifier que F est définie et dérivable sur $\mathbb{R}$, puis montrer que F est positive sur $[1 ; +\infty[$.

♦ **6.21** Soit F la fonction de $[0 ; +\infty[$ dans $\mathbb{R}$ définie par :

$$F(x) = \int_{0}^{x} \sin^2 \sqrt{t} \, \mathrm{d}t.$$

Montrer que F est croissante sur $\mathbb{R}_+$.
En déduire que F est positive sur $\mathbb{R}_+$.

Dans les quatre exercices qui suivent, on considère que $t \mapsto t^0$ est la fonction constante $t \mapsto 1$.

♦ **6.22** Pour tout naturel n, on pose : $I_n = \displaystyle\int_{0}^{1} t^n \mathrm{e}^t \, \mathrm{d}t$.

1° À l'aide d'une intégration par parties, démontrer que l'on a :
pour tout n de $\mathbb{N}^*$, $\quad I_n = \mathrm{e} - n \, I_{n-1}$.

2° Calculer I_0, puis I_1, I_2, I_3.

♦ **6.23** Soit (I_n) la suite définie sur $\mathbb{N}$ par : $I_n = \displaystyle\int_{1}^{2} \frac{t^n}{5 + t^4} \, \mathrm{d}t$.

Démontrer que (I_n) est croissante.

♦ **6.24** (I_n) est la suite définie sur $\mathbb{N}$ par : $I_n = \displaystyle\int_{0}^{1} \frac{t^n}{1 + t^2} \, \mathrm{d}t$.

Soit n un naturel. Calculer $\displaystyle\int_{0}^{1} t^n \, \mathrm{d}t$, puis montrer : $0 \leqslant I_n \leqslant \dfrac{1}{n+1}$.

Quelle est la limite de (I_n) ?

♦ **6.25** On considère la suite (I_n) : $n \mapsto \int_0^{\frac{\pi}{4}} nx^n \cos 2x \, dx$.

Montrer que pour tout naturel n, on a :

$$0 \leqslant I_n \leqslant \left(\frac{\pi}{4}\right)^{n+1}.$$

En déduire que (I_n) converge.

♦ **6.26** Le but de l'exercice est d'étudier la limite éventuelle de la suite u définie sur $\mathbb{N}^*$ par : $u_n = \int_n^{n+1} \frac{\ln x}{x} \, dx$.

1° Étudier le sens de variation de la fonction $f : x \mapsto \frac{\ln x}{x}$.

2° Soit n un naturel tel que : $n \geqslant 3$.

a) Montrer que, pour tout x de $[n\,;\, n+1]$:

$$0 < \frac{\ln x}{x} \leqslant \frac{\ln n}{n}.$$

b) En déduire un encadrement du réel u_n.

3° Montrer que la suite u converge vers un réel à préciser.

♦ **6.27** Soit F la fonction : $x \mapsto \int_0^x \frac{1}{\sqrt{1+4t^2}} \, dt$.

1° Montrer que F est définie sur $\mathbb{R}$.

2° Montrer que, pour tout réel t positif, on a :

$$\frac{1}{\sqrt{1+4t^2}} \geqslant \frac{1}{1+2t}.$$

3° Montrer que F a pour limite $+\infty$ en $+\infty$.

♦♦ **6.28** On considère la fonction $F : x \mapsto \int_1^x e^{-t^2} \, dt$.

1° Montrer que F est positive et croissante sur $[1\,;\,+\infty[$.

2° Comparer les fonctions $t \mapsto e^{-t^2}$ et $t \mapsto e^{-t}$ sur $[1\,;\,+\infty[$.
En déduire que :
pour tout x de $[1\,;\,+\infty[$,

$$F(x) \leqslant \frac{1}{e} - e^{-x}.$$

3° Montrer que F admet une limite réelle en $+\infty$.

6.1 1° $f : x \mapsto \cos\left(3x - \dfrac{\pi}{4}\right)$.

La fonction sinus est une primitive sur $\mathbb{R}$ de la fonction cosinus ; il en résulte qu'**une primitive de f sur $\mathbb{R}$ est la fonction $F : x \mapsto \dfrac{1}{3} \sin\left(3x - \dfrac{\pi}{4}\right)$.**

2° $f : x \mapsto \sin^2 x \cos x$.

On peut écrire : $f = \sin^2 \times \sin'$,

donc **une primitive de f sur $\mathbb{R}$ est la fonction $F : x \mapsto \dfrac{1}{3} \sin^3 x$.**

3° $f : x \mapsto \dfrac{4x^3 + 8x}{(x^4 + 4x^2 + 2)^3}$.

On a : $f = \dfrac{u'}{u^3} = u'u^{-3}$, où u est le polynôme : $x \mapsto x^4 + 4x^2 + 2$;

u étant dérivable et ne s'annulant pas sur $\mathbb{R}$, $\dfrac{u^{-2}}{-2}$ est une primitive de $u' u^{-3}$ sur $\mathbb{R}$.

Une primitive F de f sur $\mathbb{R}$ est donc :

$$x \mapsto \frac{-1}{2\,(x^4 + 4\,x^2 + 2)^2}.$$

4° $f : x \mapsto (x^2 + 1)\,(x^3 - 1)$.

Une écriture développée du polynôme f est : $x \mapsto x^5 + x^3 - x^2 - 1$.

On en déduit qu'**une primitive F de f sur $\mathbb{R}$ est :**

$$x \mapsto \frac{1}{6}x^6 + \frac{1}{4}x^4 - \frac{1}{3}x^3 - x.$$

5° $f : x \mapsto x\,(x^2 + 1)^{1995}$.

On peut écrire : $f = \dfrac{1}{2}\, u'u^{1995}$, où u est le polynôme : $x \mapsto x^2 + 1$.

$\dfrac{1}{2} \times \dfrac{u^{1996}}{1996}$ est une primitive de $\dfrac{1}{2}\, u'u^{1995}$ sur $\mathbb{R}$, donc **une primitive de f sur $\mathbb{R}$ est la fonction $F : x \mapsto \dfrac{1}{3992}\,(x^2 + 1)^{1996}$.**

6° $f : x \mapsto x^5 \cos x + 5x^4 \sin x$.

On peut écrire : $f = uv' + u'v$, u étant la fonction $x \mapsto x^5$ et v la fonction sinus ; or une primitive de $uv' + u'v$ sur $\mathbb{R}$ est uv, donc **une primitive F de f sur $\mathbb{R}$ est : $x \mapsto x^5 \sin x$.**

7° $f : x \mapsto \dfrac{x^2}{(x^3+27)^5}$.

On a : $f = \dfrac{1}{3}\dfrac{u'}{u^5} = \dfrac{1}{3}u'u^{-5}$, où u est le polynôme : $x \mapsto x^3 + 27$.

u est dérivable, ne s'annule pas sur $]-3\,;+\infty[$, et on a :
pour tout x de $]-3\,;+\infty[$,

$$\left(-\frac{1}{4}u^{-4}\right)'(x) = u'(x)\,u^{-5}(x).$$

Il en résulte qu'**une primitive F de f sur $]-3\,;+\infty[$ est la fonction de $]-3\,;+\infty[$ dans $\mathbb{R}$ définie par : $F(x) = \dfrac{-1}{12\,(x^3+27)^4}$.**

Remarque : f a pour ensemble de définition $\mathbb{R} \setminus \{-3\}$.

8° $f : x \mapsto \dfrac{2x-1}{\sqrt{x^2-x+1}}$.

On peut écrire : $f = \dfrac{u'}{\sqrt{u}}$, où u est le polynôme : $x \mapsto x^2 - x + 1$.

u est dérivable, positive et ne s'annule pas sur $\mathbb{R}$, donc $2\sqrt{u}$ est une primitive de $\dfrac{u'}{\sqrt{u}}$ sur $\mathbb{R}$.

Finalement, **une primitive F de f sur $\mathbb{R}$ est : $x \mapsto 2\sqrt{x^2-x+1}$.**

9° $f : x \mapsto \dfrac{1}{x^2}\,e^{\frac{1}{x}}$.

On peut écrire : $f = -u'e^u$, où u est la fonction : $x \mapsto \dfrac{1}{x}$.
u est dérivable sur $\mathbb{R}_+^*$, et on a :
pour tout x de $\mathbb{R}_+^*$, $\quad (e^u)'(x) = u'(x)\,e^{u(x)}$,
donc **une primitive F de f sur $\mathbb{R}_+^*$ est la fonction :**

$$\mathbb{R}_+^* \to \mathbb{R}$$
$$\boldsymbol{x \mapsto -e^{\frac{1}{x}}}.$$

10° $x \mapsto \dfrac{4x-7}{2x^2-7x+5}$.

On a : $f = \dfrac{u'}{u}$, où u est le polynôme : $x \mapsto 2x^2 - 7x + 5$, qui est dérivable et à valeurs strictement négatives sur $\left]1\,;\dfrac{5}{2}\right[$ $\left(\text{les racines de } u \text{ sont } 1 \text{ et } \dfrac{5}{2}\right)$.

Une primitive F de f sur $\left]1\,;\,\frac{5}{2}\right[$ est donc la fonction de $\left]1\,;\,\frac{5}{2}\right[$ dans $\mathbb{R}$ telle que : $F(x) = \ln(-2x^2 + 7x - 5)$.

Remarque : Pour tout x de $\left]1\,;\,\frac{5}{2}\right[$: $u(x) < 0$,

donc : $|u(x)| = -u(x)$.

11° $x \mapsto \tan x$.

On a : $f = -\dfrac{\cos'}{\cos}$, et la fonction cosinus est dérivable, à valeurs strictement positives sur $\left]-\frac{\pi}{2}; \frac{\pi}{2}\right[$.

On en déduit qu'**une primitive de f sur $\left]-\frac{\pi}{2}; \frac{\pi}{2}\right[$ est la fonction F de $\left]-\frac{\pi}{2}; \frac{\pi}{2}\right[$ dans $\mathbb{R}$ définie par : $F(x) = -\ln(\cos x)$.**

Remarque : Pour tout x de+ $\left]\frac{\pi}{2}\,;\,\frac{3\pi}{2}\right[$, $\cos x < 0$; une primitive de F sur $\left]\frac{\pi}{2}\,;\,\frac{3\pi}{2}\right[$ est la fonction :

$$\left]\frac{\pi}{2}\,;\,\frac{3\pi}{2}\right[\to \mathbb{R}$$
$$x \mapsto \ln(-\cos x).$$

12° $f : x \mapsto \dfrac{\ln x}{x}$.

On peut écrire : $f = \ln' \times \ln$,

donc **la fonction $F : x \mapsto \frac{1}{2}\ln^2 x$ est une primitive de f sur $\mathbb{R}_+^*$.**

13° $f : x \mapsto (2x+1)(x^2+x+1)^{\frac{1}{3}}$.

On a : $f = u'u^{\frac{1}{3}}$, où u est le polynôme : $x \mapsto x^2 + x + 1$.

u est dérivable, positive et ne s'annule par sur $\mathbb{R}$, donc $\frac{3}{4}u^{\frac{4}{3}}$ est une primitive de $u'u^{\frac{1}{3}}$ sur $\mathbb{R}$ $\left(\frac{1}{3} + 1 = \frac{4}{3}\right)$.

On en déduit qu'**une primitive F de f sur $\mathbb{R}$ est : $x \mapsto \frac{3}{4}(x^2+x+1)^{\frac{4}{3}}$.**

14° $f : x \mapsto \dfrac{x}{(x^2+1)^{0,4}}$.

On peut écrire : $f = \dfrac{1}{2}u'u^{-0,4}$, où u est le polynôme : $x \mapsto x^2 + 1$.

u est dérivable, positive et ne s'annule pas sur $\mathbb{R}$, donc $\dfrac{u^{0,6}}{0,6}$ est une primitive de $u'u^{-0,4}$ sur $\mathbb{R}$ $(-0,4 + 1 = 0,6)$.

Finalement, **une primitive F de f sur $\mathbb{R}$ est : $x \mapsto \dfrac{5}{6}(x^2+1)^{0,6}$**
$\left(\dfrac{1}{2} \times \dfrac{1}{0,6} = \dfrac{5}{6}\right)$.

Remarque : Ne pas oublier de contrôler les résultats en vérifiant que l'on a bien :
pour tout x de I, $F'(x) = f(x)$.

6.2 $f : x \mapsto \dfrac{-5}{x^3}$, $G(2) = 1$.

La fonction $F : \begin{array}{l} \mathbb{R}_+^* \to \mathbb{R} \\ x \mapsto \dfrac{5}{2x^2} \end{array}$ est une primitive de f sur $\mathbb{R}_+^*$.

Parmi toutes les primitives de f sur $\mathbb{R}_+^*$, celle qui prend la valeur 1 en 2 est la fonction $x \mapsto F(x) + k$, où le réel k vérifie : $F(2) + k = 1$, c'est-à-dire : $k = \dfrac{3}{8}$.

On en déduit que **la fonction G est :**

$$\begin{array}{l} \mathbb{R}_+^* \to \mathbb{R} \\ x \mapsto \dfrac{5}{2x^2} + \dfrac{3}{8}. \end{array}$$

6.3 La fonction G cherchée est : $x \mapsto \ln(-x)$.

En effet :

- G est dérivable sur son ensemble de définition $]-\infty\,;0[$,
- pour tout x de cet intervalle, $G'(x) = \dfrac{1}{x}$,
- $G(-1) = \ln 1 = 0$.

Notons que $]-\infty\,;0[$ est le plus grand intervalle I possible car 0 ne peut appartenir à I, la fonction inverse n'étant pas définie en 0.

6.4 $A = \int_0^{\frac{\pi}{2}} \sin^2 x \cos x \, dx = \left[\frac{1}{3}\sin^3 x\right]_0^{\frac{\pi}{2}} = \frac{1}{3}.$

$$B = \int_1^0 \frac{4x^3 + 8x}{(x^4 + 4x^2 + 2)^3}\, dx = \left[\frac{-1}{2\,(x^4 + 4x^2 + 2)^2}\right]_1^0 = -\frac{1}{2}\left(\frac{1}{4} - \frac{1}{49}\right) = -\frac{45}{392}.$$

$$C = \int_1^2 \frac{1}{x^2}\, e^{\frac{1}{x}}\, dx = \left[-e^{\frac{1}{x}}\right]_1^2 = -e^{\frac{1}{2}} + e = e - \sqrt{e}.$$

$$D = \int_1^e \frac{\ln x}{x}\, dx = \left[\frac{1}{2}\ln^2 x\right]_1^e = \frac{1}{2}\,(\ln^2 e - \ln^2 1) = \frac{1}{2}.$$

Remarque : Pour contrôler le calcul d'une intégrale, ne pas oublier que la plupart des calculatrices programmables en fournissent rapidement une valeur approchée.

6.5 $A = \int_0^2 (1 - |t-1|)^3 \, dt.$

Remarquons d'abord que la fonction $t \mapsto (1 - |t-1|)^3$ est continue sur $\mathbb{R}$ et que l'on a, pour tout réel t :

- si $t \leqslant 1$, alors $|t-1| = 1 - t$,
- si $t \geqslant 1$, alors $|t-1| = t - 1$.

On est ainsi conduit à écrire, en utilisant la relation de Chasles :

$$A = \int_0^1 (1 - |t-1|)^3 \, dt + \int_1^2 (1 - |t-1|)^3 \, dt,$$

donc : $A = \int_0^1 (1 - (1-t))^3 \, dt + \int_1^2 (1 - (t-1))^3 \, dt = \int_0^1 t^3 \, dt + \int_1^2 (2-t)^3 \, dt,$

d'où : $A = \left[\frac{t^4}{4}\right]_0^1 + \left[\frac{-(2-t)^4}{4}\right]_1^2 = \frac{1}{4} + \frac{1}{4},$

et finalement :

$$\mathbf{A = \frac{1}{2}.}$$

Remarque : Notons f la fonction $t \mapsto (1 - |t-1|)^3$.

La droite d'équation $x = 1$ est axe de symétrie de $\mathscr{C}_f$.

On peut en déduire : $\int_0^1 f(t)\, dt = \int_1^2 f(t)\, dt,$

c'est-à-dire : $\int_0^1 t^3 \, dt = \int_1^2 (2-t)^3 \, dt.$

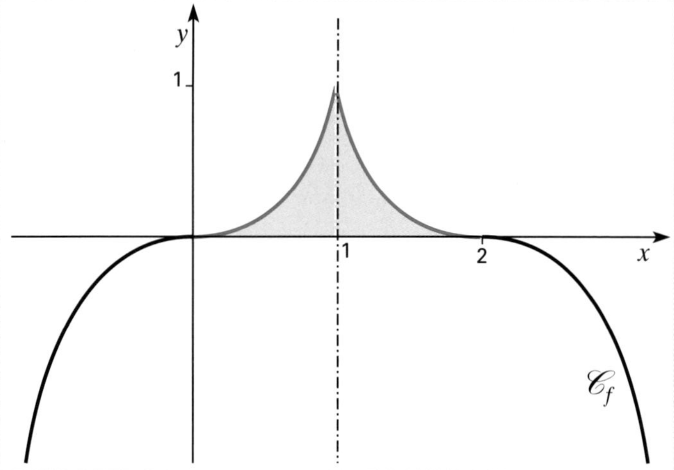

$$B = \int_{-107}^{107} (t^3 + 4\sin^7 t)\, \mathrm{d}t.$$

La fonction $t \mapsto t^3 + 4\sin^7 t$ est continue sur $\mathbb{R}$ (B existe), impaire et les bornes de l'intégrale sont opposées, donc : $\boldsymbol{B = 0}$.

Remarque : L'intégrale d'une fonction impaire (et continue) sur un segment symétrique par rapport à 0 est nulle (penser à l'interprétation à l'aide des aires).

$$C = \sum_{k=1}^{k=5} \int_k^{k+1} \sqrt{t}\, \mathrm{d}t.$$

La fonction racine carrée est continue sur $\mathbb{R}_+$, donc C existe bien.

$$C = \int_1^2 \sqrt{t}\, \mathrm{d}t + \int_2^3 \sqrt{t}\, \mathrm{d}t + \int_3^4 \sqrt{t}\, \mathrm{d}t + \int_4^5 \sqrt{t}\, \mathrm{d}t + \int_5^6 \sqrt{t}\, \mathrm{d}t,$$

et en utilisant la relation de Chasles, il vient :

$$C = \int_1^6 \sqrt{t}\, \mathrm{d}t.$$

D'autre part, une primitive de $t \mapsto \sqrt{t}$ sur $\mathbb{R}_+$ est la fonction $t \mapsto \frac{2}{3} t\sqrt{t}$,

donc : $$\boldsymbol{C = \left[\frac{2}{3} t \sqrt{t}\right]_1^6},$$

d'où : $$\boldsymbol{C = \frac{2}{3}(6\sqrt{6} - 1).}$$

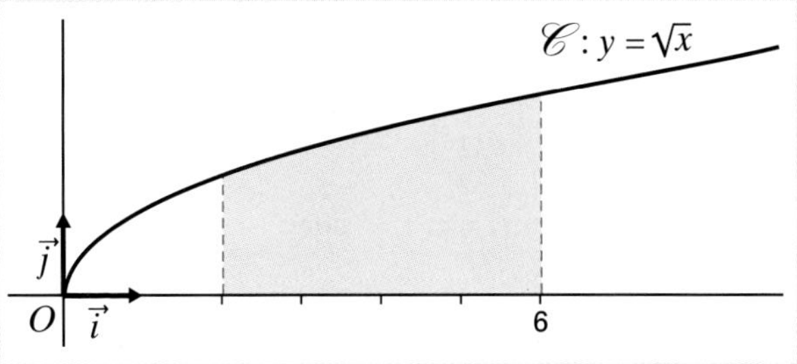

Remarque : C est l'aire de la surface colorée (en unités d'aires).

6.6 $$\int_{\frac{\pi}{3}}^{\frac{4\pi}{3}} \cos 3t \sin t \, dt \underset{(1)}{=} \int_0^{\pi} \cos 3t \sin t \, dt \underset{(2)}{=} \int_{-\frac{\pi}{2}}^{\frac{\pi}{2}} \cos 3t \sin t \, dt \underset{(3)}{=} 0.$$

Égalités (1) et (2) : la fonction $t \mapsto \cos 3t \sin t$ est continue sur $\mathbb{R}$ et π-périodique ; de plus, les segments $\left[\frac{\pi}{3} ; \frac{4\pi}{3}\right]$, $[0 ; \pi]$ et $\left[-\frac{\pi}{2} ; \frac{\pi}{2}\right]$ ont tous trois pour longueur π.

Égalité (3) : la fonction $t \mapsto \cos 3t \sin t$ est impaire.

Remarque : Notons f la fonction : $t \mapsto \cos 3t \sin t$;
alors, pour tout réel t :

$$\begin{aligned} f(t+\pi) &= \cos [3(t+\pi)] \sin (t+\pi) \\ &= \cos (3t + 3\pi)(-\sin t) \\ &= (-\cos 3t)(-\sin t) \\ &= \cos 3t \sin t, \end{aligned}$$

donc : $f(t+\pi) = f(t)$.

Cela prouve que f est π-périodique.

6.7 $$A = \int_0^{\pi} x \sin x \, dx = \int_0^{\pi} u(x) v'(x) \, dx,$$

avec, pour tout x de $[0 ; \pi]$:

$$u(x) = x, \quad \text{donc :} \quad u'(x) = 1,$$

$v'(x) = \sin x$, et par exemple : $v(x) = -\cos x$.

Les fonctions u, v, u', v' étant continues sur $[0 ; \pi]$, on obtient en appliquant le théorème d'intégration par parties :

$$A = [-x \cos x]_0^{\pi} - \int_0^{\pi} (-\cos x) \, dx = \pi + [\sin x]_0^{\pi},$$

d'où : $$\boldsymbol{A = \pi}.$$

$B = \int_1^e \ln t \, dt.$

En écrivant $B = \int_1^e 1 \times \ln t \, dt$, on est conduit à poser, pour tout t de $[1 ; e]$:

$$u(t) = \ln t, \quad \text{donc :} \quad u'(t) = \frac{1}{t},$$

$$v'(t) = 1, \text{ on peut alors choisir :} \quad v(t) = t.$$

Les fonctions u, v, u', v' étant continues sur $[1 ; e]$, on peut faire une intégration par parties :

$$B = [t \ln t]_1^e - \int_1^e t \times \frac{1}{t} \, dt = e - [t]_1^e,$$

d'où : $\mathbf{B = 1.}$

$C = \int_{-1}^0 (2x+1)e^{-x} \, dx.$

En posant :
$$u(x) = 2x + 1, \qquad u'(x) = 2,$$
$$v'(x) = e^{-x}, \qquad v(x) = -e^{-x},$$

les fonctions u, v, u', v' sont continues sur $[-1 ; 0]$; on obtient en faisant une intégration par parties :

$$C = [-(2x+1)e^{-x}]_{-1}^0 - \int_{-1}^0 -2e^{-x} \, dx = -1 - e + [-2e^{-x}]_{-1}^0,$$

donc : $\mathbf{C = e - 3.}$

Remarque : De petits conseils pour calculer $\int_a^b f(t) \, dt$ dans trois cas particuliers.

- Si on peut écrire : $f = g \times \ln$, où g est un polynôme, alors dans une intégration par parties, on pose : $u = \ln$, $v' = g$.
- Si on peut écrire : $f = g \times \exp$, où g est un polynôme, alors dans une intégration par parties, on pose : $u = g$, $v' = \exp$.
- Si on peut écrire : $f = g \times \sin$ (resp. $f = g \times \cos$), où g est un polynôme, alors dans une intégration par parties, on pose : $u = g$, $v' = \sin$ (resp. $v' = \cos$).

6.8 $A = \int_0^{\frac{\pi}{2}} x \cos^2 x \, dx$ et $B = \int_0^{\frac{\pi}{2}} x \sin^2 x \, dx.$

Notons que les fonctions $x \mapsto x \cos^2 x$ et $x \mapsto x \sin^2 x$ sont continues sur $\mathbb{R}$, donc sur $\left[0 ; \frac{\pi}{2}\right]$: les intégrales A et B existent bien.

1° $$A + B = \int_0^{\frac{\pi}{2}} (x \cos^2 x + x \sin^2 x)\, dx$$
$$= \int_0^{\frac{\pi}{2}} x\,(\cos^2 x + \sin^2 x)\, dx$$
$$= \int_0^{\frac{\pi}{2}} x\, dx$$
$$= \left[\frac{x^2}{2}\right]_0^{\frac{\pi}{2}},$$

donc : $$\boldsymbol{A + B = \frac{\pi^2}{8}}.$$

2° $$A - B = \int_0^{\frac{\pi}{2}} (x \cos^2 x - x \sin^2 x)\, dx$$
$$= \int_0^{\frac{\pi}{2}} x\,(\cos^2 x - \sin^2 x)\, dx$$
$$= \int_0^{\frac{\pi}{2}} x \cos 2x \; dx.$$

En posant : $u(x) = x$, $u'(x) = 1$,

$v'(x) = \cos 2x$, $v(x) = \frac{1}{2} \sin 2x$,

les fonctions u, v, u', v' sont continues sur $\left[0\,;\,\frac{\pi}{2}\right]$.
Une intégration par parties donne alors :

$$A - B = \left[\frac{1}{2}\, x \sin 2x\right]_0^{\frac{\pi}{2}} - \int_0^{\frac{\pi}{2}} \frac{1}{2}\, x \sin 2x\, dx = \left[\frac{1}{4}\, \cos 2x\right]_0^{\frac{\pi}{2}},$$

donc : $$\boldsymbol{A - B = -\frac{1}{2}}.$$

3° Des égalités : $$\begin{cases} A + B = \dfrac{\pi^2}{8} \\ A - B = -\dfrac{1}{2} \end{cases},$$

on déduit : $$\boldsymbol{A = \frac{\pi^2}{16} - \frac{1}{4} \quad \text{et} \quad B = \frac{\pi^2}{16} + \frac{1}{4}}.$$

6.9 $A = \int_0^1 x^2 \, e^x \, dx.$

Pour tout x de $[0 ; 1]$,
on pose : $u(x) = x^2$ et $v'(x) = e^x$,
on a alors : $u'(x) = 2x$,
et on peut choisir : $v(x) = e^x$.

Les fonctions u, v, u', v' sont continues sur $[0 ; 1]$.
En intégrant par parties, il vient :

$$A = [x^2 \, e^x]_0^1 - \int_0^1 2x \, e^x \, dx = e - 2\int_0^1 x \, e^x \, dx.$$

Calculons maintenant l'intégrale $\int_0^1 x \, e^x \, dx$ en posant :

$$f(x) = x, \quad f'(x) = 1,$$
$$g'(x) = e^x, \quad g(x) = e^x.$$

Les fonctions f, g, f', g' sont continues sur $[0 ; 1]$, et on a :

$$\int_0^1 x \, e^x \, dx = [x \, e^x]_0^1 - \int_0^1 e^x \, dx = e - [e^x]_0^1 = e - e + 1 = 1.$$

Il vient finalement : $\mathbf{A = e - 2.}$

$B = \int_0^\pi e^x \sin x \, dx.$

En posant : $u(x) = \sin x, \quad u'(x) = \cos x,$
$v'(x) = e^x, \quad v(x) = e^x,$

les fonctions u, v, u', v' sont continues sur $[0 ; \pi]$.

Une intégration par parties donne alors :

$$B = [e^x \sin x]_0^\pi - \int_0^\pi e^x \cos x \, dx = -\int_0^\pi e^x \cos x \, dx.$$

Posons maintenant : $f(x) = \cos x, \quad f'(x) = -\sin x,$
$g'(x) = e^x, \quad g(x) = e^x,$

les fonctions u, v, u', v' sont continues sur $[0 ; \pi]$ et une nouvelle intégration par parties conduit à :

$$\int_0^\pi e^x \cos x \, dx = [e^x \cos x]_0^\pi - \int_0^\pi (-e^x \sin x) \, dx = -e^\pi - 1 + \int_0^\pi e^x \sin x \, dx.$$

En revenant à la définition de B, on peut écrire :

$$B = e^\pi + 1 - B,$$

d'où : $$\boldsymbol{B = \frac{1}{2}(e^\pi + 1).}$$

6.10 Chacune des fonctions $x \mapsto \cos^5 x$, $x \mapsto \sin^3 2x$, $x \mapsto \sin^2 x \cos^5 x$ est continue sur $\mathbb{R}$, donc les intégrales A, B, C existent bien.

$A = \int_0^{\frac{\pi}{2}} \cos^5 x \, dx.$

Pour tout réel x, on a :

$$\cos^5 x = \cos x\, (\cos^2 x)^2 = \cos x\, (1 - \sin^2 x)^2,$$

donc : $\cos^5 x = \cos x - 2 \cos x \sin^2 x + \cos x \sin^4 x,$

d'où : $\cos^5 x = \sin' x - 2 \sin' x \sin^2 x + \sin' x \sin^4 x.$

On en déduit qu'une primitive sur $\mathbb{R}$ de $\cos^5$ est :

$$x \mapsto \sin x - \frac{2}{3} \sin^3 x + \frac{1}{5} \sin^5 x.$$

Il vient : $A = \left[\sin x - \frac{2}{3} \sin^3 x + \frac{1}{5} \sin^5 x\right]_0^{\frac{\pi}{2}} = 1 - \frac{2}{3} + \frac{1}{5},$

donc : $\boldsymbol{A = \frac{8}{15}}.$

Remarques :

- On a pu ici éviter de linéariser la fonction $x \mapsto \cos^5 x$ car c'est une puissance d'exposant impair de la fonction cosinus.
- La fonction $\cos^5$ est paire, de période 2π, elle vaut 1 en 0 et 0 en $\frac{\pi}{2}$; il en est de même pour la fonction $x \mapsto \cos x - 2 \cos x \sin^2 x + \cos x \sin^4 x$. Cela ne constitue bien sûr pas une preuve de l'égalité de ces deux fonctions, mais ce type de contrôle permet d'éviter des erreurs grossières.

$B = \int_0^{\frac{\pi}{6}} \sin^3 2x \, dx.$

Pour tout réel x, on a :

$\sin^3 2x = \sin 2x \sin^2 2x = \sin 2x\, (1 - \cos^2 2x) = \sin 2x - \sin 2x \cos^2 2x,$

donc : $B = \left[-\frac{1}{2} \cos 2x + \frac{1}{6} \cos^3 2x\right]_0^{\frac{\pi}{6}} = -\frac{1}{4} + \frac{1}{48} + \frac{1}{2} - \frac{1}{6},$

d'où : $\boldsymbol{B = \frac{5}{48}}.$

$C = \int_0^{\frac{\pi}{2}} \sin^2 x \cos^5 x \, dx.$

Pour tout réel x, on a montré :

$$\cos^5 x = \cos x - 2 \cos x \sin^2 x + \cos x \sin^4 x,$$

donc : $\sin^2 x \cos^5 x = \cos x \sin^2 x - 2 \cos x \sin^4 x + \cos x \sin^6 x,$

il vient : $C = \left[\frac{1}{3} \sin^3 x - \frac{2}{5} \sin^5 x + \frac{1}{7} \sin^7 x\right]_0^{\frac{\pi}{2}} = \frac{1}{3} - \frac{2}{5} + \frac{1}{7},$

d'où : $\boldsymbol{C = \frac{8}{105}}.$

6.11 $f : x \mapsto \cos^4 x$.

1° *a*) Pour tout réel x, on a : $\cos x = \dfrac{e^{ix} + e^{-ix}}{2}$,

donc : $$f(x) = \left(\frac{e^{ix} + e^{-ix}}{2}\right)^4$$

$$= \frac{1}{2^4}\,(e^{i4x} + 4e^{i3x}\,e^{-ix} + 6e^{i2x}\,e^{-i2x} + 4e^{ix}\,e^{-i3x} + e^{-i4x})$$

$$= \frac{1}{16}\,(e^{i4x} + 4e^{i2x} + 6 + 4e^{-i2x} + e^{-i4x})$$

$$= \frac{1}{8}\left(\frac{e^{i4x} + e^{-i4x}}{2} + 4\,\frac{e^{i2x} + e^{-i2x}}{2} + 3\right).$$

Finalement, f s'écrit : $x \mapsto \dfrac{1}{8}\cos 4x + \dfrac{1}{2}\cos 2x + \dfrac{3}{8}$.

b) Pour tout réel x, on a : $\cos 2x = 2\cos^2 x - 1$,

c'est-à-dire : $$\cos^2 x = \frac{\cos 2x + 1}{2} ;$$

il vient : $$\cos^4 x = \frac{1}{4}\,(\cos 2x + 1)^2 = \frac{1}{4}\,(\cos^2 2x + 2\cos 2x + 1),$$

donc : $$\cos^4 x = \frac{1}{4}\left(\frac{1}{2}(\cos 4x + 1) + 2\cos 2x + 1\right).$$

On obtient comme précédemment que f s'écrit :

$$x \mapsto \frac{1}{8}\cos 4x + \frac{1}{2}\cos 2x + \frac{3}{8}.$$

2° $A = \displaystyle\int_0^{\frac{\pi}{2}} \cos^4 x\,dx$.

On déduit de la question 1° qu'une primitive de f sur $\mathbb{R}$ est :

$$x \mapsto \frac{1}{32}\sin 4x + \frac{1}{4}\sin 2x + \frac{3}{8}\,x,$$

donc : $$\boldsymbol{A} = \frac{1}{32}\Big[\sin 4x\Big]_0^{\frac{\pi}{2}} + \frac{1}{4}\Big[\sin 2x\Big]_0^{\frac{\pi}{2}} + \frac{3}{8}\Big[x\Big]_0^{\frac{\pi}{2}} = \boldsymbol{\frac{3\pi}{16}}.$$

Remarque : Comment déterminer une primitive d'une fonction f du type $\sin^{2n}$ ou $\cos^{2n}$, avec n naturel non nul ? On linéarise f. Puisque f est paire, elle peut s'écrire comme la somme de fonctions du type $x \mapsto k\cos px$ (k réel et p naturel). On en déduit aisément une primitive de f.

6.12 • $f : x \mapsto \sin^2 x$.

Pour tout réel x, on a : $\cos 2x = 1 - 2\sin^2 x$,

c'est-à-dire : $$\sin^2 x = \frac{1 - \cos 2x}{2}.$$

Donc f s'écrit : $$x \mapsto \frac{1 - \cos 2x}{2}.$$

Une primitive de f sur $\mathbb{R}$ est donc la fonction $F : x \mapsto \frac{x}{2} - \frac{1}{4}\sin 2x$.

$$\bullet\ A = \int_0^{\frac{\pi}{3}} \sin^2 x \, dx = \frac{1}{2}\Big[x\Big]_0^{\frac{\pi}{3}} - \frac{1}{4}\Big[\sin 2x\Big]_0^{\frac{\pi}{3}} = \frac{1}{2} \times \frac{\pi}{3} - \frac{1}{4} \times \frac{\sqrt{3}}{2},$$

donc : $$\boldsymbol{A = \frac{\pi}{6} - \frac{\sqrt{3}}{8}}.$$

2° • $f : x \mapsto \sin^6 x$.

Pour tout réel x, on a : $$\sin x = \frac{e^{ix} - e^{-ix}}{2i},$$

donc :

$$\begin{aligned} f(x) &= \left(\frac{e^{ix} - e^{-ix}}{2i}\right)^6 \\ &= \frac{1}{64i^6}\left(e^{i6x} - 6e^{i4x} + 15e^{i2x} - 20 + 15e^{-i2x} - 6e^{-i4x} + e^{-i6x}\right) \\ &= \frac{-1}{32}\left(\frac{e^{i6x} + e^{-i6x}}{2} - 6\,\frac{e^{i4x} + e^{-i4x}}{2} + 15\,\frac{e^{i2x} + e^{-i2x}}{2} - 10\right). \end{aligned}$$

Remarque : Pour les coefficients, penser au triangle de Pascal :

1						
1	1					
1	2	1				
1	3	3	1			
1	4	6	4	1		
1	5	10	10	5	1	
1	6	15	20	15	6	1

Finalement, **f s'écrit : $x \mapsto \frac{1}{32}(-\cos 6x + 6\cos 4x - 15\cos 2x + 10)$,**

et on peut choisir pour F la fonction :

$$\boldsymbol{x \mapsto \frac{1}{32}\left(-\frac{1}{6}\sin 6x + \frac{3}{2}\sin 4x - \frac{15}{2}\sin 2x + 10x\right).}$$

• Par définition : $$A = \int_{\frac{\pi}{3}}^{\frac{\pi}{2}} \sin^6 x \,\mathrm{d}x,$$

donc : $$A = \left[\frac{1}{32}\left(-\frac{1}{6}\sin 6x + \frac{3}{2}\sin 4x - \frac{15}{2}\sin 2x + 10x\right)\right]_{\frac{\pi}{3}}^{\frac{\pi}{2}},$$

soit : $$A = \frac{1}{32}\left(-\frac{3}{2}\sin\frac{4\pi}{3} + \frac{10\pi}{2} + \frac{15}{2}\sin\frac{2\pi}{3} - \frac{10\pi}{3}\right),$$

d'où : $$\mathbf{A = \frac{27\sqrt{3} + 10\pi}{192}}.$$

Remarque : $A \approx 0{,}41$ à 10^{-2} près.

6.13 1°

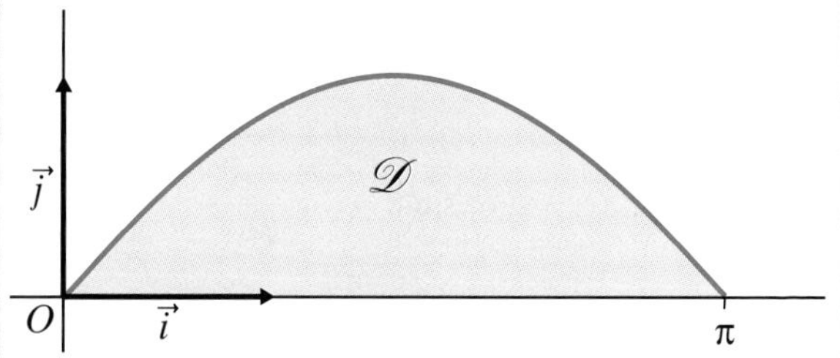

Soit $\mathscr{A}$ l'aire de $\mathscr{D}$ en unités d'aire. La fonction sinus étant continue et positive sur l'intervalle $[0, \pi]$, il vient :

$$\mathscr{A} = \int_0^{\pi} \sin x \,\mathrm{d}x = [-\cos x]_0^{\pi} = 2.$$

L'unité d'aire est 4 cm^2, donc **l'aire de $\mathscr{D}$ est 8 cm^2.**

2°

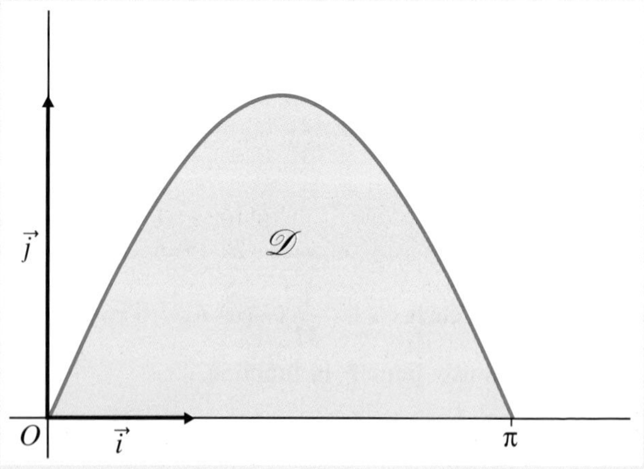

L'unité d'aire étant $\frac{6}{\pi} \times 4$ cm^2, **l'aire de $\mathscr{D}$ est** $2 \times \frac{6}{\pi} \times 4$ cm^2, c'est-à-dire $\mathbf{\frac{48}{\pi}}$ **cm^2.**

Remarque : Vérifier que l'aire obtenue correspond à celle de la représentation graphique (en tenant compte de l'unité d'aire).

6.14 $\mathscr{D}$: $\begin{cases} 1 \leqslant x \leqslant \mathrm{e}, \\ 0 \leqslant y \leqslant \dfrac{1}{x}. \end{cases}$

1°

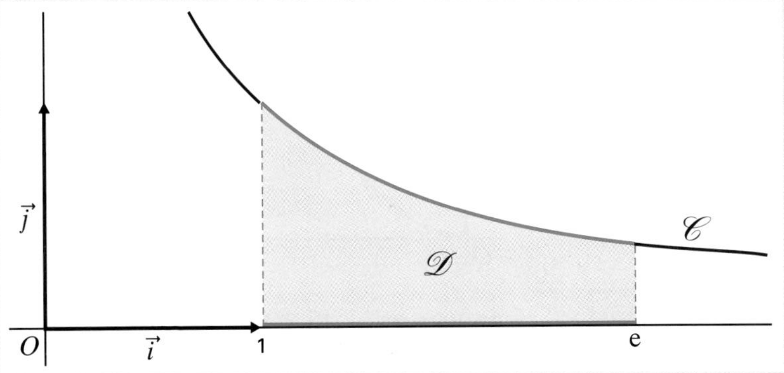

2° La fonction inverse est continue et positive sur l'intervalle [1 ; e], donc l'aire $\mathscr{A}$ de $\mathscr{D}$ en unités d'aire vérifie :

$$\mathscr{A} = \int_1^{\mathrm{e}} \frac{1}{x}\, \mathrm{d}x = [\ln x]_1^{\mathrm{e}} = 1.$$

L'unité d'aire étant 9 cm^2, **l'aire de $\mathscr{D}$ est 9 cm^2.**

6.15 La fonction $x \mapsto \mathrm{e}^x$ est continue sur $\mathbb{R}$, et en particulier sur [– 1 ; 1].

De plus, $\mathscr{S}$ est le solide de révolution engendré par la rotation de la courbe représentative $\mathscr{C}$ de $x \mapsto \mathrm{e}^x$ autour de l'axe des abscisses, et limité par les plans d'équations $x = -1$ et $x = 1$.

Le volume de $\mathscr{S}$ est donc $\int_{-1}^{1} \pi\, (\mathrm{e}^x)^2\, \mathrm{d}x$ unités de volume, et l'on a :

$$\int_{-1}^{1} \pi\, (\mathrm{e}^x)^2\, \mathrm{d}x = \int_{-1}^{1} \pi\, \mathrm{e}^{2x}\, \mathrm{d}x = \pi \left[\frac{1}{2}\mathrm{e}^{2x}\right]_{-1}^{1} = \frac{\pi}{2}\left(\mathrm{e}^2 - \frac{1}{\mathrm{e}^2}\right),$$

$$\frac{\pi}{2}\left(e^2 - \frac{1}{e^2}\right) \approx 11{,}394 \text{ à } 10^{-3} \text{ près.}$$

En conclusion, **le volume de $\mathscr{S}$ est $\frac{\pi}{2}\left(e^2 - \frac{1}{e^2}\right)$ unités de volume,** donc 11,394 unités de volume à 10^{-3} unités près.

Remarque : Si l'unité de longueur sur chacun des axes est a cm, l'unité de volume est a^3 cm^3.

6.16 1° f: $[0\,;\pi] \to \mathbb{R}$, $x \mapsto \sin^2 x$.

La fonction sinus étant positive sur $[0\,;\pi]$, f a le même sens de variation que $x \mapsto \sin x$.

Le tableau de variation de f est :

x	0	$\frac{\pi}{2}$	π
f	0 ↗	1	↘ 0

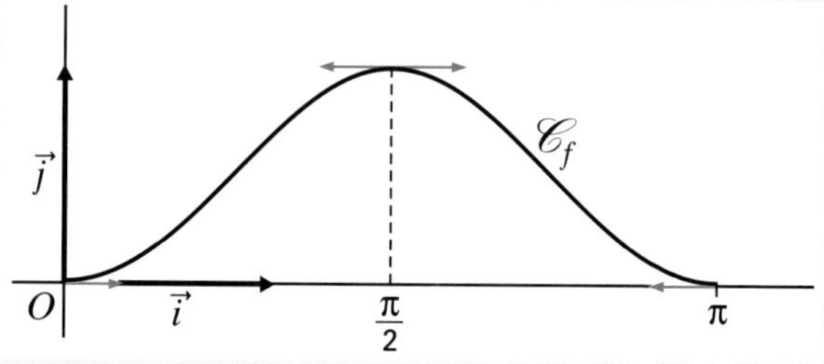

Autre façon : f est dérivable sur $[0\,;\pi]$, et pour tout x de cet intervalle :

$$f'(x) = 2\sin x \cos x = \sin 2x,$$

donc :

$$\begin{cases} f'(x) = 0 \Leftrightarrow x \in \left\{0\,;\frac{\pi}{2}\,;\pi\right\}, \\ f'(x) > 0 \Leftrightarrow x \in \left]0\,;\frac{\pi}{2}\right[, \\ f'(x) < 0 \Leftrightarrow x \in \left]\frac{\pi}{2}\,;\pi\right[. \end{cases}$$

On en déduit alors le sens de variation de f.

2° Pour tout réel x, on a : $\sin x = \dfrac{e^{ix} - e^{-ix}}{2i}$,

donc : $$\sin^4 x = \frac{1}{16}(e^{i4x} - 4e^{i2x} + 6 - 4e^{-i2x} + e^{-i4x}),$$

c'est-à-dire : $$\mathbf{\sin^4 x = \frac{3}{8} - \frac{1}{2}\cos 2x + \frac{1}{8}\cos 4x.}$$

3° La fonction f est continue sur $[0\,;\pi]$, et $\mathscr{S}$ est le solide de révolution engendré par la rotation de $\mathscr{C}_f$ autour de l'axe des abscisses, et limité par les plans d'équations $x = 0$ et $x = \pi$.

Le volume de $\mathscr{S}$ est donc $\int_0^{\pi} \pi f^2(x)\,\mathrm{d}x$ unités de volumes, et :

$$\int_0^{\pi} \pi f^2(x)\,\mathrm{d}x = \int_0^{\pi} \pi \left(\frac{3}{8} - \frac{1}{2}\cos 2x + \frac{1}{8}\cos 4x\right)\mathrm{d}x$$

$$= \pi \left[\frac{3}{8}x - \frac{1}{4}\sin 2x + \frac{1}{32}\sin 4x\right]_0^{\pi}$$

$$= \frac{3\pi^2}{8}\,;$$

l'unité graphique étant 2 cm, l'unité de volume est 2^3 cm^3, c'est-à-dire 8 cm^3.

On en déduit que **le volume de $\mathscr{S}$ est $3\pi^2$ cm^3.**

Remarque : On a : $3\pi^2 \approx 29{,}609$ à 10^{-3} près, donc au mm^3 près, le volume de $\mathscr{S}$ est 29,609 cm^3.

6.17 Partie A

1° $g(x) = x^2 + 1 - \ln x$.

a) g est dérivable sur $]0\,;+\infty[$ et, pour tout x de cet intervalle :

$$g'(x) = 2x - \frac{1}{x} = \frac{2x^2 - 1}{x} = \frac{(x\sqrt{2} - 1)(x\sqrt{2} + 1)}{x},$$

donc le signe de $g'(x)$ est celui de $x\sqrt{2} - 1$.

On en déduit le tableau de variation de g :

x	0		$\frac{1}{\sqrt{2}}$		$+\infty$
$g'(x)$	‖	$-$	0	$+$	
g	‖	↘	$g\left(\frac{1}{\sqrt{2}}\right)$	↗	

avec : $$g\left(\frac{1}{\sqrt{2}}\right) = \frac{1}{2} + 1 - \ln\left(\frac{1}{\sqrt{2}}\right) = \frac{3}{2} + \frac{1}{2}\ln 2.$$

b) D'après le tableau de variation, le minimum de g est $g\left(\frac{1}{\sqrt{2}}\right)$,

et l'on a clairement : $$g\left(\frac{1}{\sqrt{2}}\right) > 0.$$

Il vient : **pour tout x de $]0\ ;+\infty[$, $g(x) > 0$.**

2° *a*) $f(x) = x + \dfrac{\ln x}{x}$.

• On a : $\lim\limits_{0} \ln = -\infty$ et $\lim\limits_{\substack{x \to 0 \\ >}} \dfrac{1}{x} = +\infty$,

donc : $\lim\limits_{x \to 0} \dfrac{\ln x}{x} = -\infty$,

et il vient : $\boldsymbol{\lim\limits_{0} f = -\infty}$.

• On sait : $\lim\limits_{x \to +\infty} \dfrac{\ln x}{x} = 0$, donc : $\boldsymbol{\lim\limits_{+\infty} f = +\infty}$.

b) f est dérivable sur $]0\ ;+\infty[$ et pour tout x de $]0\ ;+\infty[$, on a :

$$f'(x) = 1 + \frac{\frac{1}{x} \times x - \ln x}{x^2} = 1 + \frac{1 - \ln x}{x^2} = \frac{x^2 + 1 - \ln x}{x^2} = \frac{g(x)}{x^2},$$

donc $f'(x)$ et $g(x)$ ont le même signe.

Cela prouve que f est strictement croissante sur $]0\ ;+\infty[$.

x	0	$+\infty$
$f'(x)$	‖ +	
f	‖ $-\infty$ ↗	$+\infty$

c) On a :

pour tout x de $]0\ ;+\infty[$, $f(x) = x + \dfrac{\ln x}{x}$

et $\lim\limits_{x \to +\infty} \dfrac{\ln x}{x} = 0$,

donc **la droite Δ d'équation $y = x$ est asymptote à $\mathscr{C}$.**

De plus, le signe de $\dfrac{\ln x}{x}$ est celui de $\ln x$;

on en déduit :

• si $0 < x < 1$, alors $f(x) < x$ et $\mathscr{C}$ est au-dessous de Δ,

• si $x > 1$, alors $f(x) > x$ et $\mathscr{C}$ est au-dessus de Δ,

• $\mathscr{C}$ et Δ ont un seul point d'intersection : $A(1\ ;\ 1)$.

On a déjà établi : $\lim\limits_{0} f = -\infty$, ce qui prouve que **la droite d'équation $x = 0$** (c'est-à-dire la droite des ordonnées) **est asymptote à $\mathscr{C}$.**

d) La pente de la tangente $\mathscr{T}$ à la courbe $\mathscr{C}$ en son point d'abscisse e est $f'(\mathrm{e})$, et l'on a :

$$f'(\mathrm{e}) = \frac{\mathrm{e}^2 + 1 - 1}{\mathrm{e}^2} = 1,$$

donc $\mathscr{T}$ **est parallèle à** $\boldsymbol{\Delta}$**.**

e)

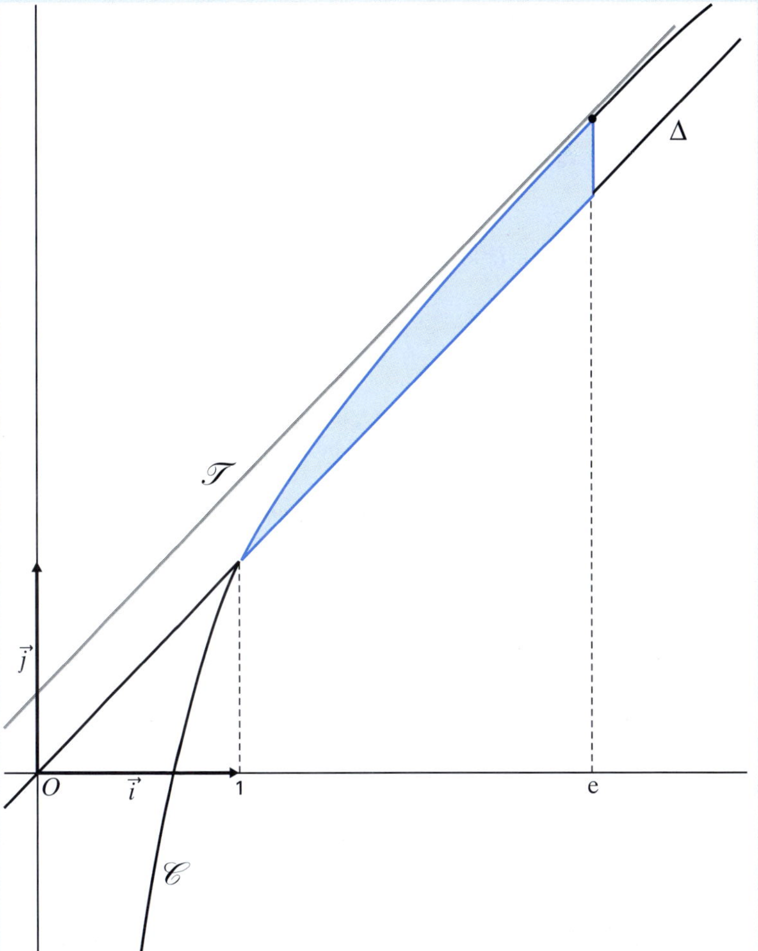

f) Remarquons :
pour tout x de $]0 ; +\infty[$,

$$\frac{1}{x} \times \ln x = \ln'(x) \times \ln x = \frac{1}{2}(\ln^2)'(x),$$

donc : $$\int_1^e \frac{1}{x} \ln x \, dx = \left[\frac{\ln^2 x}{2}\right]_1^e = \frac{\ln^2 e}{2} - \frac{\ln^2 1}{2} = \frac{1}{2}.$$

f est une fonction continue sur $[1 ; e]$;
de plus : pour tout x de $[1 ; e]$, $f(x) \geqslant x$;
enfin, une unité d'aire vaut 9 cm^2 car l'unité graphique est de 3 cm.
Donc l'aire a de la partie du plan P délimitée par la courbe C, la droite Δ et les droites d'équations $x = 1$ et $x = e$ est telle que :

$$a = 9 \int_1^e (f(x) - x) dx \text{ cm}^2 = 9 \int_1^e \frac{1}{x} \ln x \, dx \text{ cm}^2 = 9 \times \frac{1}{2} \text{ cm}^2,$$

donc : $$\boldsymbol{a = 4{,}5 \text{ cm}^2}.$$

Partie B

1° $$\int_1^e \boldsymbol{\ln x \, dx} = [x \ln x]_1^e - \int_1^e x \frac{1}{x} dx = \mathbf{1}.$$

(Cette intégrale a été calculée avec davantage de détails dans l'exercice 6.7 de ce chapitre.)

2° Pour tout x de $]0 ; +\infty[$,

$$H(x) = -\frac{1}{x}\ln^2 x - \frac{2}{x}\ln x - \frac{2}{x},$$

donc H est dérivable sur $]0 ; +\infty[$ et pour tout x de $]0 ; +\infty[$:

$$H'(x) = \frac{1}{x^2}\ln^2 x - \frac{1}{x}\left(2 \times \frac{1}{x} \times \ln x\right) + \frac{2}{x^2}\ln x - \frac{2}{x} \times \frac{1}{x} + \frac{2}{x^2} = \frac{\ln^2 x}{x^2},$$

d'où : $H'(x) = h(x)$.
On en déduit que ***H* est une primitive, sur l'intervalle $]0 ; +\infty[$, de *h*.**

3° $$V = \int_1^e \pi f^2(x) dx$$

$$= \pi \int_1^e \left(x + \frac{\ln x}{x}\right)^2 dx$$

$$= \pi \int_1^e \left(x^2 + 2\ln x + \frac{\ln^2 x}{x^2}\right) dx$$

$$= \pi\left(\int_1^e x^2 dx + 2\int_1^e \ln x \, dx + \int_1^e h(x) \, dx\right)$$

$$= \pi \int_1^e \left(x + \frac{\ln x}{x}\right)^2 dx$$

$$= \pi \int_1^e \left(x^2 + 2\ln x + \frac{\ln^2 x}{x^2}\right) dx$$

$$= \pi\left(\int_1^e x^2 dx + 2 \int_1^e \ln x\, dx + \int_1^e h(x)\, dx\right)$$

$$= \pi\left(\left[\frac{x^3}{3}\right]_1^e + 2 + [H(x)]_1^e\right),$$

or : $$\left[\frac{x^3}{3}\right]_1^e = \frac{e^3 - 1}{3},$$

et : $$[H(x)]_1^e = H(e) - H(1) = 2 - \frac{5}{e},$$

donc : $$\boldsymbol{V = \pi\left(\frac{11}{3} + \frac{e^3}{3} - \frac{5}{e}\right).}$$

Remarque : Le volume du solide $\mathscr{S}$ est égal à $27\pi\left(\frac{11}{3} + \frac{e^3}{3} - \frac{5}{e}\right)$ cm^3 car une unité de volume vaut 27 cm^3.

6.18 1° **Faux.**

On a $\frac{2\pi}{3} < \pi$, et la fonction continue $t \mapsto \sin^9 t$ est positive sur $\left[\frac{2\pi}{3} ; \pi\right]$,

donc : $$\int_\pi^{\frac{2\pi}{3}} \sin^9 t\, dt \leqslant 0.$$

2° **Faux.**

Pour tout réel x, $\cos x^2 \leqslant 1$,

donc : $$\int_0^\pi \cos x^2\, dx \leqslant \pi.$$

6.19 Soit x un réel strictement positif. La fonction ln étant continue sur $\mathbb{R}_+^*$, la fonction $\ln^3$ est continue sur tout segment d'extrémités x et x^2 ; cela prouve que l'écriture $\int_x^{x^2} \ln^3 t\, dt$ a bien un sens.

D'autre part, l'ordre dans lequel sont rangés les réels positifs x et x^2 dépend de la position de x par rapport à 1 ; nous sommes amenés à

• Si $x \geqslant 1$, alors $x \leqslant x^2$, et :
pour tout t de $[x\,;x^2]$, $\ln^3 t \geqslant 0$ (car $\ln \geqslant 0$ sur $[1\,;+\infty[$ et $1 \leqslant x \leqslant x^2$),

donc : $$\int_x^{x^2} \ln^3 t \, dt \geqslant 0.$$

Finalement, on a démontré : **pour tout x de $]0\,;+\infty[$, $\int_x^{x^2} \ln^3 t \, dt \geqslant 0$.**

6.20 $F : x \mapsto \int_1^x \frac{2}{3+t^4} \, dt.$

• La fonction rationnelle $f : t \mapsto \frac{2}{3+t^4}$ est continue sur $\mathbb{R}$, donc F est la primitive sur $\mathbb{R}$ de f qui s'annule en 1.
Par conséquent, F est définie et dérivable sur $\mathbb{R}$.

• Soit x un élément de $[1\,;+\infty[$; on a :
$x \geqslant 1$ et pour tout t de $[1\,;x]$,
$$\frac{2}{3+t^4} \geqslant 0,$$
donc : $$\int_1^x \frac{2}{3+t^4} \, dt \geqslant 0,$$
ce qui prouve que F est positive sur $[1\,;+\infty[$.

Remarque : On démontre de manière analogue que F est négative sur $]-\infty\,;1]$.

6.21 Pour $x \geqslant 0$, $F(x) = \int_0^x \sin^2 \sqrt{t} \, dt.$

• La fonction $f : t \mapsto \sin^2 \sqrt{t}$ est continue sur $[0\,;+\infty[$, donc F est la primitive sur $[0\,;+\infty[$ qui s'annule en 0 de la fonction f ; par conséquent, F est définie et dérivable sur $\mathbb{R}_+$, et pour tout réel x positif :
$$F'(x) = \sin^2 \sqrt{x},$$
donc : $$F'(x) \geqslant 0.$$
Cela prouve que **F est croissante sur $\mathbb{R}_+$.**

• $F(0) = 0$ et F est croissante sur $\mathbb{R}_+$, donc : si $x \geqslant 0$, alors $F(x) \geqslant 0$, ce qui implique que **F est positive sur $\mathbb{R}_+$.**

Remarque : On peut aussi raisonner comme dans l'exercice précédent.

6.22 $I_n = \int_0^1 t^n \, e^t \, dt.$

Pour tout naturel n, la fonction $t \mapsto t^n \, e^t$ est continue sur $\mathbb{R}$, et a fortiori sur $[0 ; 1]$.
La suite (I_n) est donc bien définie sur $\mathbb{N}$.

1° Soit n un naturel non nul.
Pour tout t de $[0 ; 1]$, on pose :

$$u(t) = t^n, \qquad v'(t) = e^t,$$
$$u'(t) = n t^{n-1}, \quad v(t) = e^t.$$

Les fonctions u' et v' étant continues sur $[0 ; 1]$, le théorème d'intégration par parties donne :

$$\int_0^1 t^n \, e^t \, dt = [t^n \, e^t]_0^1 - \int_0^1 n t^{n-1} \, e^t \, dt,$$

c'est-à-dire: $$\boldsymbol{I_n = e - nI_{n-1}}.$$

2° On a :

$$\boldsymbol{I_0} = \int_0^1 e^t \, dt = [e^t]_0^1 = \mathbf{e - 1}.$$

De la relation de récurrence, on déduit : $I_1 = e - 1 \times I_0$, donc : $\boldsymbol{I_1 = 1}$.
De façon analogue, on obtient successivement :

$$\boldsymbol{I_2} = e - 2I_1 = \mathbf{e - 2},$$
$$\boldsymbol{I_3} = e - 3I_2 = e - 3e + 6 = \mathbf{6 - 2e}.$$

Remarque : On obtient une définition de (I_n) par récurrence :

$$\begin{cases} I_0 = e - 1, \\ \text{pour tout } n \text{ de } \mathbb{N}^*, \quad I_n = e - nI_{n-1}. \end{cases}$$

6.23 $I_n = \int_1^2 \frac{t^n}{5 + t^4} \, dt.$

(I_n) est bien définie sur $\mathbb{N}$, car pour tout naturel n, $\mapsto \frac{t^n}{5 + t^4}$ est continue sur $[1 ; 2]$.

Soit n un naturel. On a :

$$I_{n+1} - I_n = \int_1^2 \frac{t^{n+1}}{5 + t^4} \, dt - \int_1^2 \frac{t^n}{5 + t^4} \, dt$$
$$= \int_1^2 \left(\frac{t^{n+1}}{5 + t^4} - \frac{t^n}{5 + t^4} \right) dt,$$

donc : $$I_{n+1} - I_n = \int_1^2 \frac{t^n}{5+t^4}(t-1)\,\mathrm{d}t;$$

or, pout tout t de [1 ; 2], on a :

$$\frac{t^n}{5+t^4}(t-1) \geqslant 0,$$

donc : $$\int_1^2 \frac{t^n}{5+t^4}(t-1)\,\mathrm{d}t \geqslant 0.$$

Finalement, on obtient : pour tout naturel n, $I_{n+1} - I_n \geqslant 0$,
ce qui prouve que **la suite (I_n) est croissante.**

6.24 $I_n = \displaystyle\int_0^1 \frac{t^n}{1+t^2}\,\mathrm{d}t.$

Pour tout n de $\mathbb{N}$, $t \mapsto \dfrac{t^n}{1+t^2}$ est continue sur $\mathbb{R}$, donc sur [0 ; 1].
La suite (I_n) est donc bien définie sur $\mathbb{N}$.

• On a : $$\int_0^1 t^n\,\mathrm{d}t = \left[\frac{t^{n+1}}{n+1}\right]_0^1 = \frac{1}{n+1}.$$

Pour établir la majoration de I_n demandée, on est ainsi conduit à comparer sur [0 ; 1] les fonctions $t \mapsto \dfrac{t^n}{1+t^2}$ et $t \mapsto t^n$.

• Pour tout t de [0 ; 1], on a :

$$0 < \frac{1}{1+t^2} \leqslant 1 \quad \text{et} \quad t^n \geqslant 0,$$

donc : $$0 \leqslant \frac{t^n}{1+t^2} \leqslant t^n,$$

d'où : $$0 \leqslant \int_0^1 \frac{t^n}{1+t^2}\,\mathrm{d}t \leqslant \int_0^1 t^n\,\mathrm{d}t.$$

Finalement, on a établi :

pour tout naturel n, $$0 \leqslant I_n \leqslant \frac{1}{n+1},$$

et on sait : $$\lim_{x \to +\infty} \frac{1}{n+1} = 0,$$

donc, d'après le théorème des gendarmes, **la suite (I_n) a pour limite 0.**

6.25 $I_n = \int_0^{\frac{\pi}{4}} nx^n \cos 2x \, dx.$

Il est clair que (I_n) est définie sur $\mathbb{N}$

$\left(\text{continuité des fonctions } x \mapsto nx^n \cos 2x \text{ sur } \left[0 ; \frac{\pi}{4}\right]\right)$.

Soit n un naturel. Pour tout x de $\left[0 ; \frac{\pi}{4}\right]$, on a :

$$0 \leqslant \cos 2x \leqslant 1 \quad \text{et} \quad nx^n \geqslant 0,$$

donc :
$$0 \leqslant nx^n \cos 2x \leqslant nx^n,$$

d'où :
$$0 \leqslant \int_0^{\frac{\pi}{4}} nx^n \cos 2x \, dx \leqslant \int_0^{\frac{\pi}{4}} nx^n \, dx ;$$

or on a :

$$\int_0^{\frac{\pi}{4}} nx^n \, dx = n\left[\frac{x^{n+1}}{n+1}\right]_0^{\frac{\pi}{4}} = \frac{n}{n+1}\left(\frac{\pi}{4}\right)^{n+1} \quad \text{et} \quad 0 \leqslant \frac{n}{n+1} \leqslant 1,$$

ce qui implique :
$$0 \leqslant I_n \leqslant \left(\frac{\pi}{4}\right)^{n+1}.$$

Comme on a : $0 < \frac{\pi}{4} < 1$, la suite géométrique $n \mapsto \left(\frac{\pi}{4}\right)^{n+1}$ converge vers 0 ; la suite (I_n) est donc positive et majorée par une suite de limite nulle.
Cela prouve que **(I_n) a pour limite 0.**

6.26 $u_n = \int_n^{n+1} \frac{\ln x}{x} \, dx.$

1° La fonction $f : x \mapsto \frac{\ln x}{x}$ a pour ensemble de définition $]0 ; +\infty[$;

elle est dérivable sur cet intervalle et, pour tout x de $\mathbb{R}_+^*$:

$$f'(x) = \frac{\frac{1}{x} \times x - \ln x}{x^2} = \frac{1 - \ln x}{x^2},$$

donc :
$$\begin{cases} f'(\mathrm{e}) = 0, \\ \text{si } 0 < x < \mathrm{e}, \text{ alors } f'(x) > 0, \\ \text{si } x > \mathrm{e}, \text{ alors } f'(x) < 0. \end{cases}$$

On en déduit que f **est strictement croissante sur]0 ; e] et strictement décroissante sur [e ; + ∞[.**

2° Soit n un naturel tel que $n \geqslant 3$.

a) On a : $e < 3 \leqslant n$; de plus, f est décroissante sur $[e ; +\infty[$.

Il vient, pour tout x de $[n ; n+1]$:

$$f(x) \leqslant f(n),$$

c'est-à-dire :
$$\frac{\ln x}{x} \leqslant \frac{\ln n}{n}.$$

D'autre part, si $x > 1$, alors $\ln x > 0$.

Il en résulte :

pour tout x de $[n ; n+1]$, $\mathbf{0 < \dfrac{\ln x}{x} \leqslant \dfrac{\ln n}{n}}$**.**

b) Grâce aux inégalités de la moyenne, on obtient :

$$0 \leqslant \int_n^{n+1} \frac{\ln x}{x}\,dx \leqslant \frac{\ln n}{n},$$

c'est-à-dire :
$$\mathbf{0 \leqslant u_n \leqslant \frac{\ln n}{n}}.$$

3° À partir du rang 3, on a : $0 \leqslant u_n \leqslant \dfrac{\ln n}{n}$; or la suite $n \mapsto \dfrac{\ln n}{n}$ est de limite 0, donc **la suite u converge vers 0.**

Remarque : On a, pour tout n de $\mathbb{N}^*$:

$$u_n = \left[\frac{1}{2}\ln^2 x\right]_n^{n+1} = \frac{1}{2}\left(\ln^2(n+1) - \ln^2 n\right),$$

donc :
$$u_n = \frac{1}{2}\ln^2\left(1 + \frac{1}{n}\right);$$

de plus :
$$\lim_{n \to +\infty}\left(1 + \frac{1}{n}\right) = 1 \quad \text{et} \quad \lim_{1} \ln = 0.$$

On retrouve bien :
$$\lim_{+\infty} u = 0.$$

6.27 $F : x \mapsto \displaystyle\int_0^x \frac{1}{\sqrt{1+4t^2}}\,dt.$

1° La fonction $x \mapsto \dfrac{1}{\sqrt{1+4x^2}}$ est définie et continue sur $\mathbb{R}$, donc ***F*** **est définie sur $\mathbb{R}$.**

2° **Pour tout réel t positif, on a :**

$$0 < 1 + 4t^2 \leqslant (1+2t)^2,$$

donc :
$$0 < \sqrt{1+4t^2} \leqslant 1 + 2t,$$

d'où :
$$\mathbf{\frac{1}{\sqrt{1+4t^2}} \geqslant \frac{1}{1+2t}}.$$

3° D'après la question précédente, on a, pour tout x positif :

$$\int_0^x \frac{1}{\sqrt{1+4t^2}}\,\mathrm{d}t \geqslant \int_0^x \frac{1}{1+2t}\,\mathrm{d}t,$$

or : $$\int_0^x \frac{1}{1+2t}\,\mathrm{d}t = \left[\frac{1}{2}\ln(1+2t)\right]_0^x = \frac{1}{2}\ln(1+2x),$$

donc : $$F(x) \geqslant \frac{1}{2}\ln(1+2x).$$

De plus : $$\lim_{x\to+\infty}(1+2x) = +\infty \quad \text{et} \quad \lim_{+\infty}\ln = +\infty,$$

donc : $$\lim_{x\to+\infty}\ln(1+2x) = +\infty.$$

On a ainsi prouvé que F est minorée sur $\mathbb{R}_+$ par une fonction de limite $+\infty$ en $+\infty$, donc **F a pour limite $+\infty$ en $+\infty$.**

6.28 $F : x \mapsto \displaystyle\int_1^x e^{-t^2}\,\mathrm{d}t.$

La fonction $t \mapsto e^{-t^2}$ est continue sur $\mathbb{R}$, donc F est définie sur $\mathbb{R}$.

1° • Soit x un réel de $[1\,;+\infty[$;

on a : $x \geqslant 1$ et, pour tout t de $[1\,;x]$, $e^{-t^2} \geqslant 0$,

donc : $$\int_1^x e^{-t^2}\,\mathrm{d}t \geqslant 0.$$

Il en résulte que **F est positive sur $[1\,;+\infty[$.**

• D'autre part, F est dérivable sur $[1\,;+\infty[$, et pour tout x de $[1\,;+\infty[$,

on a : $$F'(x) = e^{-x^2},$$

donc : $$F'(x) \geqslant 0.$$

Cela prouve que **F est croissante sur $[1\,;+\infty[$.**

Remarque : Plus précisément, F est dérivable sur $\mathbb{R}$ et, pour tout réel x :

$$F'(x) > 0,$$

donc F est strictement croissante sur $\mathbb{R}$.

2° • Pour tout t de $[1\,;+\infty[$, on a :

$$t^2 \geqslant t,$$

donc : $$-t^2 \leqslant -t,$$

d'où : $$e^{-t^2} \leqslant e^{-t} \text{ (car } x \mapsto e^x \text{ est croissante).}$$

Cela prouve que **$t \mapsto e^{-t^2}$ est majorée par $t \mapsto e^{-t}$ sur $[1\,;+\infty[$.**

• On en déduit que, **pour tout x de $[1\,;+\infty[$, on a :**

$$\int_1^x e^{-t2}\,\mathrm{d}t \leqslant \int_1^x e^{-t}\,\mathrm{d}t,$$

or : $$\int_1^x e^{-t}\mathrm{d}t = [-e^{-t}]_1^x = \frac{1}{e} - e^{-x},$$

donc : $$\boldsymbol{F(x) \leqslant \frac{1}{e} - e^{-x}.}$$

3° On sait que F est croissante sur $[1\,;+\infty[$; pour montrer que F admet une limite réelle en $+\infty$, il suffit de prouver que F est majorée sur cet intervalle.

Or on vient d'établir que, pour tout x de $[1\,;+\infty[$, $F(x) \leqslant \frac{1}{e} - e^{-x}$.

Comme de plus la fonction exponentielle est positive, il vient :

pour tout x de $[1\,;+\infty[$, $F(x) \leqslant \frac{1}{e}$.

F est croissante et majorée $\left(\text{par } \frac{1}{e}\right)$ sur $[1\,;+\infty[$, donc ***F* admet une limite réelle en** $+\infty$ $\left(\text{cette limite est majorée par } \frac{1}{e}\right)$.

Remarque : La limite de F en $+\infty$ est l'aire de la surface non bornée, représentée en couleur.

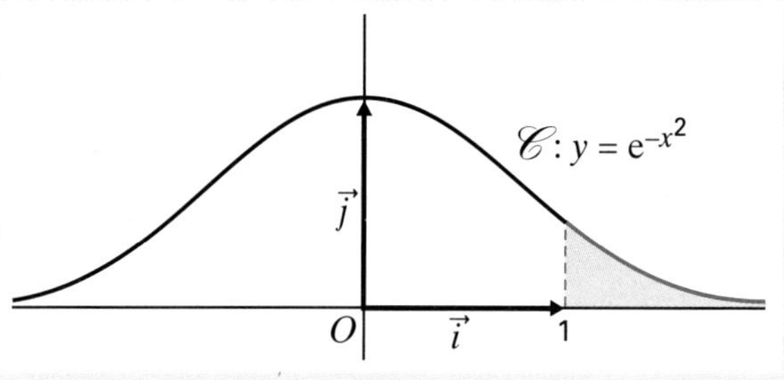

7

ÉQUATIONS DIFFÉRENTIELLES

RÉSUMÉ DU COURS

Équations du premier ordre

Soit a un réel. Notons $(\mathscr{E})$ l'équation différentielle : $y' - ay = 0$.

• On appelle solution de $(\mathscr{E})$ toute fonction f dérivable sur $\mathbb{R}$ telle que : pour tout réel x, $f'(x) - a\,f(x) = 0$.

• Les solutions de $(\mathscr{E})$ sont les fonctions : $x \mapsto k\mathrm{e}^{ax}$, où k décrit $\mathbb{R}$.

• Pour tous réels x_0 et y_0, $(\mathscr{E})$ admet une seule solution g qui vérifie :

$$g(x_0) = y_0.$$

Équations du second ordre

Soient a et b des réels. Notons $(\mathscr{E})$ l'équation différentielle : $y'' + ay' + by = 0$.

• On appelle solution de $(\mathscr{E})$ toute fonction f deux fois dérivable sur $\mathbb{R}$ telle que : pour tout réel x, $f''(x) + a\,f'(x) + b\,f(x) = 0$.

• L'équation du second degré $r^2 + ar + b = 0$ est appelée l'équation caractéristique de $(\mathscr{E})$.

Notons r_1 et r_2 les complexes solutions de l'équation caractéristique de $(\mathscr{E})$.

Si r_1 et r_2 vérifient :	**alors les solutions de $(\mathscr{E})$ sont les fonctions suivantes, où k_1 et k_2 décrivent $\mathbb{R}$:**
r_1 et r_2 réels et distincts,	$x \mapsto k_1 e^{r_1 x} + k_2 e^{r_2 x}$.
r_1 et r_2 non réels avec $r_2 = \overline{r_1}$, $r_1 = u + iv$, u et v réels, $v \neq 0$,	$x \mapsto e^{ux}(k_1 \cos vx + k_2 \sin vx)$.
$r_1 = r_2$ (nécessairement r_1 est réel),	$x \mapsto e^{r_1 x}(k_1 + k_2 x)$.

• Pour tous réels x_0, y_0, z_0, $(\mathscr{E})$ admet une seule solution g qui vérifie :

$$g(x_0) = y_0 \quad \text{et} \quad g'(x_0) = z_0.$$

Équations différentielles du premier ordre

7.1 Résoudre l'équation différentielle ($\mathscr{E}$) proposée.

1° $y' + 2y = 0$. 2° $2y' - 5y = 0$.

7.2 Déterminer la solution f de l'équation différentielle
$$(\mathscr{E}) : 3y' + 2y = 0$$
vérifiant la condition $f(0) = 1$.

7.3 Déterminer les solutions de l'équation différentielle
$$(\mathscr{E}) : 3y' - 2 = 0.$$
Parmi celles-ci, combien prennent la valeur 9 en 3 ?

7.4 Vrai ou faux ?

1° L'équation différentielle
$$(\mathscr{E}) : y' + 5y = -5$$
admet une solution constante.

2° La fonction $f : x \mapsto x\,\mathrm{e}^x$ est solution de l'équation différentielle :
$$y' - y = \exp.$$

♦ **7.5** Les solutions de l'équation différentielle
$$(\mathscr{E}) : y' = \frac{1}{2}y$$
sont les fonctions $f_k : x \mapsto k\,\mathrm{e}^{\frac{x}{2}}$, où k décrit $\mathbb{R}$.
On note $\mathscr{C}_k$ la courbe représentative de f_k dans un repère orthonormal. Le graphique page suivante donne quelques-unes de ces courbes.

1° Existe-t-il une droite horizontale qui soit une des courbes $\mathscr{C}_k$?

2° Soit un point $M_0(x_0, y_0)$; combien de courbes $\mathscr{C}_k$ passent par M_0 ?

3° On trace la droite Δ d'équation $y = 2$.
Quelle propriété ont les tangentes aux courbes $\mathscr{C}_k$ en des points de Δ ?

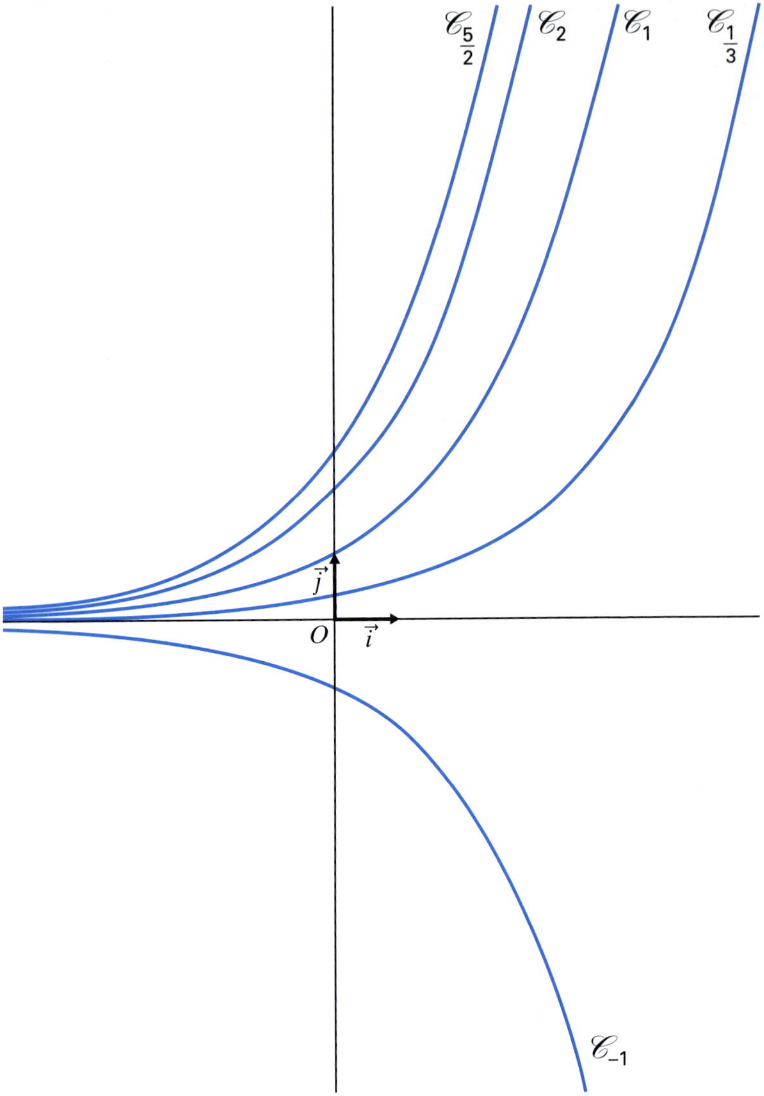

Équations différentielles du second ordre

7.6 Déterminer une équation différentielle du type $y'' + ay' + by = 0$ vérifiée par la fonction f proposée.

1° $x \mapsto \cos x$. 2° $x \mapsto \sin 2x$.

7.7 Résoudre l'équation différentielle ($\mathscr{E}$) proposée.

1° $2y'' + 3y' + y = 0$. 2° $y'' - y' + 2y = 0$. 3° $y'' - 6y' + 9y = 0$.

7.8 Déterminer la solution f de l'équation différentielle

$$(\mathscr{E}) : y'' - 2y' + 5y = 0$$

vérifiant les conditions : $f(0) = 1$ et $f'(0) = 3$.

♦ **7.9** Vrai ou faux ?

1° La fonction $f : x \mapsto e^{2x} \sin 3x$ est la solution de l'équation différentielle ($\mathscr{E}$) : $y'' - 4y' + 13y = 0$ qui vérifie : $f(\pi) = 0$ et $f'(\pi) = 0$.

2° Soit ω un réel strictement positif. Les solutions de l'équation différentielle ($\mathscr{E}$) : $y'' + \omega^2 y = 0$ sont les fonctions $t \mapsto A \cos(\omega t + \varphi)$ où A et φ décrivent $\mathbb{R}$.

♦ **7.10** Soit le polynôme $p : x \mapsto 1 + x^2$.

On se propose de déterminer les solutions de l'équation différentielle

$$(\mathscr{E}) : y'' - 3y' + 2y = p,$$

c'est-à-dire les fonctions f deux fois dérivables sur $\mathbb{R}$ telles que :
pour tout réel x, $f''(x) - 3f'(x) + 2f(x) = 1 + x^2$.

1° Déterminer un polynôme g de degré inférieur ou égal à 2, solution de ($\mathscr{E}$).

2° Soit l'équation différentielle ($\mathscr{E}'$) : $y'' - 3y' + 2y = 0$.

a) Montrer que, pour toute fonction f deux fois dérivable sur $\mathbb{R}$, dire que f est solution de ($\mathscr{E}$) signifie que $f - g$ est solution de ($\mathscr{E}'$).

b) Déterminer les solutions de ($\mathscr{E}'$).

3° En déduire les solutions de ($\mathscr{E}$).

♦ **7.11** Il s'agit de déterminer les solutions de l'équation différentielle

$$(\mathscr{E}) : y'' - 2y' + y = \sin.$$

1° Montrer qu'il existe une solution g de ($\mathscr{E}$) qui s'écrit :

$t \mapsto \alpha \cos t + \beta \sin t$, α et β étant des réels à déterminer.

2° Soit l'équation différentielle ($\mathscr{E}'$) : $y'' - 2y' + y = 0$.

a) Soit f une fonction deux fois dérivable sur $\mathbb{R}$.
Montrer que f est solution de ($\mathscr{E}$) si et seulement si $f - g$ est solution de ($\mathscr{E}'$).

b) Déterminer les solutions de ($\mathscr{E}'$).

3° Donner les solutions de ($\mathscr{E}$).

Problèmes bac

7.12 On veut résoudre dans $\mathbb{R}$ l'équation différentielle :

$$(E) : y'' - y = 5x.$$

1° Déterminer les réels a et b tels que la fonction $g : x \mapsto ax + b$ soit solution de (E).

2° On admet que la fonction f est solution de (E) si et seulement si $f - g$ est une solution de l'équation différentielle $(F) : y'' - y = 0$.
Résoudre (F).
En déduire les solutions de (E).

3° Déterminer la solution de (E) vérifiant les conditions initiales :
$f(0) = 0$ et $f'(0) = -1$.

Bac D, partie I (Île de la Réunion).

♦ **7.13** 1° *a*) Résoudre l'équation différentielle : $y'' + 2y' + 2y = 0$ (1).

En déduire la solution de (1) qui prend en zéro la valeur zéro et dont la dérivée prend en zéro la valeur un.

b) En observant que si g est une solution de (1), on a :

$$g = -\frac{1}{2}(2g' + g''),$$

donner une primitive de g en fonction de g et g'.
En déduire une primitive de la fonction $f : x \mapsto e^{-x} \sin x$,
puis l'intégrale :

$$F(x) = \int_0^x e^{-t} \sin t \, dt.$$

Bac CE, partie B (Besançon, Dijon, Lyon, Grenoble, Nancy, Reims, Strasbourg, session juin 1993).

7.1 1° $(\mathscr{E}) : y' + 2y = 0.$
Les solutions de $(\mathscr{E})$ sont les fonctions $x \mapsto k\,\mathrm{e}^{-2x}$, k décrivant $\mathbb{R}$.

2° $(\mathscr{E}) : 2y' - 5y = 0.$
$(\mathscr{E})$ est équivalente à $y' - \dfrac{5}{2}y = 0$, donc **les solutions de $(\mathscr{E})$ sont les fonctions $x \mapsto k\,\mathrm{e}^{\frac{5}{2}x}$, où k est un réel quelconque.**

7.2 $(\mathscr{E}) : 3y' + 2y = 0$ et $f(0) = 1.$
$(\mathscr{E})$ est équivalente à $y' + \dfrac{2}{3}y = 0.$

Les solutions de $(\mathscr{E})$ sont donc les fonctions $x \mapsto k\,\mathrm{e}^{-\frac{2}{3}x}$, où k parcourt $\mathbb{R}$.

Parmi celles-ci, la fonction qui prend la valeur 1 en 0 est $x \mapsto k\,\mathrm{e}^{-\frac{2}{3}x}$, avec : $k\,\mathrm{e}^{-\frac{2}{3}\times 0} = 1$, c'est-à-dire : $k = 1$.

Finalement, **la fonction cherchée est $x \mapsto \mathrm{e}^{-\frac{2}{3}x}$.**

7.3 $(\mathscr{E}) : 3y' - 2 = 0.$
$(\mathscr{E})$ est équivalente à $y' = \dfrac{2}{3}.$

Les solutions de $(\mathscr{E})$ sont donc les primitives sur $\mathbb{R}$ de la fonction constante $x \mapsto \dfrac{2}{3}$, c'est-à-dire les fonctions affines $f_k : x \mapsto \dfrac{2}{3}x + k$, où k parcourt l'ensemble des réels.

$f_k(3) = 9$ si et seulement si : $\dfrac{2}{3} \times 3 + k = 9$, c'est-à-dire : $k = 7$.

Par conséquent, **seule la fonction $x \mapsto \dfrac{2}{3}x + 7$ vérifie $(\mathscr{E})$ et prend la valeur 9 en 3.**

7.4 1° **Vrai.** La fonction $x \mapsto -1$ est solution de $(\mathscr{E})$.

2° **Vrai.** On a bien : pour tout réel x, $f'(x) - f(x) = \mathrm{e}^x$.

7.5 1° La fonction nulle est la seule fonction constante qui soit solution de $(\mathscr{E})$; elle correspond à $k = 0$. En conséquence, parmi les courbes $\mathscr{C}_k$, **seule $\mathscr{C}_0$ est une droite horizontale** (c'est l'axe des abscisses).

2° *Rappel de cours :* Pour tous réels x_0, y_0, z_0, $(\mathscr{E})$ admet une seule solution g qui vérifie : $g(x_0) = y_0$ et $g'(x_0) = z_0$.

On peut donc affirmer que, par le point M_0, passe une courbe $\mathscr{C}_k$ et une seule.

3°

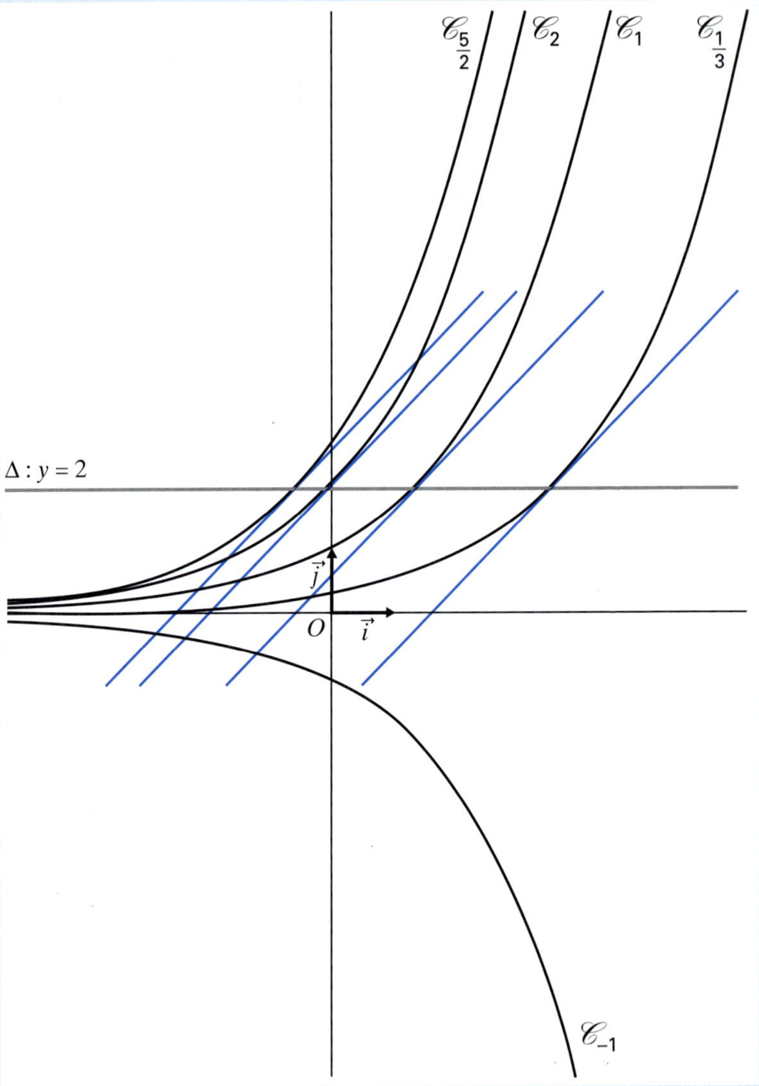

Soit $M(x, y)$ un point d'une des courbes $\mathscr{C}_k$.
La pente de la tangente est $f'_k(x)$, et on a :

$$f'_k(x) = \frac{1}{2} f_k(x) = \frac{y}{2}.$$

D'autre part, les points de Δ ont tous pour ordonnée 2.
Les tangentes aux courbes $\mathscr{C}_k$ en des points de Δ ont donc pour pente 1 : elles sont toutes parallèles.

7.6 1° $f : x \mapsto \cos x$.
Les dérivées première et seconde de f sont respectivement :

$$f' : x \mapsto -\sin x \quad \text{et} \quad f'' : x \mapsto -\cos x.$$

Il vient : $f'' + f = 0$, c'est-à-dire que f **est solution de l'équation différentielle du second ordre $y'' + y = 0$.**

2° $f : x \mapsto \sin 2x$.
Pour tout réel x, on a :

$$f'(x) = 2 \cos 2x \quad \text{et} \quad f''(x) = -4 \sin 2x,$$

donc :

$$f''(x) + 4 f(x) = 0.$$

Cela prouve que f **est solution de l'équation différentielle $y'' + 4y = 0$.**

7.7 1° $(\mathscr{E}) : 2y'' + 3y' + y = 0$.
L'équation caractéristique de $(\mathscr{E})$ est : $2r^2 + 3r + 1 = 0$;
ses solutions sont -1 et $-\frac{1}{2}$.
On en déduit que **les solutions de $(\mathscr{E})$ sont les fonctions :**

$$x \mapsto \lambda e^{-x} + \mu e^{-\frac{x}{2}}, \quad \text{où } \lambda \text{ et } \mu \text{ sont des réels quelconques.}$$

2° $(\mathscr{E}) : y'' - y' + 2y = 0$.
L'équation caractéristique $r^2 - r + 2 = 0$ associée à $(\mathscr{E})$ a pour discriminant le réel Δ vérifiant : $\Delta = 1 - 8 = -7$; elle admet donc dans $\mathbb{C}$ deux solutions qui sont les complexes conjugués $\frac{1 - i\sqrt{7}}{2}$ et $\frac{1 + i\sqrt{7}}{2}$.
On peut alors conclure que **les solutions de $(\mathscr{E})$ sont les fonctions :**

$$x \mapsto e^{\frac{x}{2}} \left(k_1 \cos \frac{\sqrt{7}}{2} x + k_2 \sin \frac{\sqrt{7}}{2} x \right), \quad k_1 \text{ et } k_2 \text{ décrivant } \mathbb{R}.$$

Remarque : Il revient au même d'écrire que les solutions de $(\mathscr{E})$ sont les fonctions :

$$x \mapsto e^{\frac{x}{2}} \left(k_1 \cos \frac{-\sqrt{7}}{2} x + k_2 \sin \frac{-\sqrt{7}}{2} x \right), \quad k_1 \text{ et } k_2 \text{ décrivant } \mathbb{R}.$$

3° $(\mathscr{E}) : y'' - 6y' + 9y = 0$.
L'équation caractéristique $r^2 - 6r + 9 = 0$ de $(\mathscr{E})$ admet 3 pour seule solution.
Par conséquent, **les solutions de $(\mathscr{E})$ sont les fonctions :**

$$x \mapsto \mathrm{e}^{3x}(\lambda + \mu x), \quad \text{où } \lambda \text{ et } \mu \text{ parcourent } \mathbb{R}.$$

7.8 $(\mathscr{E}) : y'' - 2y' + 5y = 0$, $f(0) = 1$ et $f'(0) = 3$.
L'équation caractéristique $r^2 - 2r + 5 = 0$ associée à $(\mathscr{E})$ a pour solutions les deux complexes conjugués $1 - 2\mathrm{i}$ et $1 + 2\mathrm{i}$.
f est solution de $(\mathscr{E})$ si et seulement si f s'écrit :

$$x \mapsto \mathrm{e}^{x}(\lambda \cos 2x + \mu \sin 2x), \quad \lambda \text{ et } \mu \text{ étant des réels ;}$$

f' est alors la fonction :

$$x \mapsto \mathrm{e}^{x}[\lambda(\cos 2x - 2 \sin 2x) + \mu(\sin 2x + 2 \cos 2x)].$$

En particulier : $f(0) = \lambda$ et $f'(0) = \lambda + 2\mu$.
Les conditions $f(0) = 1$ et $f'(0) = 3$ se traduisent donc par :

$$\begin{cases} \lambda = 1 \\ \lambda + 2\mu = 3, \end{cases} \quad \text{c'est-à-dire : } \begin{cases} \lambda = 1 \\ \mu = 1. \end{cases}$$

Finalement, **la fonction f cherchée est définie sur $\mathbb{R}$ par :**

$$f(x) = \mathrm{e}^{x}(\cos 2x + \sin 2x).$$

7.9 1° **Faux.** Ce problème admet une seule solution… et la **fonction nulle** convient.

2° **Vrai.** On vérifie aisément que les solutions de $(\mathscr{E})$ sont les fonctions :

$$t \mapsto \lambda \cos \omega t + \mu \sin \omega t, \quad \text{où } \lambda \text{ et } \mu \text{ décrivent } \mathbb{R}.$$

En posant :

$$A = \sqrt{\lambda^2 + \omega^2}, \quad \cos \varphi = \frac{\lambda}{\sqrt{\lambda^2 + \omega^2}}, \quad \sin \varphi = \frac{-\omega}{\sqrt{\lambda^2 + \omega^2}},$$

on retrouve le résultat du cours de physique !

7.10 $(\mathscr{E}) : y'' - 3y' + 2y = p$, avec $p : x \mapsto 1 + x^2$.

1° Considérons le polynôme $g : x \mapsto ax^2 + bx + c$, où a, b et c désignent des réels.
Pour tout réel x, on a :

$$g(x) = ax^2 + bx + c, \quad g'(x) = 2ax + b, \quad g''(x) = 2a,$$

donc :

$$g''(x) - 3g'(x) + 2g(x) = 2ax^2 + (2b - 6a)x + 2c - 3b + 2a.$$

Dire que g est solution de $(\mathscr{E})$ signifie donc :

pour tout réel x, $2ax^2 + (2b - 6a)x + 2c - 3b + 2a = x^2 + 1$, c'est-à-dire : $\begin{cases} 2a = 1 \\ 2b - 6a = 0 \\ 2c - 3b + 2a = 1, \end{cases}$

soit : $a = \frac{1}{2},\ b = \frac{3}{2},\ c = \frac{9}{4}.$

On a ainsi établi que $\boldsymbol{g : x \mapsto \frac{1}{2}x^2 + \frac{3}{2}x + \frac{9}{4}}$ **est solution de ($\mathscr{E}$).**

2° ($\mathscr{E}'$) : $y'' - 3y' + 2y = 0$.

a) Soit f une fonction deux fois dérivable sur $\mathbb{R}$.
Dire que f est solution de ($\mathscr{E}$) signifie : $f'' - 3f' + 2f = p$,
c'est-à-dire :

$$f'' - 3f' + 2f = g'' - 3g' + 2g \quad (\text{car } g \text{ est solution de } (\mathscr{E})),$$

soit : $(f'' - g'') - 3(f' - g') + 2(f - g) = 0,$

ou encore : $(f - g)'' - 3(f - g)' + 2(f - g) = 0,$

ce qui peut se traduire par :

$f - g$ est solution de ($\mathscr{E}'$).

b) L'équation caractéristique $r^2 - 3r + 2 = 0$ de ($\mathscr{E}'$) a pour solutions les réels 1 et 2, donc **les solutions de ($\mathscr{E}'$) sont les fonctions :**

$$\boldsymbol{x \mapsto k_1\,e^x + k_2\,e^{2x},} \quad \textbf{où } \boldsymbol{k_1} \textbf{ et } \boldsymbol{k_2} \textbf{ décrivent } \mathbb{R}.$$

3° D'après les résultats des questions 1° et 2°, **les solutions de ($\mathscr{E}$) sont** les fonctions qui s'écrivent $\varphi + g$, où φ est solution de ($\mathscr{E}'$), c'est-à-dire **les fonctions :**

$$\boldsymbol{x \mapsto k_1\,e^x + k_2\,e^{2x} + \frac{1}{2}x^2 + \frac{3}{2}x + \frac{9}{4},} \quad \textbf{où } \boldsymbol{k_1} \textbf{ et } \boldsymbol{k_2} \textbf{ décrivent } \mathbb{R}.$$

7.11 ($\mathscr{E}$) : $y'' - 2y' + y = \sin$.

1° Pour tout réel t, on a :

$$g(t) = \alpha \cos t + \beta \sin t,$$
$$g'(t) = -\alpha \sin t + \beta \cos t,$$
$$g''(t) = -\alpha \cos t - \beta \sin t,$$

d'où : $g''(t) - 2g'(t) + g(t) = -2\beta \cos t + 2\alpha \sin t.$

Dire que g est solution de ($\mathscr{E}$) signifie donc :
pour tout réel t, $\quad -2\beta \cos t + 2\alpha \sin t = \sin t,$

ce qui met en évidence que **la fonction** $\boldsymbol{g : t \mapsto \frac{1}{2} \cos t}$ **est solution de ($\mathscr{E}$)** (elle correspond à $\alpha = \frac{1}{2}$ et $\beta = 0$).

Remarque : Il suffit de prendre $t = 0$ pour obtenir $\beta = 0$, puis $t = \frac{\pi}{2}$ pour obtenir $\alpha = \frac{1}{2}$; $t \mapsto \frac{1}{2}\cos t$ est donc la seule fonction répondant au problème posé.

2° $(\mathscr{E}')$: $y'' - 2y' + y = 0$.

a) Soit f une fonction deux fois dérivable sur $\mathbb{R}$.
Dire que f est solution de $(\mathscr{E})$ signifie : $f'' - 2f' + f = \sin$,
c'est-à-dire :

$$f'' - 2f' + f = g'' - 2g' + g \quad \text{(car } g \text{ est solution de } (\mathscr{E})\text{)},$$

soit :
$$(f - g)'' - 2(f - g)' + (f - g) = 0,$$

ou encore que $f - g$ est solution de $(\mathscr{E}')$.

b) L'équation caractéristique $r^2 - 2r + 1 = 0$ associée à $(\mathscr{E}')$ admet 1 pour seule solution. On en déduit que **les solutions de $(\mathscr{E}')$ sont les fonctions :**

$$\boldsymbol{t \mapsto e^t(\lambda + \mu t), \quad \text{où } \lambda \text{ et } \mu \text{ décrivent } \mathbb{R}.}$$

3° Finalement, **les solutions de $(\mathscr{E})$ sont les fonctions :**

$$\boldsymbol{t \mapsto e^t(\lambda + \mu t) + \frac{1}{2}\cos t, \quad \text{où } \lambda \text{ et } \mu \text{ décrivent } \mathbb{R}.}$$

7.12 (E) : $y'' - y = 5x$.

1° g est la fonction : $x \mapsto ax + b$, donc g'' est la fonction nulle.
Dire que g est solution de (E) signifie :
pour tout réel x, $\quad -ax - b = 5x$,
c'est-à-dire : $\quad \boldsymbol{a = -5}$ **et** $\boldsymbol{b = 0}$.

2° (F) : $y'' - y = 0$.
Les solutions de l'équation caractéristique $r^2 - 1 = 0$ associée à (F) sont 1 et -1. On en déduit que les solutions de (F) sont les fonctions :

$$x \mapsto Ae^{-x} + Be^{x}, \quad \text{où } A \text{ et } B \text{ sont des réels.}$$

Comme la fonction f est solution de (E) si et seulement si $f - g$ est une solution de l'équation différentielle (F), **les solutions de (E) sont les fonctions :**

$$\boldsymbol{x \mapsto Ae^{-x} + Be^{x} - 5x, \quad \text{où } A \text{ et } B \text{ sont des réels.}}$$

3° Dire que f est solution de (E) signifie qu'il existe des réels A et B tels que :
pour tout réel x, $\quad f(x) = Ae^{-x} + Be^{x} - 5x$,
et on a alors :
pour tout réel x, $\quad f'(x) = -Ae^{-x} + Be^{x} - 5$.

Les conditions : $\begin{cases} f(0) = 0 \\ f'(0) = -1 \end{cases}$

se traduisent par : $\begin{cases} A + B = 0 \\ -A + B - 5 = -1, \end{cases}$

c'est-à-dire : $\begin{cases} A = -2 \\ B = 2. \end{cases}$

Finalement, **la fonction f cherchée est : $x \mapsto -2\,\mathrm{e}^{-x} + 2\,\mathrm{e}^{x} - 5x$.**

7.13 1° *a*) $y'' + 2y' + 2y = 0$. (1)

Les solutions de l'équation caractéristique $r^2 + 2r + 2 = 0$ associée à (F) sont $-1 + \mathrm{i}$ et $-1 - \mathrm{i}$.

On en déduit que les solutions de (1) sont les fonctions :

$$x \mapsto \mathrm{e}^{-x}(A \sin x + B \cos x), \quad \text{où } A \text{ et } B \text{ sont des réels.}$$

Dire que g est solution de (E) signifie qu'il existe des réels A et B tels que :

pour tout réel x, $\quad g(x) = \mathrm{e}^{-x}(A \sin x + B \cos x)$.

La condition : $\quad g(0) = 0$

se traduit par : $\quad B = 0$.

On a donc :

pour tout réel x,

$$g(x) = A\,\mathrm{e}^{-x} \sin x \quad \text{et} \quad g'(x) = A\,\mathrm{e}^{-x}(-\sin x + \cos x).$$

Enfin : $\quad g'(0) = 1$

équivaut à : $\quad A = 1$.

Finalement, **la solution de (1) qui prend en zéro la valeur zéro et dont la dérivée prend en zéro la valeur un est : $x \mapsto \mathrm{e}^{-x} \sin x$.**

b) • Si g est une solution de (1), on a :

$$g = -\frac{1}{2}(2g' + g''),$$

une primitive de g' étant g et une primitive de g'' étant g', il vient qu'une primitive de g est $-\frac{1}{2}(2g + g')$.

Comme f est une solution de (1), une primitive de f est $-f - \frac{1}{2}f'$,

c'est-à-dire : $\quad x \mapsto \mathrm{e}^{-x}\left[-\sin x - \frac{1}{2}(-\sin x + \cos x)\right]$,

ou encore : $\quad x \mapsto -\frac{1}{2}\mathrm{e}^{-x}(\sin x + \cos x)$.

- Pour tout réel x, on a :

$$F(x) = \int_0^x e^{-t} \sin t \, dt = \left[-\frac{1}{2} e^{-t}(\sin t + \cos t) \right]_0^x,$$

donc :
$$\boldsymbol{F(x) = -\frac{1}{2} e^{-x}(\sin x + \cos x) + \frac{1}{2}}.$$

Autre façon : La fonction F définie sur $\mathbb{R}$ par : $F(x) = \displaystyle\int_0^x e^{-t} \sin t \, dt$

est la primitive de f qui s'annule en 0.

Elle s'écrit donc : $x \mapsto -\dfrac{1}{2} e^{-x}(\sin x + \cos x) + k$,

où k est le réel tel que :

$-\dfrac{1}{2} e^0(\sin 0 + \cos 0) + k = 0$, c'est-à-dire : $k = \dfrac{1}{2}$.

8

COURBES PARAMÉTRÉES

RÉSUMÉ DU COURS

Le plan est rapporté à un repère $(O; \vec{i}, \vec{j})$.
f et g sont des fonctions à valeurs réelles, continues sur un même intervalle I.

■ Pour tout t de I, on pose :

$$\overrightarrow{OM(t)} = f(t)\,\vec{i} + g(t)\,\vec{j}.$$

■ L'ensemble $\mathscr{C}$ des points $M(t)$ quand t décrit I est appelé courbe paramétrée.
Une représentation paramétrique de $\mathscr{C}$ est :

$$\begin{cases} x = f(t) \\ y = g(t) \end{cases} \quad (t \in I).$$

■ Soit t_0 un réel de I.
Supposons f et g dérivables en t_0 et notons $\overrightarrow{V(t_0)}$ le vecteur :

$$f'(t_0)\,\vec{i} + g'(t_0)\,\vec{j}.$$

Si l'un des deux réels $f'(t_0)$, $g'(t_0)$ est non nul, alors $\overrightarrow{V(t_0)}$ est un vecteur tangent (orienté dans le sens des t croissants) à la courbe $\mathscr{C}$ au point $M(t_0)$; la droite de repère $\left(M(t_0), \overrightarrow{V(t_0)}\right)$ est la tangente à $\mathscr{C}$ en $M(t_0)$.

■ Pour résumer dans un tableau l'étude conjointe des variations des fonctions x et y, on peut procéder ainsi :

t	valeurs des zéros de x' et de y'
$x'(t)$	signe de x'
x	sens de variation de x
y	sens de variation de y
$y'(t)$	signe de y'

Vrai ou faux ?

8.1 1° La courbe paramétrée $\mathscr{C}$ définie par :

$$\begin{cases} x(t) = 3 + \cos(0{,}2t) \\ y(t) = \sin(0{,}2t) \end{cases} \quad t \in [0 \,;\, 5\pi],$$

est un cercle.

2° La courbe paramétrée $\mathscr{C}$ définie par :

$$\begin{cases} x(t) = \sin t \\ y(t) = \cos 2t, \end{cases}$$

est incluse dans une parabole.

3° $\begin{cases} x(t) = 4 + \sin t \\ y(t) = 5 - \sin t \end{cases} \quad t \in [0 \,;\, 2\pi]$ et $\begin{cases} x(t) = 4 - t \\ y(t) = 5 + t \end{cases} \quad t \in [-1 \,;\, 1]$

sont des représentations paramétriques de la même courbe.

Une lettre de l'alphabet grec

8.2 Soit $\mathscr{C}$ la courbe de représentation paramétrique :

$$\begin{cases} x(t) = 4(t - t^2) \\ y(t) = 9(t^2 - t^3) \end{cases} \quad t \in \left[-\frac{1}{2} \,;\, \frac{6}{5}\right].$$

1° Étudier le sens de variation des fonctions x et y.

2° Dresser le tableau de l'étude conjointe des variations de x et de y.

3° *a*) Montrer qu'il existe deux valeurs de t telles que $M(t)$ soit en O.

b) Justifier que $\mathscr{C}$ admet une tangente en chacun de ses points.

Préciser la tangente à $\mathscr{C}$ en $M(0)$, en $M\left(\frac{1}{2}\right)$, en $M\left(\frac{2}{3}\right)$ et en $M(1)$.

4° Tracer la courbe $\mathscr{C}$ (unité graphique : 2 cm).

Axe de symétrie
Centre de symétrie

8.3 M_1 et M_2 sont des points de coordonnées respectives $(x_1 ; y_1)$ et $(x_2 ; y_2)$.

Préciser la position relative de ces points dans chacun des cas suivants.

1° $x_2 = x_1$ et $y_2 = -y_1$.

2° $x_2 = -x_1$ et $y_2 = y_1$.

3° $x_2 = -x_1$ et $y_2 = -y_1$.

4° $x_2 = y_1$ et $y_2 = x_1$.

5° $x_2 = -y_1$ et $y_2 = -x_1$.

Courbe de Lissajous

8.4 Soit $\mathscr{C}$ la courbe définie paramétriquement par :

$$\begin{cases} x(t) = \sin t \\ y(t) = \sin 2t. \end{cases}$$

1° Montrer que pour tout réel t :

a) Les points $M(t + 2\pi)$ et $M(t)$ sont confondus.

b) Les points $M(-t)$ et $M(t)$ sont symétriques par rapport à O.

c) Les points $M(\pi - t)$ et $M(t)$ sont symétriques par rapport à la droite des abscisses.

$\mathscr{C}_1$ désigne la partie de $\mathscr{C}$ obtenue lorsque t décrit l'intervalle $\left[0 ; \dfrac{\pi}{2}\right]$.

Expliquer comment construire $\mathscr{C}$ à partir de $\mathscr{C}_1$.

2° Étudier les fonctions x et y sur $\left[0 ; \dfrac{\pi}{2}\right]$, et dresser le tableau de l'étude conjointe des variations de x et y.

3° Donner un vecteur directeur de chacune des tangentes à $\mathscr{C}$ en $M(0)$, $M\left(\dfrac{\pi}{4}\right)$ et $M\left(\dfrac{\pi}{2}\right)$, puis tracer $\mathscr{C}$. On prendra 5 cm pour unité graphique.

Cissoïde de Dioclès

♦ **8.5** Soit $\mathscr{C}$ la courbe définie paramétriquement par :

$$\begin{cases} x(t) = \dfrac{t^2}{1+t^2} \\ y(t) = \dfrac{t^3}{1+t^2} \end{cases} \quad (t \in \mathbb{R}).$$

1° *a*) Montrer que $\mathscr{C}$ est symétrique par rapport à la droite des abscisses.

b) Étudier les fonctions $t \mapsto x(t)$ et $t \mapsto y(t)$ sur $\mathbb{R}_+$.
Pourquoi peut-on dire que la droite d'équation $x = 1$ est asymptote à $\mathscr{C}$?

2° *a*) Soit t un réel non nul. Montrer que $\vec{i} + t\vec{j}$ est un vecteur directeur de la droite (OM), M étant le point de $\mathscr{C}$ de paramètre t.
On admettra que $\mathscr{C}$ admet en O une tangente de vecteur directeur $\vec{i}$.

b) Tracer $\mathscr{C}$.

Cycloïde

8.6 On considère la courbe $\mathscr{C}$ de représentation paramétrique :

$$\begin{cases} x(t) = 2(t - \sin t) \\ y(t) = 2(1 - \cos t) \end{cases} \quad (t \text{ réel}).$$

1° Étudier les variations des fonctions $t \mapsto x(t)$ et $t \mapsto y(t)$ sur $[0 ; \pi]$, et construire la partie correspondante $\mathscr{C}_1$ de la courbe $\mathscr{C}$. On admettra que $\mathscr{C}$ admet une tangente verticale au point $M(0)$.

2° Étudier la parité des fonctions x et y. Qu'en déduit-on pour la courbe $\mathscr{C}$?
Tracer la partie $\mathscr{C}_2$ de la courbe $\mathscr{C}$ obtenue lorsque t décrit $[-\pi ; 0]$.

3° Soit k un entier. Par quelle transformation géométrique peut-on obtenir le point $M(t + k \times 2\pi)$, à partir du point $M(t)$? Tracer $\mathscr{C}$.

Astroïde

♦ **8.7** Soit Γ le cercle de centre O et de rayon 1.

t désigne un réel de $[0 ; 2\pi]$.

À tout point $m(\cos t ; \sin t)$ de Γ, on associe ses projetés orthogonaux P et Q sur (Ox) et (Oy) et l'on désigne par M le projeté orthogonal de m sur la droite (PQ).

Déterminer une représentation paramétrique du lieu géométrique $\mathscr{C}$ de M.

8.1 1° **Faux.**
Pour tout réel t : $[x(t) - 3]^2 + [y(t)]^2 = 1$;
quand t décrit $[0 ; 5\pi]$, $x(t)$ varie de 4 à 2 et $y(t) \geqslant 0$.
$\mathscr{C}$ est donc un demi-cercle ; c'est la partie du cercle d'équation cartésienne $(x - 3)^2 + y^2 = 1$ dont les points ont une ordonnée positive.

2° **Vrai.**
$\mathscr{C}$ est incluse dans la parabole d'équation cartésienne $y = 1 - 2x^2$, car pour tout réel t, $\cos 2t = 1 - 2\sin^2 t$.

3° **Vrai.**
Il s'agit de deux représentations paramétriques du segment $[AB]$, où A et B sont les points de coordonnées respectives $(5 ; 4)$ et $(3 ; 6)$.

8.2 $\mathscr{C} : \begin{cases} x(t) = 4(t - t^2) \\ y(t) = 9(t^2 - t^3) \end{cases} \quad t \in \left[-\frac{1}{2} ; \frac{6}{5}\right].$

1° Les fonctions x et y sont dérivables sur $\left[-\frac{1}{2} ; \frac{6}{5}\right]$, et pour tout t de cet intervalle :

$$\begin{cases} x'(t) = 4(1 - 2t) \\ y'(t) = 9(2t - 3t^2) = 9t(2 - 3t). \end{cases}$$

Il vient :

- si $t = \frac{1}{2}$, alors $x'(t) = 0$,

  si $-\frac{1}{2} \leqslant t < \frac{1}{2}$, alors $x'(t) > 0$,

  si $\frac{1}{2} < t \leqslant \frac{6}{5}$, alors $x'(t) < 0$,

- si $t = 0$ ou $t = \frac{2}{3}$, alors $y'(t) = 0$,

  si $-\frac{1}{2} \leqslant t < 0$ ou $\frac{2}{3} < t \leqslant \frac{6}{5}$, alors $y'(t) < 0$,

  si $0 < t < \frac{2}{3}$, alors $y'(t) > 0$.

On en déduit que x **est strictement croissante sur** $\left[-\frac{1}{2} ; \frac{1}{2}\right]$, **stricte-**

ment décroissante sur $\left[\frac{1}{2}\ ;\ \frac{6}{5}\right]$ et que y est strictement décroissante sur $\left[-\frac{1}{2}\ ;\ 0\right]$ et sur $\left[\frac{2}{3}\ ;\ \frac{6}{5}\right]$, strictement croissante sur $\left[0\ ;\ \frac{2}{3}\right]$.

2° Le tableau de l'étude conjointe de x et y est le suivant :

t	$-\frac{1}{2}$		0		$\frac{1}{2}$		$\frac{2}{3}$		$\frac{6}{5}$
$x'(t)$			$+$		0		$-$		
x	-3	↗	0	↗	1	↘	$\frac{8}{9}$	↘	$-\frac{24}{25}$
y	$\frac{27}{8}$	↘	0	↗	$\frac{9}{8}$	↗	$\frac{4}{3}$	↘	$-\frac{324}{125}$
$y'(t)$		$-$	0		$+$		0	$-$	

3° *a*) Soit t un réel.
Dire que $M(t)$ est en O signifie :

$$\begin{cases} x(t) = 0 \\ y(t) = 0, \end{cases}$$

c'est-à-dire :

$$\begin{cases} t(1-t) = 0 \\ t^2(1-t) = 0, \end{cases}$$

soit : $\quad t = 0$ ou $t = 1$.

Cela prouve que **$M(0)$ et $M(1)$ sont à l'origine O.**

b) Pour tout réel t, le vecteur $x'(t)\vec{i} + y'(t)\vec{j}$ est non nul, donc $\mathscr{C}$ admet une tangente en chacun de ses points et un vecteur directeur de la tangente à $\mathscr{C}$ en $M(t)$ est $x'(t)\vec{i} + y'(t)\vec{j}$.

On a :

$$x'(0) \neq 0 \quad \text{et} \quad y'(0) = 0,$$

$$x'\left(\frac{2}{3}\right) \neq 0 \quad \text{et} \quad y'\left(\frac{2}{3}\right) = 0,$$

donc **les tangentes à $\mathscr{C}$ en $M(0)$ et en $M\left(\frac{2}{3}\right)$ sont « horizontales ».**

De même : $x'\left(\dfrac{1}{2}\right)=0$ et $y'\left(\dfrac{1}{2}\right)\neq 0$, donc **la tangente à $\mathscr{C}$ en $M\left(\dfrac{1}{2}\right)$ est « verticale ».**

Enfin : $x'(1)=-4$ et $y'(1)=-9$, donc **un vecteur directeur de la tangente à $\mathscr{C}$ en $M(1)$ est $4\vec{i}+9\vec{j}$.**

4° Le tracé de $\mathscr{C}$ se fait en distinguant les quatre intervalles de monotonie de x et y. Chacun des « morceaux » du tableau des variations de x et de y est associé à un « morceau » de la courbe.

Voici le film de la construction.

t	$-\dfrac{1}{2}$		0
$x'(t)$		$+$	
x	-3	↗	0
y	$\dfrac{27}{8}$	↘	0
$y'(t)$		$-$	0

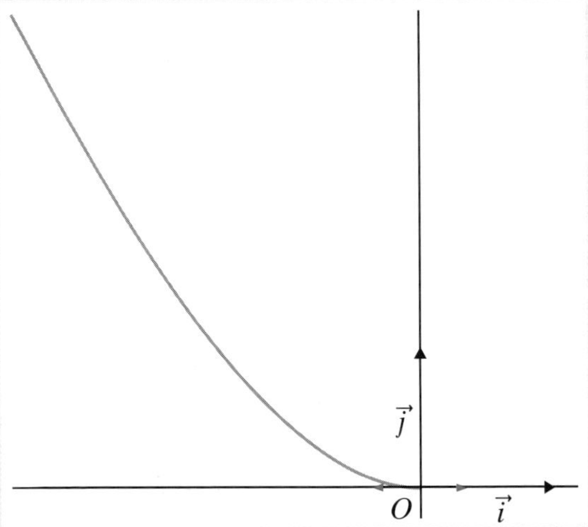

t	0		$\frac{1}{2}$
$x'(t)$		$+$	0
x	0	$\nearrow$	1
y	0	$\nearrow$	$\frac{9}{8}$
$y'(t)$	0	$+$	

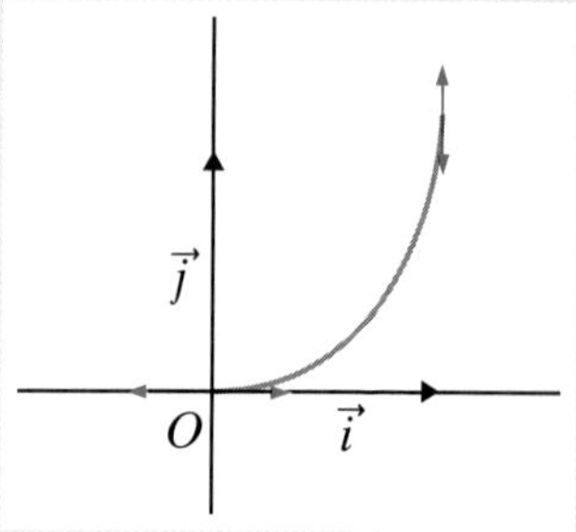

t	$\frac{1}{2}$		$\frac{2}{3}$
$x'(t)$	0	$-$	
x	1	$\searrow$	$\frac{8}{9}$
y	$\frac{9}{8}$	$\nearrow$	$\frac{4}{3}$
$y'(t)$		$+$	0

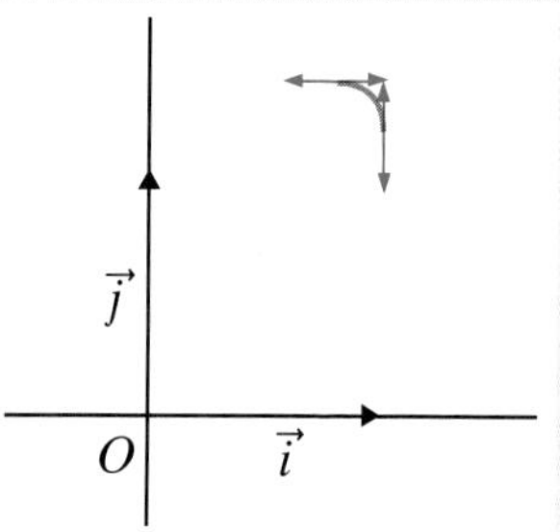

t	$\frac{2}{3}$		$\frac{6}{5}$
$x'(t)$	0	$-$	
x	$\frac{8}{9}$	$\searrow$	$-\frac{24}{25}$
y	$\frac{4}{3}$	$\searrow$	$-\frac{324}{125}$
$y'(t)$	0	$-$	

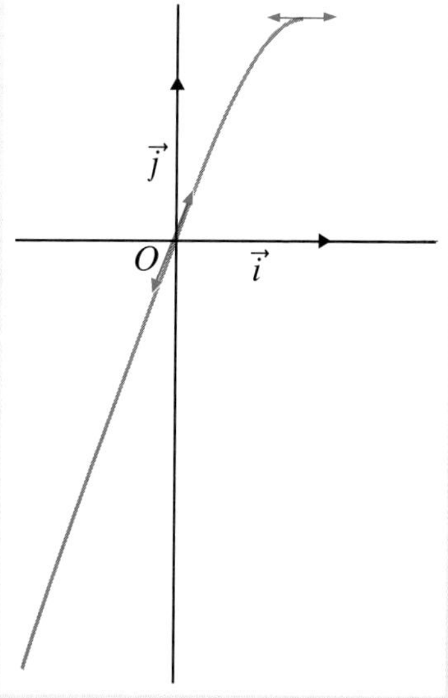

En raccordant les «morceaux», on obtient toute la courbe $\mathscr{C}$.

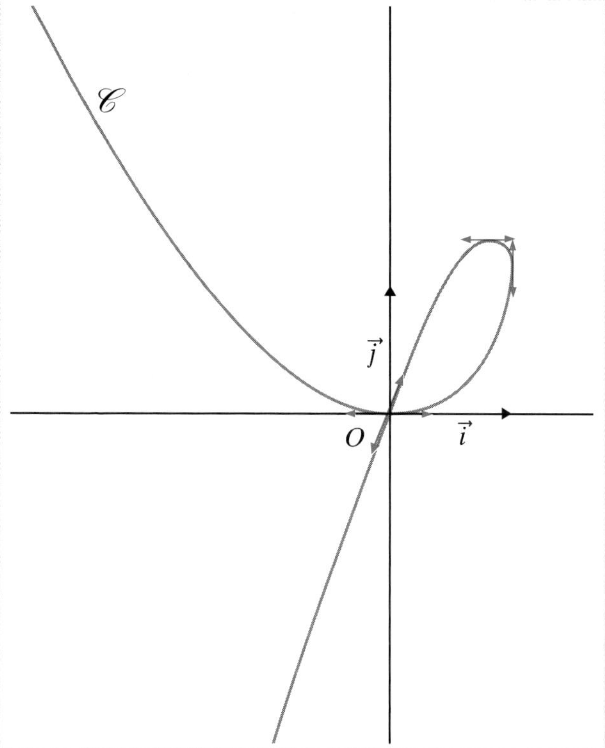

8.3 1° M_1 et M_2 sont symétriques par rapport à la droite des abscisses.

2° M_1 et M_2 sont symétriques par rapport à la droite des ordonnées.

3° M_1 et M_2 sont symétriques par rapport à l'origine O.

4° M_1 et M_2 sont symétriques par rapport à la droite d'équation $y = x$.

5° M_1 et M_2 sont symétriques par rapport à la droite d'équation $y = -x$.

Remarque : Pour répondre à ces questions, il est préférable de s'aider d'un graphique. Placer le point M_1 par exemple de la façon suivante (en évitant une position qui pertuberait l'analyse) ;

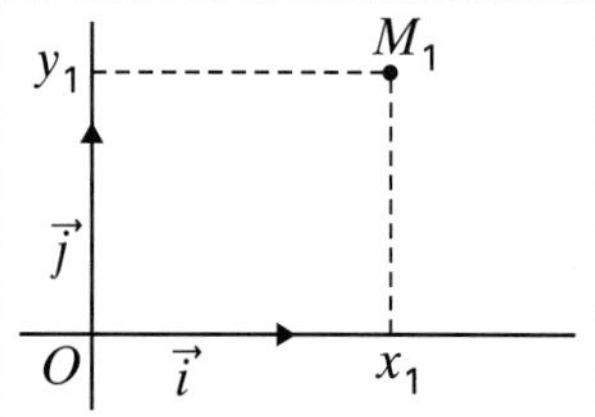

placer le point M_2 en tenant compte des relations entre x_1, x_2, y_1 et y_2 ; puis observer la position relative des points M_1 et M_2.

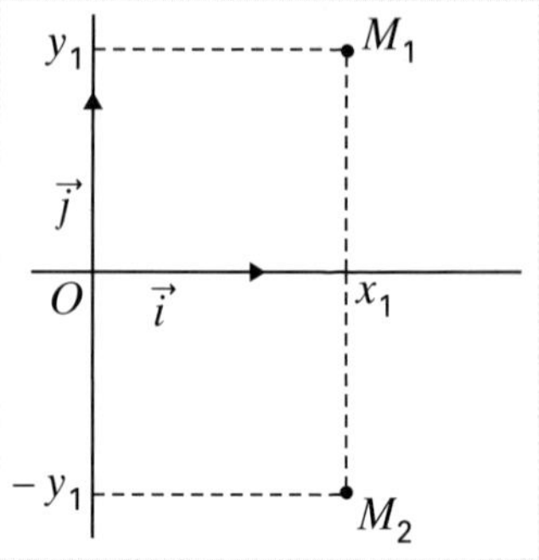

8.4 1° *a*) Pour tout réel t, on a :

$$\begin{cases} x(t+2\pi) = \sin(t+2\pi) = \sin t = x(t) \\ y(t+2\pi) = \sin(2t+4\pi) = \sin 2t = y(t). \end{cases}$$

Il en résulte que les points **$M(t+2\pi)$ et $M(t)$ sont confondus.**
Lorsque t décrit un intervalle fermé de longueur 2π, le point $M(t)$ décrit toute la courbe $\mathscr{C}$.

b) Pour tout réel t, on a : $\begin{cases} x(-t) = \sin(-t) = -\sin t = -x(t) \\ y(-t) = \sin(-2t) = -\sin 2t = -y(t) ; \end{cases}$

on en déduit que **les points $M(-t)$ et $M(t)$ sont symétriques par rapport à O.**

c) Pour tout réel t, on a : $\begin{cases} x(\pi-t) = \sin(\pi-t) = \sin t = x(t) \\ y(\pi-t) = \sin(2\pi-2t) = -\sin 2t = -y(t) ; \end{cases}$

par conséquent, **les points $M(\pi-t)$ et $M(t)$ sont symétriques par rapport à la droite des abscisses. Si $\mathscr{C}'_1$ désigne l'image de $\mathscr{C}_1$ par la réflexion d'axe la droite des abscisses, $\mathscr{C}$ est la réunion des courbes $\mathscr{C}_1$, $\mathscr{C}'_1$ et de leurs symétriques par rapport au point O.**

Remarques : • Si t décrit $\left[0 ; \frac{\pi}{2}\right]$, alors $M(t)$ décrit $\mathscr{C}_1$.

• Si t décrit $\left[\frac{\pi}{2} ; \pi\right]$, alors $M(t)$ décrit $\mathscr{C}'_1$.

• Si t décrit $[-\pi ; 0]$, alors $M(t)$ décrit $s_O(\mathscr{C}_1 \cup \mathscr{C}'_1)$, où s_O désigne la symétrie de centre O.

2° Les fonctions x et y sont dérivables sur $\mathbb{R}$, et pour tout réel t :

$$x'(t) = \cos t \quad \text{et} \quad y'(t) = 2\cos 2t.$$

Il vient : $\quad x'\left(\frac{\pi}{2}\right) = 0 \quad$ et $\quad$ si $0 \leqslant t < \frac{\pi}{2}$, alors $x'(t) > 0$,

donc **x est strictement croissante sur $\left[0 ; \frac{\pi}{2}\right]$.**

De même : • $y'\left(\dfrac{\pi}{4}\right) = 0$;

• si $0 \leqslant t < \dfrac{\pi}{4}$, alors $y'(t) > 0$;

• si $\dfrac{\pi}{4} < t \leqslant \dfrac{\pi}{2}$, alors $y'(t) < 0$.

y est donc strictement croissante sur $\left[0\ ;\ \dfrac{\pi}{4}\right]$ et strictement décroissante sur $\left[\dfrac{\pi}{4}\ ;\ \dfrac{\pi}{2}\right]$.

t	0		$\frac{\pi}{4}$		$\frac{\pi}{2}$
$x'(t)$	1		$+$		0
x	0	↗	$\frac{\sqrt{2}}{2}$	↗	1
y	0	↗	1	↘	0
$y'(t)$	2	$+$	0	$-$	-2

3° On sait que si le vecteur $x'(t)\,\vec{i} + y'(t)\,\vec{j}$ n'est pas nul, alors c'est un vecteur directeur de la tangente à $\mathscr{C}$ en $M(t)$.

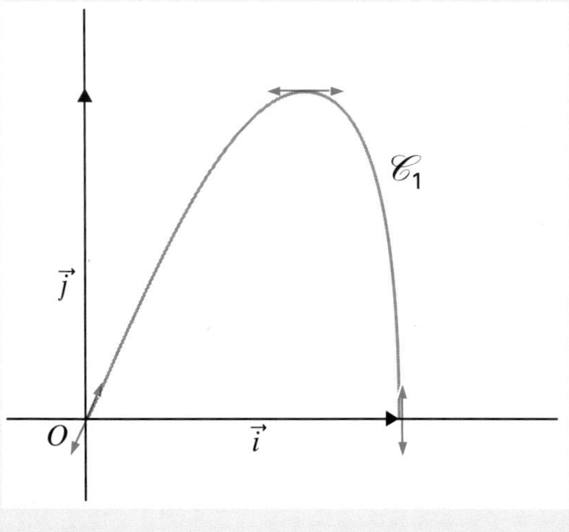

Par conséquent, **la tangente à $\mathscr{C}$ en $M(0)$ a pour vecteur directeur $\vec{i} + 2\vec{j}$, celle en $M\left(\frac{\pi}{4}\right)$ a pour vecteur directeur $\vec{i}$ et celle en $M\left(\frac{\pi}{2}\right)$ a pour vecteur directeur $\vec{j}$.**

$\mathscr{C}'_1$ désignant l'image de $\mathscr{C}_1$ par la réflexion d'axe la droite des abscisses, $\mathscr{C}$ est la réunion des courbes $\mathscr{C}_1$, $\mathscr{C}'_1$ et de leurs symétriques par rapport au point O.

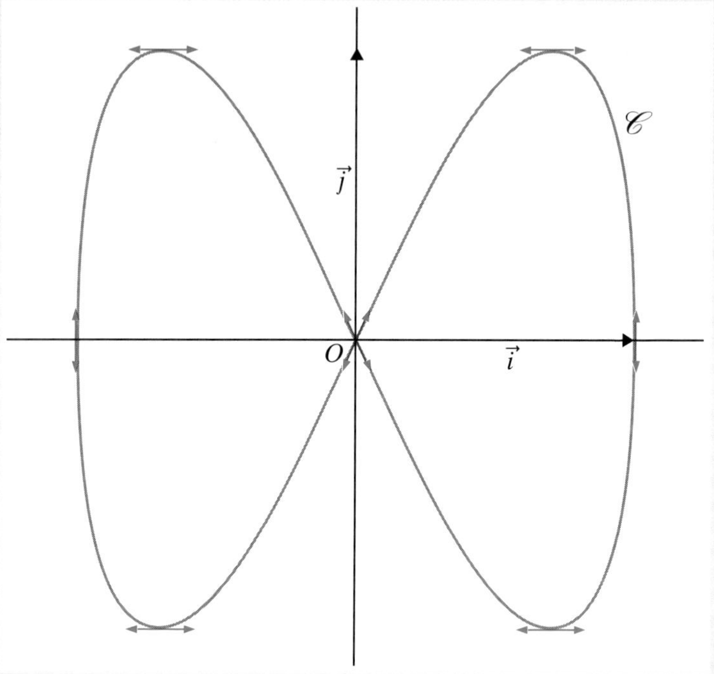

Remarque : $\mathscr{C}$ est incluse dans le carré de sommets A (1 ; 1), B (– 1 ; 1), C (– 1 ; – 1), D (1 ; – 1).

8.5 1° *a*) Les fonctions $t \mapsto x(t)$ et $t \mapsto y(t)$ sont définies sur $\mathbb{R}$, et pour tout réel t, on a :

$$\begin{cases} x(-t) = x(t) \\ y(-t) = -y(t) ; \end{cases}$$

la fonction $t \mapsto x(t)$ est paire et la fonction $t \mapsto y(t)$ est impaire, donc les points de $\mathscr{C}$ de paramètres t et $-t$ se correspondent par la réflexion d'axe (Ox).

De plus, lorsque t décrit $\mathbb{R}_+$, $-t$ décrit $\mathbb{R}_-$, et $\mathbb{R}_- \cup \mathbb{R}_+ = \mathbb{R}$.

On en déduit : $\mathscr{C} = \Gamma \cup \Gamma'$, où Γ est la partie de $\mathscr{C}$ obtenue pour t décrivant $\mathbb{R}_+$ et Γ' l'image de Γ par la réflexion d'axe (Ox).

En particulier, on peut affirmer que $\mathscr{C}$ **est symétrique par rapport à la droite des abscisses.**

b) Les fonctions $t \mapsto x(t)$ et $t \mapsto y(t)$ sont dérivables sur $\mathbb{R}$, et pour tout réel t :

$$\begin{cases} x'(t) = \dfrac{2t(1+t^2) - 2t \times t^2}{(1+t^2)^2} = \dfrac{2t}{(1+t^2)^2} \\ y'(t) = \dfrac{3t^2(1+t^2) - 2t \times t^3}{(1+t^2)^2} = \dfrac{t^4 + 3t^2}{(1+t^2)^2}, \end{cases}$$

donc :
$$\begin{cases} x'(0) = y'(0) = 0, \\ \text{si } t > 0, \quad \text{alors} \quad x'(t) > 0 \text{ et } y'(t) > 0, \end{cases}$$

ce qui prouve que **les fonctions $t \mapsto x(t)$ et $t \mapsto y(t)$ sont strictement croissantes sur $\mathbb{R}_+$.**

Pour tout réel t non nul, on a :

$$x(t) = \frac{1}{\dfrac{1}{t^2} + 1} \quad \text{et} \quad y(t) = \frac{t}{\dfrac{1}{t^2} + 1},$$

donc :
$$\lim_{t \to +\infty} x(t) = 1 \quad \text{et} \quad \lim_{t \to +\infty} y(t) = +\infty,$$

ce qui montre que **la droite d'équation $x = 1$ est asymptote à la courbe $\mathscr{C}$.**

Tableau de variation des fonctions x et y sur $\mathbb{R}_+$.

t	0		$+\infty$
$x'(t)$	0	$+$	
x	0	$\nearrow$	1
y	0	$\nearrow$	$+\infty$
$y'(t)$	0	$+$	

2° *a*) Soient t un réel et M le point de $\mathscr{C}$ de paramètre t ; on a :

$$\begin{aligned} \overrightarrow{OM} &= x(t)\vec{i} + y(t)\vec{j}, \\ &= \frac{t^2}{1+t^2}\vec{i} + \frac{t^3}{1+t^2}\vec{j}, \\ &= \frac{t^2}{1+t^2}(\vec{i} + t\vec{j}). \end{aligned}$$

Si de plus t n'est pas nul, alors les vecteurs $\overrightarrow{OM}$ et $\vec{i} + t\vec{j}$ sont non nuls et colinéaires.

On en déduit : **si $t \neq 0$, alors $M \neq O$ et $\vec{i} + t\vec{j}$ est un vecteur directeur de la droite (OM).**

Quand $t = 0$, M est en O, et on conçoit bien que la tangente à $\mathscr{C}$ en son point de paramètre 0, «position limite» de la droite (OM) quand t tend vers 0, est la droite passant par O et dirigée par $\vec{i}$.

b)

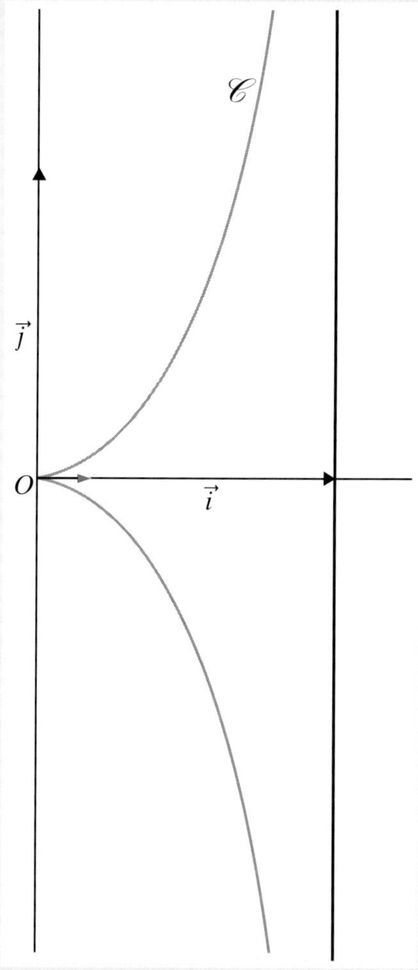

8.6 $\mathscr{C}$: $\begin{cases} x(t) = 2(t - \sin t) \\ y(t) = 2(1 - \cos t) \end{cases}$ $(t \in \mathbb{R})$.

1° Les fonctions x et y sont dérivables sur $\mathbb{R}$, donc en particulier sur $[0 ; \pi]$.
Pour tout réel t de $[0 ; \pi]$, on a :

- $x'(t) = 2(1 - \cos t)$,

donc : $x'(0) = 0$ et si $t \neq 0$, alors : $x'(t) > 0$;

- $y'(t) = 2 \sin t$,

donc : $y'(0) = y'(\pi) = 0$ et si $t \neq 0$ et $t \neq \pi$, alors : $y'(t) > 0$.

On en déduit que **les fonctions x et y sont strictement croissantes sur $[0 ; \pi]$.**
Voici le tableau des variations conjointes des fonctions x et y.

t	0		π
$x'(t)$	0	$+$	4
x	0	↗	2π
y	0	↗	4
$y'(t)$	0	$+$	0

$x'(\pi) \neq 0$ et $y'(\pi) = 0$, donc $\mathscr{C}$ admet une tangente horizontale au point $M(\pi)$.

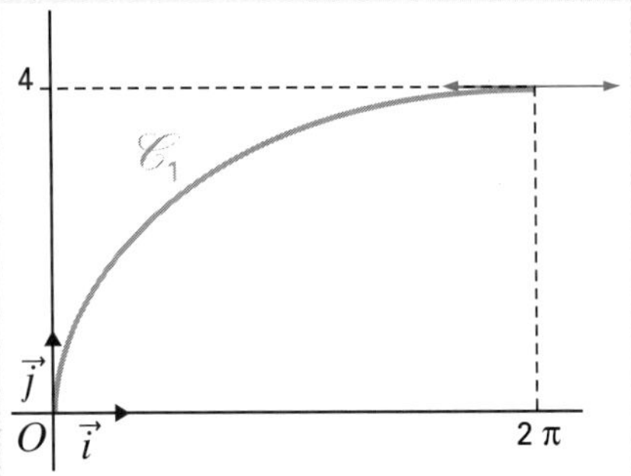

2° Pour tout réel t, on a :
$x(-t) = 2[-t - \sin(-t)] = 2(-t + \sin t) = -x(t)$,
$y(-t) = 2[1 - \cos(-t)] = 2(1 - \cos t) = y(t)$,

La fonction x est impaire et la fonction y est paire, donc $M(t)$ et $M(-t)$ sont symétriques par rapport à la droite des ordonnées.

On en déduit que **la courbe $\mathscr{C}$ est symétrique par rapport à la droite des ordonnées.**

La partie $\mathscr{C}_2$ de la courbe $\mathscr{C}$ obtenue lorsque t décrit $[-\pi\ ;\ 0]$ est l'image de la partie $\mathscr{C}_1$ de $\mathscr{C}$ obtenue lorsque t décrit $[0\ ;\ \pi]$ par la réflexion d'axe la droite des ordonnées.

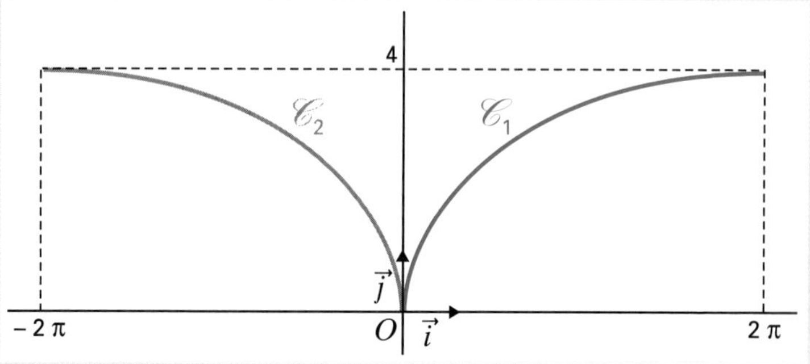

3° k est un entier. Pour tout réel t, on a :

- $x(t + k \times 2\pi) = 2[t + k \times 2\pi - \sin(t + k \times 2\pi)]$
  $= 2(t + k \times 2\pi - \sin t)$
  $= 2t - 2\sin t + k \times 4\pi$
  $= x(t) + k \times 4\pi$;
- $y(t + k \times 2\pi) = 2[1 - \cos(t + k \times 2\pi)]$
  $= 2(1 - \cos t)$
  $= y(t)$;

le point $M(t + k \times 2\pi)$ a pour coordonnées $(x(t) + k \times 4\pi\ ;\ y(t))$, donc **$M(t + k \times 2\pi)$ est l'image de $M(t)$ par la translation de vecteur $k \times 4\pi\,\vec{i}$.**

$\mathscr{C}_2 \cup \mathscr{C}_1$ étant la partie de $\mathscr{C}$ correspondant à $t \in [-\pi\ ;\ \pi]$, on déduit de ce qui précède :

- la partie de $\mathscr{C}$ correspondant à $t \in [\pi\ ;\ 3\pi]$ est l'image de $\mathscr{C}_2 \cup \mathscr{C}_1$ par la translation de vecteur $4\pi\,\vec{i}$;

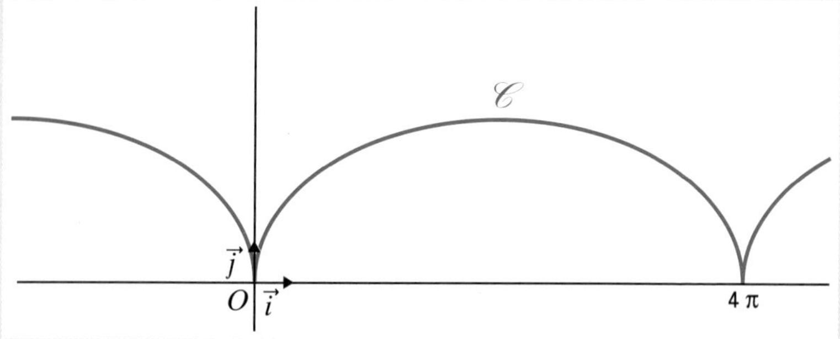

• la partie de $\mathscr{C}$ correspondant à $t \in [3\pi\ ;\ 5\pi]$ est l'image de $\mathscr{C}_2 \cup \mathscr{C}_1$ par la translation de vecteur $2 \times 4\pi\ \vec{i}$, et ainsi de suite.

Remarques :

Une cycloïde est le lieu géométrique d'un point d'un cercle roulant sans glisser sur une droite (ou encore le trajet effectué par la valve d'une roue de votre bicyclette lorsque vous pédalez).

Si le cercle a pour rayon R, la cycloïde associée est la courbe définie par :

$$\begin{cases} x(t) = R(t - \sin t) \\ y(t) = R(1 - \cos t). \end{cases} \quad (t \in R).$$

8.7

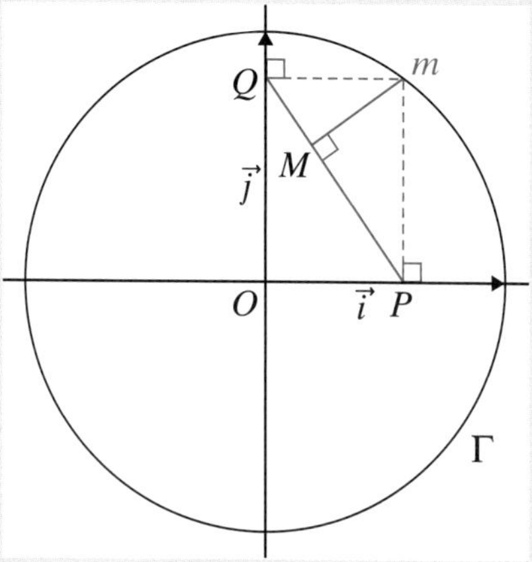

On a : $m(\cos t\ ;\ \sin t)$,

donc : $P(\cos t\ ;\ 0)$ et $Q(0\ ;\ \sin t)$.

M est le point tel que :

• les vecteurs $\overrightarrow{PM}$ et $\overrightarrow{PQ}$ sont colinéaires,

• les vecteurs $\overrightarrow{mM}$ et $\overrightarrow{PQ}$ sont orthogonaux.

Notons x et y les coordonnées de M.

Dire que les vecteurs $\overrightarrow{PM}\ (x - \cos t\ ;\ y)$ et $\overrightarrow{PQ}\ (-\cos t\ ;\ \sin t)$ sont colinéaires signifie :

$$(x - \cos t)\sin t + y\cos t = 0,$$

c'est-à-dire : $$x\sin t + y\cos t = \cos t \sin t.$$

Dire que les vecteurs $\overrightarrow{mM}\ (x - \cos t\ ;\ y - \sin t)$ et $\overrightarrow{PQ}\ (-\cos t\ ;\ \sin t)$ sont orthogonaux signifie :

$$(x - \cos t)(-\cos t) + (y - \sin t)\sin t = 0,$$

c'est-à-dire : $$-x\cos t + y\sin t = -\cos^2 t + \sin^2 t.$$

On en déduit que $\mathscr{C}$ est l'ensemble des points de coordonnées (x, y) telles que :

$$\begin{cases} x \sin t + y \cos t = \cos t \sin t \\ -x \cos t + y \sin t = -\cos^2 t + \sin^2 t \end{cases} \quad t \in [0 ; 2\pi[,$$

c'est-à-dire :

$$\begin{cases} x \sin^2 t + x \cos^2 t = \cos t \sin^2 t + \cos^3 t - \sin^2 t \cos t \\ y \cos^2 t + y \sin^2 t = \cos^2 t \sin t - \cos^2 t \sin t + \sin^3 t \end{cases} \quad t \in [0 ; 2\pi[,$$

ou encore :

$$\begin{cases} x = \cos^3 t \\ y = \sin^3 t \end{cases} \quad t \in [0 ; 2\pi[.$$

Finalement, $\mathscr{C}$ **est la courbe définie paramétriquement par :**

$$\begin{cases} \boldsymbol{x = \cos^3 t} \\ \boldsymbol{y = \sin^3 t} \end{cases} \quad \boldsymbol{t \in [0 ; 2\pi[.}$$

Remarque : $\mathscr{C}$ est une *astroïde ;* une étude des fonctions x et y permet de la tracer.

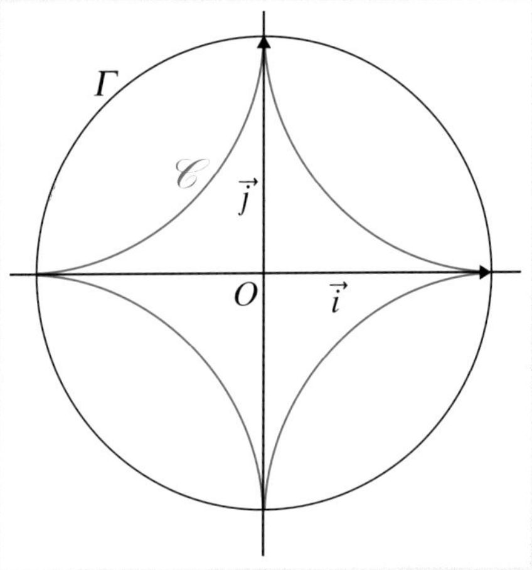

Imprimé en France par Hérissey à Évreux – N° 66166
Dépôt légal N° 9657-08-1994 – Collection N° 21 – Édition N° 01

16/6650/2